图说建筑工种轻松速成系列

图说水暖工技能轻松速成

主编 张俊新

参编 刘珊珊 程 惠 马可佳 马文颖
周 默 张润楠 董 慧 姜 媛
王丽娟 成育芳 白雅君

机械工业出版社

本书从零起点的角度，采用图解的方式讲解了水暖工应掌握的操作技能，主要包括：水暖工识图、常用工机具与操作、管件加工与管道连接操作、采暖工程、给水排水工程及施工安全。

本书适合于水暖工培训使用，也可供现场施工指导、项目管理、质量控制、安全监督、造价预算等专业人员及大专院校专业师生阅读参考。

图书在版编目（CIP）数据

图说水暖工技能轻松速成/张俊新主编. —北京：机械工业出版社，2016.4

（图说建筑工种轻松速成系列）

ISBN 978-7-111-53396-2

Ⅰ.①图…　Ⅱ.①张…　Ⅲ.①水暖工-图解　Ⅳ.①TU82-64

中国版本图书馆 CIP 数据核字（2016）第 065313 号

机械工业出版社（北京市百万庄大街 22 号　邮政编码 100037）

策划编辑：薛俊高　责任编辑：薛俊高　郭克学　责任校对：肖　琳

封面设计：马精明　责任印制：李　洋

三河市国英印务有限公司印刷

2016 年 6 月第 1 版第 1 次印刷

184mm×260mm · 13 印张 · 302 千字

标准书号：ISBN 978-7-111-53396-2

定价：35.00 元

前言

近年来，我国国民经济持续、稳定、快速的发展，给建筑业带来了良好的发展机遇。为了满足人们生活水平不断提高的社会需求，工程建设的规模不断扩大，随之而来的是新产品、新材料、新工艺的更新换代。水暖专业作为建筑专业的重要组成部分，其操作工艺、技术要求也在不断提高和更新。但是，施工管理人员和建筑工人的整体素质水平的提高却跟不上这种发展的步伐。为了解决这一问题，我们邀请相关专业人士编写了本书，希望能对当前建筑施工现场的技术、质量、材料等的施工管理及实际操作技术水平的提高有所帮助。

本书主要有以下几大特点：

(1) 有完整的架构体系，特别是附有基础知识、基本概念和安全知识的讲解，适合于水暖工培训使用。

(2) 随文附有实物照片图和现场作业图及漫画插图，能更多层次、立体形象地展示操作要点和技能。

(3) 文前附有本章重点难点提示，文后附有本章小结及综述，以便于读者对重点内容的掌握。

相信通过本书的学习，广大水暖工朋友在走上就业岗位的同时还能大大提升岗位技能。本书内容主要包括：水暖工识图、常用工机具与操作、管件加工与管道连接操作、采暖工程、给水排水工程及施工安全。本书适合于水暖工培训使用，也可供现场施工指导、项目管理、质量控制、安全监督、造价预算等专业人员及大专院校专业师生阅读参考。

由于编者水平有限，书中不妥之处在所难免，敬请广大读者批评指正。

编　者

2016 年 2 月

目录

第1章

水暖工识图

本章重点难点提示

1. 熟悉水暖工程制图的一般规定，例如图线、比例、标高、管径等。

2. 了解水暖工程施工的常用图例，包括管道与管件图例、阀门与给水配件图例、卫生设备及水池图例、小型给水排水构筑物图例、给水排水设备图例、给水排水专业所用仪表图例及燃气工程其他图例。

3. 掌握给水排水工程中室内给水施工平面布置图、室外管网平面布置图及钢板水箱液压水位控制阀安装图的识读方法。

4. 掌握采暖工程的施工图识读方法。

1.1 工程制图一般规定

1. 图线

(1) 图线的宽度

图线的宽度 b 应按照图纸的类型、比例和复杂程度，根据现行国家标准《房屋建筑制图统一标准》(GB/T 50001—2010) 中的规定选用。线宽 b 宜为 0.7mm 或 1.0mm。

(2) 图线的线型

建筑给水排水专业制图中，常用的各种线型见表 1-1 的规定。

2. 比例

1) 建筑给水排水专业制图的常用比例见表 1-2 的规定。

表 1-1　线型

名　称	线　型	线　宽	用　途
粗实线	————————	b	新设计的各种排水和其他重力流管线
粗虚线	- - - - - - - - - - - -	b	新设计的各种排水和其他重力流管线的不可见轮廓线
中粗实线	————————	0.7b	新设计的各种给水和其他压力流管线;原有的各种排水和其他重力流管线
中粗虚线	- - - - - - - - - - - -	0.7b	新设计的各种给水和其他压力流管线及原有的各种排水和其他重力流管线的不可见轮廓线
中实线	————————	0.5b	给水排水设备、零(附)件的可见轮廓线;总图中新建的建筑物和构筑物的可见轮廓线;原有的各种给水和其他压力流管线
中虚线	- - - - - - - - - - - -	0.5b	给水排水设备、零(附)件的不可见轮廓线;总图中新建的建筑物和构筑物的不可见轮廓线;原有的各种给水和其他压力流管线的不可见轮廓线
细实线	————————	0.25b	建筑的可见轮廓线;总图中原有的建筑物和构筑物的可见轮廓线;制图中的各种标注线
细虚线	- - - - - - - - - - - -	0.25b	建筑的不可见轮廓线;总图中原有的建筑物和构筑物的不可见轮廓线
单点长画线	——-——-——	0.25b	中心线、定位轴线
折断线	——\/——	0.25b	断开界线
波浪线	～～～～	0.25b	平面图中水平线;局部构造层次范围线;保温范围示意线

表 1-2　常用比例

名　称	比　例	备　注
区域规划图 区域位置图	1 : 50000、1 : 25000、1 : 10000、1 : 5000、1 : 2000	宜与总图专业一致
总平面图	1 : 1000、1 : 500、1 : 300	宜与总图专业一致
管道纵断面图	竖向 1 : 200、1 : 100、1 : 50 纵向 1 : 1000、1 : 500、1 : 300	—
水处理厂(站)平面图	1 : 500、1 : 200、1 : 100	—
水处理构筑物、设备间、卫生间、泵房平、剖面图	1 : 100、1 : 50、1 : 40、1 : 30	—
建筑给水排水平面图	1 : 200、1 : 150、1 : 100	宜与建筑专业一致
建筑给水排水轴测图	1 : 150、1 : 100、1 : 50	宜与相应图纸一致
详图	1 : 50、1 : 30、1 : 20、1 : 10、1 : 5、1 : 2、1 : 1、2 : 1	—

2）在管道纵断面图中，竖向与纵向可采用不同的组合比例。

3）在建筑给水排水轴测系统图中，若局部表达有困难，此处可不按比例绘制。

4）水处理工艺流程断面图及建筑给水排水管道展开系统图可不按比例绘制。

3. 标高

1）标高符号和一般标注方法应符合《房屋建筑制图统一标准》（GB/T 50001—2010）的规定。

2）室内工程应标注相对标高；室外工程应标注绝对标高，若无绝对标高资料，可标注相对标高，但应与总图专业一致。

3）压力管道应标注管中心标高；重力流管道及沟渠应标注管（沟）内底标高。标高单位以 m 计时，可注写到小数点后两位。

4）以下部位应标注标高：

① 沟渠和重力流管道：

a. 建筑物内宜标注起点、变径（尺寸）点、变坡点、穿外墙及剪力墙处。

b. 需控制标高处。

c. 小区内管道根据《建筑给水排水制图标准》（GB/T 50106—2010）的有关规定执行。

② 压力流管道中的标高控制点。

③ 管道穿外墙、剪力墙和构筑物的壁及底板等处。

④ 不同水位线处。

⑤ 建（构）筑物中土建部分的相关标高。

5）标高的标注方法应符合以下规定：

① 平面图中，管道标高按图 1-1 的方式标注。

② 平面图中，沟渠标高按图 1-2 的方式标注。

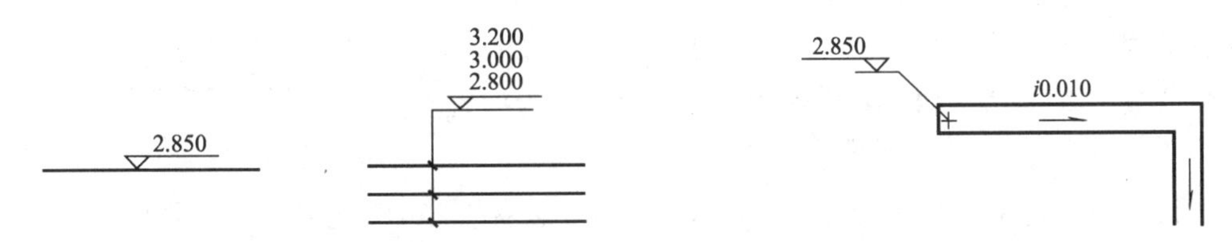

图 1-1 平面图中管道标高标注法　　图 1-2 平面图中沟渠标高标注法

③ 剖面图中，管道及水位的标高按图 1-3 的方式标注。

④ 轴测图中，管道标高按图 1-4 的方式标注。

6）建筑物内的管道也可按本层建筑地面的标高加管道安装高度的方式标注管道标高，标注方法为 *H*+×. ×××，其中 *H* 表示本层建筑地面标高。

4. 管径

1）管径单位为 mm。

2）管径的表达方法应符合以下规定：

① 水煤气输送钢管（镀锌或非镀锌）、铸铁管等管材，管径应以公称直径 *DN* 表示。

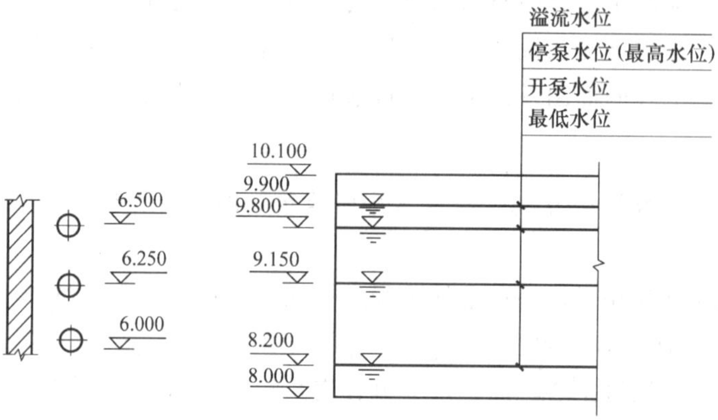

溢流水位
停泵水位(最高水位)
开泵水位
最低水位
10.100
9.900
9.800
9.150
8.200
8.000
6.500
6.250
6.000

图 1-3　剖面图中管道及水位标高标注法

5.750
4.100
3.120
3.600
2.650

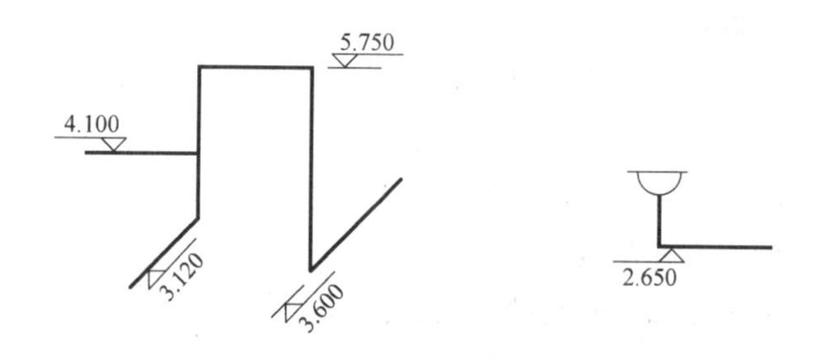

图 1-4　轴测图中管道标高标注法

② 无缝钢管、焊接钢管（直缝或螺旋缝）等管材，管径应以外径 D×壁厚表示。

③ 铜管、薄壁不锈钢管等管材，管径宜以公称外径 *Dw* 表示。

④ 建筑给水排水塑料管材，管径宜以公称外径 *dn* 表示。

⑤ 钢筋混凝土（或混凝土）管，管径宜以内径 *d* 表示。

⑥ 复合管、结构壁塑料管等管材，管径按产品标准的方法表示。

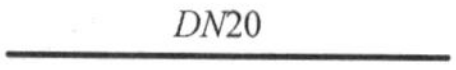

DN20

图 1-5　单管管径表示法

⑦ 当设计管径均采用公称直径 *DN* 表示时，应有公称直径 *DN* 与相应产品规格对照表。

3）管径的标注方法应符合以下规定：

① 若为单根管道，管径按图 1-5 的方式标注。

② 若为多根管道，管径按图 1-6 的方式标注。

DN150
D108×4
DN150
D108×4
DN150
DN150

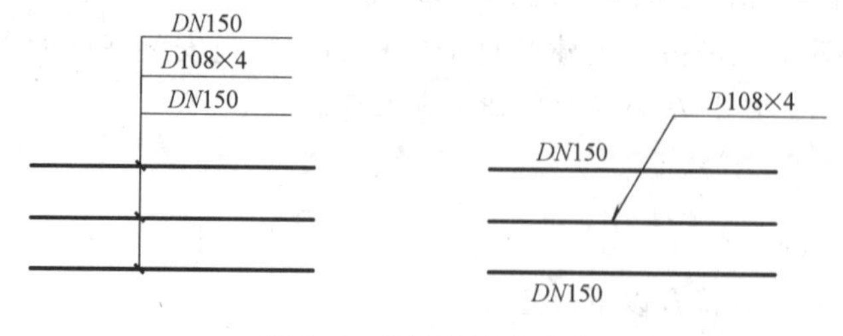

图 1-6　多管管径表示法

5. 编号

1）当建筑物的给水引入管或排水排出管的数量超过一根时，应进行编号，编号表示方法如图1-7所示。

2）建筑物内穿越楼层的立管，其数量超过一根时，应进行编号，编号表示方法如图1-8所示。

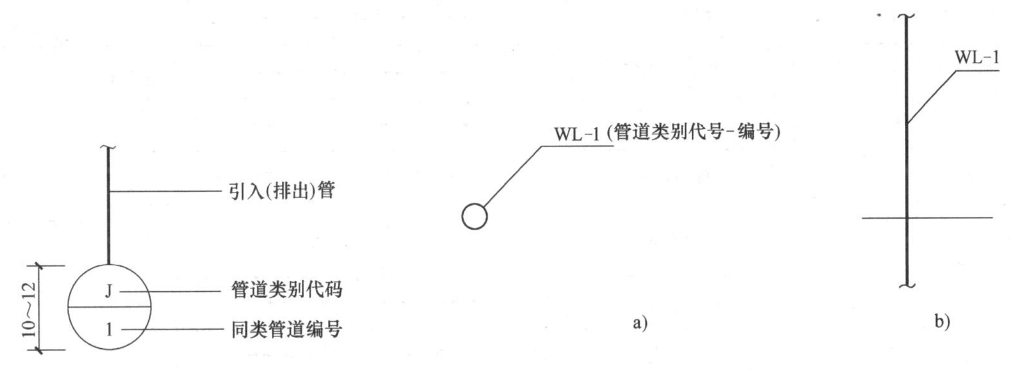

图1-7 给水引入（排水排出）管编号表示法

图1-8 立管编号表示法
a）平面图 b）剖面图、系统图、轴测图

3）在总图中，当同种给水排水附属构筑物的数量超过一个时，要进行编号，并符合以下规定：

① 编号方法应采用构筑物代号加编号表示。

② 给水构筑物的编号顺序宜为从水源到干管，再从干管到支管，最后到用户。

③ 排水构筑物的编号顺序宜为从上游到下游，先干管后支管。

4）当给水排水工程的机电设备数量超过一台时，宜进行编号，且应有设备编号与设备名称对照表。

1.2 水暖工程施工常用图例

1. 管道与管件图例

1）管道类别应用汉语拼音字母表示，管道图例宜符合表1-3的规定。

表1-3 管道

序号	名称	图例	备注
1	生活给水管	——— J ———	—
2	热水给水管	——— RJ ———	—
3	热水回水管	——— RH ———	—

（续）

序　　号	名　　称	图　　例	备　　注
4	中水给水管	—— ZJ ——	—
5	循环冷却给水管	—— XJ ——	—
6	循环冷却回水管	—— XH ——	—
7	热媒给水管	—— RM ——	—
8	热媒回水管	—— RMH ——	—
9	蒸汽管	—— Z ——	—
10	凝结水管	—— N ——	—
11	废水管	—— F ——	可与中水原水管合用
12	压力废水管	—— YF ——	—
13	通气管	—— T ——	—
14	污水管	—— W ——	—
15	压力污水管	—— YW ——	—
16	雨水管	—— Y ——	—
17	压力雨水管	—— YY ——	—
18	虹吸雨水管	—— HY ——	—
19	膨胀管	—— PZ ——	—
20	保温管		也可用文字说明保温范围
21	伴热管		也可用文字说明保温范围
22	多孔管		—
23	地沟管		—
24	防护套管		—
25	管道立管	XL-1 平面　XL-1 系统	X 为管道类别 L 为立管 1 为编号
26	空调凝结水管	—— KN ——	—
27	排水明沟	坡向 →	—
28	排水暗沟	坡向 →	—

注：1. 分区管道用加注角标方式表示。

2. 原有管线可用比同类型的新设管线细一级的线型表示，并加斜线，拆除管线则加叉线。

2）管道附件的图例宜符合表 1-4 的规定。

表 1-4　管道附件

序　号	名　称	图　例	备　注
1	管道伸缩器		—
2	方形伸缩器		—
3	刚性防水套管		—
4	柔性防水套管		—
5	波纹管		—
6	可曲挠橡胶接头	单球　双球	—
7	管道固定支架		—
8	立管检查口		—
9	清扫口	平面　系统	—
10	通气帽	成品　蘑菇形	—
11	雨水斗	YD-　YD- 平面　系统	—
12	排水漏斗	平面　系统	—
13	圆形地漏	平面　系统	通用。如无水封，地漏应加存水弯
14	方形地漏	平面　系统	—

（续）

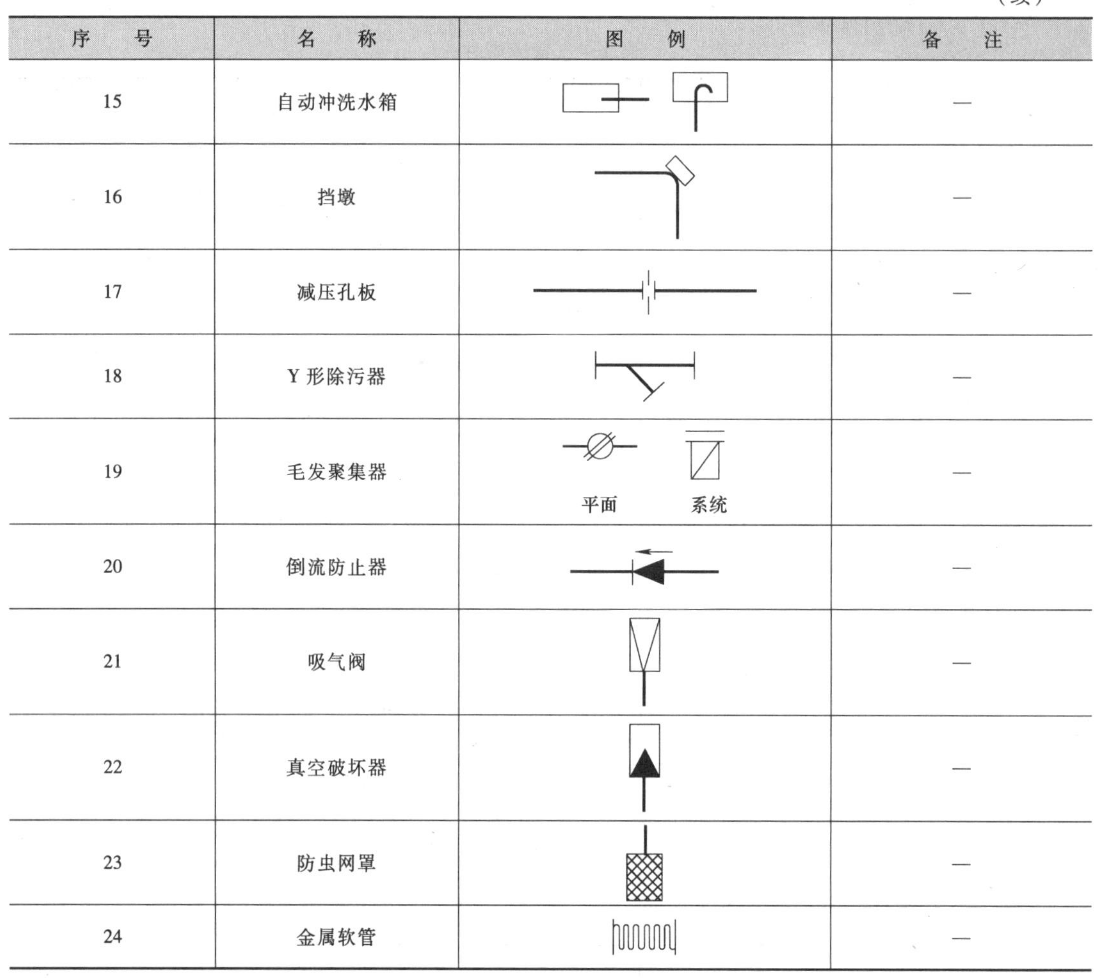

序　　号	名　　称	图　　例	备　　注
15	自动冲洗水箱		—
16	挡墩		—
17	减压孔板		—
18	Y 形除污器		—
19	毛发聚集器	平面　系统	—
20	倒流防止器		—
21	吸气阀		—
22	真空破坏器		—
23	防虫网罩		—
24	金属软管		—

3）管道连接的图例宜符合表 1-5 的规定。

表 1-5　管道连接

序　　号	名　　称	图　　例	备　　注
1	法兰连接		—
2	承插连接		—
3	活接头		—
4	管堵		—
5	法兰堵盖		—
6	盲板		—
7	弯折管	高　低　低　高	—

（续）

序　号	名　称	图　例	备　注
8	管道丁字上接	 高 低	—
9	管道丁字下接	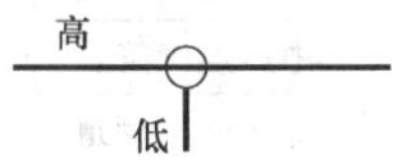 高 低	—
10	管道交叉	 低 高	在下面和后面的管道应断开

4）管件的图例宜符合表1-6的规定。

表1-6　管件

序　号	名　称	图　例
1	偏心异径管	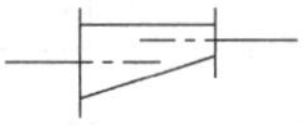
2	同心异径管	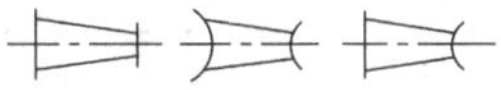
3	乙字管	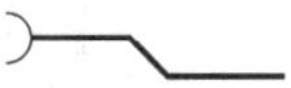
4	喇叭口	
5	转动接头	
6	S形存水弯	
7	P形存水弯	
8	90°弯头	
9	正三通	
10	TY三通	
11	斜三通	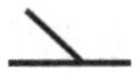
12	正四通	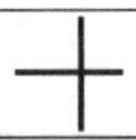
13	斜四通	
14	浴盆排水管	

5）燃气工程常用管道代号宜符合表 1-7 的规定。

表 1-7　燃气工程常用管道代号

序　　号	管 道 名 称	管 道 代 号
1	燃气管道(通用)	G
2	高压燃气管道	HG
3	中压燃气管道	MG
4	低压燃气管道	LG
5	天然气管道	NG
6	压缩天然气管道	CNG
7	液化天然气气相管道	LNGV
8	液化天然气液相管道	LNGL
9	液化石油气气相管道	LPGV
10	液化石油气液相管道	LPGL
11	液化石油气混空气管道	LPG-AIR
12	人工煤气管道	M
13	供油管道	O
14	压缩空气管道	A
15	氮气管道	N
16	给水管道	W
17	排水管道	D
18	雨水管道	R
19	热水管道	H
20	蒸汽管道	S
21	润滑油管道	LO
22	仪表空气管道	IA
23	蒸汽伴热管道	TS
24	冷却水管道	CW
25	凝结水管道	C
26	放散管道	V
27	旁通管道	BP
28	回流管道	RE
29	排污管道	B
30	循环管道	CI

2. 阀门与给水配件图例

1）阀门的图例宜符合表 1-8 的规定。

表 1-8　阀门

序　　号	名　　称	图　　例	备　　注
1	闸阀		—
2	角阀	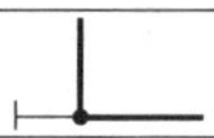	—

（续）

序号	名称	图例	备注
3	三通阀		—
4	四通阀		—
5	截止阀		—
6	蝶阀		—
7	电动闸阀		—
8	液动闸阀		—
9	气动闸阀		—
10	电动蝶阀		—
11	液动蝶阀		—
12	气动蝶阀		—
13	减压阀		左侧为高压端
14	旋塞阀	平面 系统	—
15	底阀	平面 系统	—
16	球阀		—

（续）

序　号	名　称	图　例	备　注
17	隔膜阀		—
18	气开隔膜阀		—
19	气闭隔膜阀		—
20	电动隔膜阀		—
21	温度调节阀		—
22	压力调节阀		—
23	电磁阀	M	—
24	止回阀		—
25	消声止回阀		—
26	持压阀	C	—
27	泄压阀		—
28	弹簧安全阀		左侧为通用
29	平衡锤安全阀		—
30	自动排气阀	平面　系统	—

（续）

序　　号	名　　称	图　　例	备　　注
31	浮球阀	 平面　　系统	—
32	水力液位控制阀	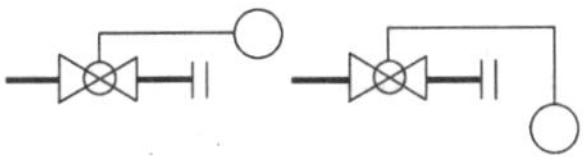 平面　　系统	—
33	延时自闭冲洗阀		—
34	感应式冲洗阀	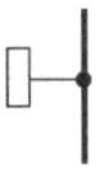	—
35	吸水喇叭口	 平面　　系统	—
36	疏水器		—

2）给水配件的图例宜符合表1-9的规定。

表1-9　给水配件

序　　号	名　　称	图　　例
1	水嘴	平面　　系统
2	皮带水嘴	平面　　系统
3	洒水（栓）水嘴	
4	化验水嘴	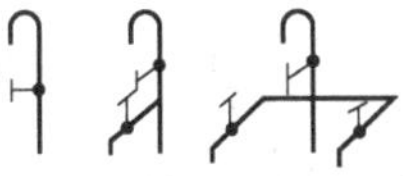
5	肘式水嘴	
6	脚踏开关水嘴	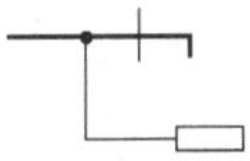

（续）

序　号	名　称	图　例
7	混合水嘴	
8	旋转水嘴	
9	浴盆带喷头混合水嘴	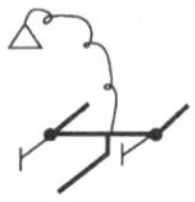
10	蹲便器脚踏开关	

3. 卫生设备及水池图例

卫生设备及水池的图例宜符合表 1-10 的规定。

表 1-10　卫生设备及水池

序　号	名　称	图　例	备　注
1	立式洗脸盆	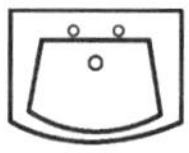	—
2	台式洗脸盆	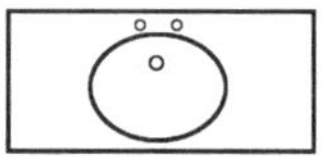	—
3	挂式洗脸盆	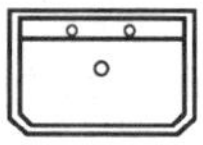	—
4	浴盆	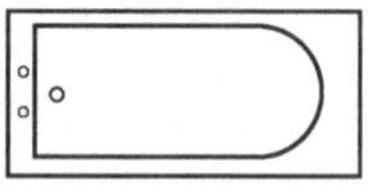	—
5	化验盆、洗涤盆		—
6	厨房洗涤盆	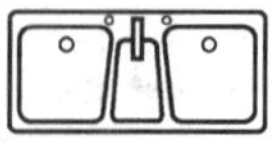	不锈钢制品
7	带沥水板洗涤盆	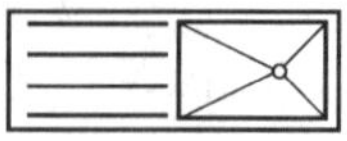	—
8	盥洗槽	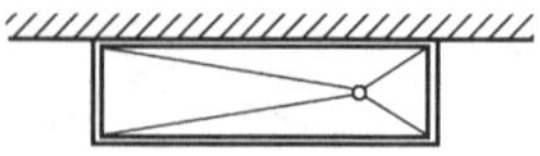	—

（续）

序号	名称	图例	备注
9	污水池		—
10	妇女净身盆		—
11	立式小便器		—
12	壁挂式小便器		—
13	蹲式大便器		—
14	坐式大便器		—
15	小便槽		—
16	淋浴喷头		—

注：卫生设备图例也可以建筑专业资料图为准。

4. 小型给水排水构筑物图例

小型给水排水构筑物的图例宜符合表1-11的规定。

表1-11 小型给水排水构筑物

序号	名称	图例	备注
1	矩形化粪池	HC	HC为化粪池代号
2	隔油池	YC	YC为隔油池代号
3	沉淀池	CC	CC为沉淀池代号
4	降温池	JC	JC为降温池代号

（续）

序　号	名　称	图　例	备　注
5	中和池	 ZC	ZC 为中和池代号
6	雨水口（单箅）		—
7	雨水口（双箅）		—
8	阀门井及检查井	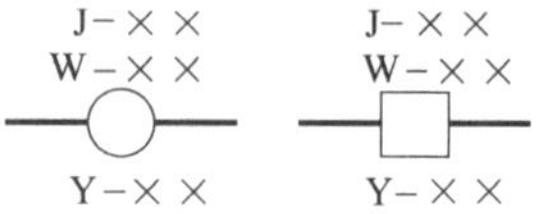 J-×× W-×× Y-×× J-×× W-×× Y-××	以代号区别管道
9	水封井		—
10	跌水井		—
11	水表井		—

5. 给水排水设备图例

给水排水设备的图例宜符合表 1-12 的规定。

表 1-12　给水排水设备

序　号	名　称	图　例	备　注
1	卧式水泵	 或 平面 系统	—
2	立式水泵	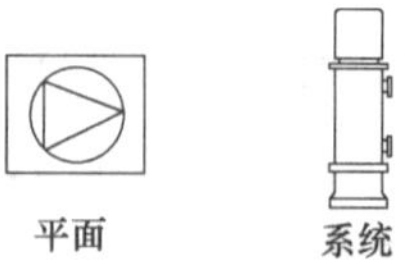 平面 系统	—
3	潜水泵		—
4	定量泵		—
5	管道泵	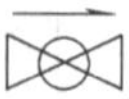	—
6	卧式容积热交换器	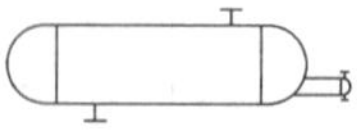	—

（续）

序　号	名　称	图　例	备　注
7	立式容积热交换器	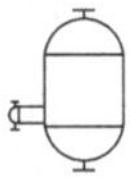	—
8	快速管式热交换器	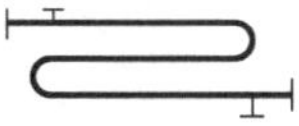	—
9	板式热交换器	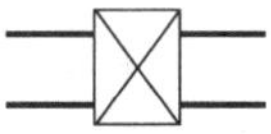	—
10	开水器	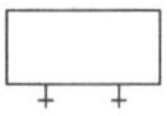	—
11	喷射器	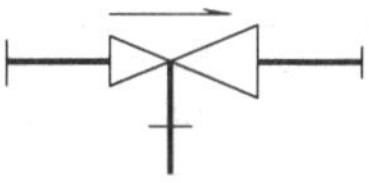	小三角为进水端
12	除垢器		—
13	水锤消除器	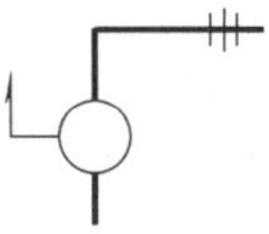	—
14	搅拌器	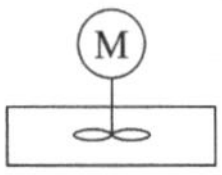 M	—
15	紫外线消毒器	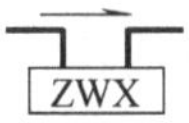 ZWX	—

6. 给水排水专业所用仪表图例

给水排水专业所用仪表的图例宜符合表 1-13 的规定。

表 1-13　仪表

序　号	名　称	图　例	备　注
1	温度计		—
2	压力表		—
3	自动记录压力表		—

（续）

序　号	名　称	图　例	备　注
4	压力控制器		—
5	水表		—
6	自动记录流量表		—
7	转子流量计	平面　系统	—
8	真空表		—
9	温度传感器	T	—
10	压力传感器	P	—
11	pH 传感器	pH	—
12	酸传感器	H	—
13	碱传感器	Na	—
14	余氯传感器	Cl	—

7. 燃气工程其他图例

1）区域规划图、布置图中燃气厂站的常用图形符号见表 1-14。

表 1-14　燃气厂站的常用图形符号

序　号	名　称	图 形 符 号
1	气源厂	
2	门站	
3	储配站、储存站	

（续）

序号	名称	图形符号
4	液化石油气储配站	
5	液化天然气储配站	
6	天然气、压缩天然气储配站	
7	区域调压站	
8	专用调压站	
9	汽车加油站	
10	汽车加气站	
11	汽车加油加气站	
12	燃气发电站	
13	阀室	
14	阀井	

2）常用不同用途管道图形符号见表1-15。

表1-15 常用不同用途管道图形符号

序号	名称	图形符号
1	管线加套管	
2	管线穿地沟	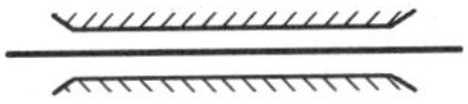
3	桥面穿越	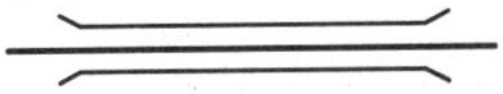
4	软管、挠性管	
5	保温管、保冷管	

（续）

序　　号	名　　称	图形符号
6	蒸汽伴热管	
7	电伴热管	
8	报废管	
9	管线重叠	上或前
10	管线交叉	

3）常用管线、道路等图形符号见表 1-16。

表 1-16　常用管线、道路等图形符号

序　　号	名　　称	图形符号
1	燃气管道	—— G ——
2	给水管道	—— W ——
3	消防管道	—— FW ——
4	污水管道	—— DS ——
5	雨水管道	—— R ——
6	热水供水管线	—— H ——
7	热水回水管线	—— HR ——
8	蒸汽管道	—— S ——
9	电力线缆	—— DL ——
10	电信线缆	—— DX ——
11	仪表控制线缆	—— K ——
12	压缩空气管道	—— A ——
13	氮气管道	—— N ——
14	供油管道	—— O ——
15	架空电力线	—‹—o—›— DL —‹—o—›—

（续）

序　号	名　称	图形符号
16	架空通信线	DX
17	块石护底	
18	石笼稳管	
19	混凝土压块稳管	
20	桁架跨越	
21	管道固定墩	
22	管道穿墙	
23	管道穿楼板	
24	铁路	
25	桥梁	
26	行道树	
27	地坪	
28	自然土壤	
29	素土夯实	
30	护坡	
31	台阶或梯子	上
32	围墙及大门	
33	集液槽	
34	门	
35	窗	
36	拆除的建筑物	

4）用户工程的常用设备图形符号见表 1-17。

表 1-17　用户工程的常用设备图形符号

序　　号	名　　称	图形符号
1	用户调压器	
2	皮膜燃气表	
3	燃气热水器	
4	壁挂炉、两用炉	
5	家用燃气双眼灶	
6	燃气多眼灶	
7	大锅灶	
8	炒菜灶	
9	燃气沸水器	
10	燃气烤箱	
11	燃气直燃机	
12	燃气锅炉	
13	可燃气体泄漏探测器	
14	可燃气体泄漏报警控制器	

1.3　给水排水工程施工图识读

1. 室内给水施工平面布置图

平面布置图主要用来说明用水设备的类型、定位，各给水管道（干管、支管、立管、

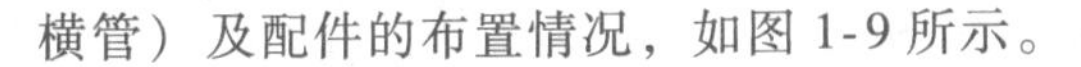

横管）及配件的布置情况，如图1-9所示。

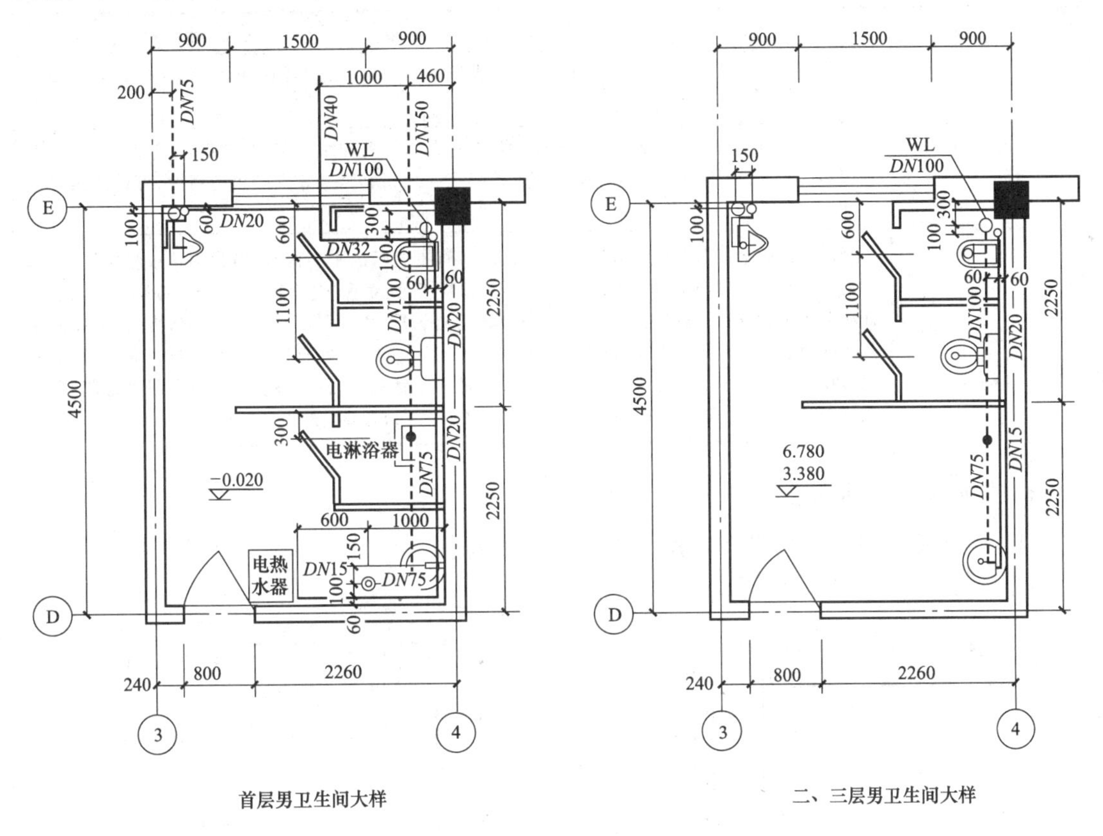

图1-9　室内给水排水平面图

1）平面布置图的内容见表1-18。

表1-18　平面布置图的内容

项目	内　　容
底层平面图	给水从室外到室内，需要从首层或地下室引入，所以通常应画出用水房间的底层给水管网平面图，如图1-9所示，由图可见给水是从室外管网经Ⓔ轴北侧穿过Ⓔ轴墙体之后进入室内并经过立管及支管向各层输水
楼层平面图	如果各楼层的盥洗用房和卫生设备及管道布置完全相同时，则只需画出一个相同楼层的平面布置图，但在图中必须注明各楼层的层次和标高，如图1-9所示
屋顶平面图	当屋顶设有水箱及管道布置时，可单独画出屋顶平面图，但如管道布置不太复杂，顶层平面布置图中又有空余图面，与其他设施及管道不致混淆时，则可在最高楼层的平面布置图中，用双点长画线画出水箱的位置；如果屋顶无用水设备时，则不必画屋顶平面图
标注	为使土建施工与管道设备的安装能互为核实，在各层的平面布置图上，均需标明墙、柱的定位轴线及其编号并标注轴线间距；管线位置尺寸不标注，如图1-9所示

2）平面布置图的画法见表1-19。

表 1-19 平面布置图的画法

项　　目	内　　容
步骤一	通常采用 1∶50 或 1∶25 的比例和局部放大的方法，画出用水房间的平面图，其中墙身、门窗的轮廓线均用 0.25*b* 的细实线表示
步骤二	画出卫生设备的平面布置图。各种卫生器具和配水设备均用 0.5*b* 的中实线，按比例画出其平面图形的轮廓，但不必表达其细部构造及外形尺寸。如有施工和安装上的需要，可标注其定位尺寸
步骤三	画出管道的平面布置图。管道是室内管网平面布置图的主要内容，通常用单根粗实线表示。底层平面布置图应画出引入管、下行上给式的水平干管、立管、支管和配水龙头，每层卫生设备平面布置图中的管路，是以连接该层卫生设备的管路为准，而不是以楼地面作为分界线，因此凡是连接某楼层卫生设备的管路，虽然有安装在楼板上面或下面的，但都属于该楼层的管道，所以都要画在该楼层的平面布置图中，不论管道投影的可见性如何，都按该管道系统的线型绘制，管道线仅表示其安装位置，并不表示其具体平面位置尺寸（如与墙面的距离等）

2. 室外管网平面布置图

（1）施工图　室外管网平面布置图如图 1-10 所示。

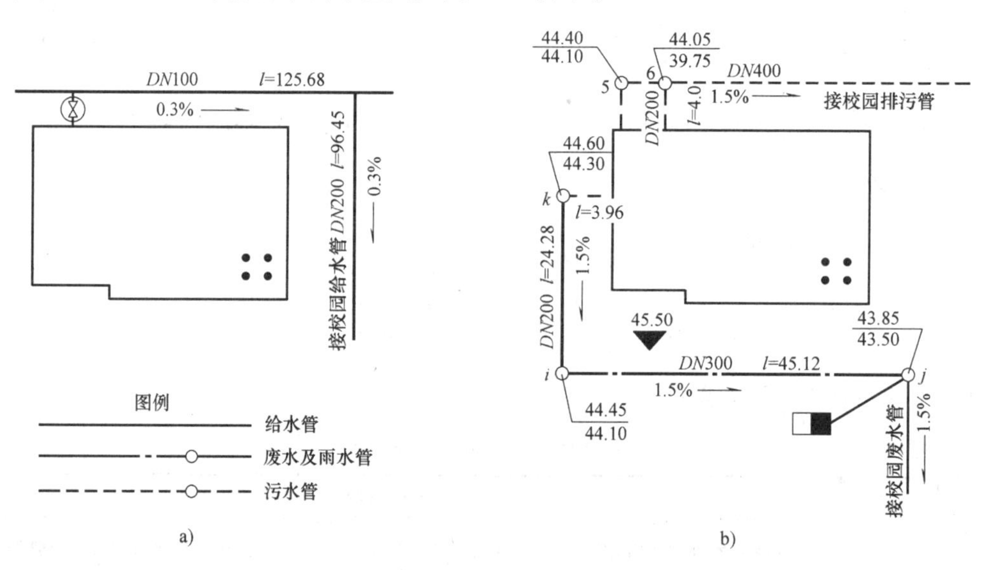

图 1-10　室外管网平面布置图

a）给水管网　b）排水管网

图中：

中实线——建筑物外墙轮廓线；

粗实线——给水管道；

粗虚线——污水排放管道；

单点长画线——废水和雨水排放管道；

直径 2～3mm 的小圆圈——检查井。

（2）识图方法　为了说明新建房屋室内给水排水与室外管网的连接情况，一般用小比例（1∶500 或 1∶1000）画出室外管网的平面布置图。该图只画局部室外管网的干管，以能说明与给水引入管和排水排出管的连接情况即可。

3. 钢板水箱液压水位控制阀安装图

（1）施工图　钢板水箱液压水位控制阀安装图如图 1-11 所示。

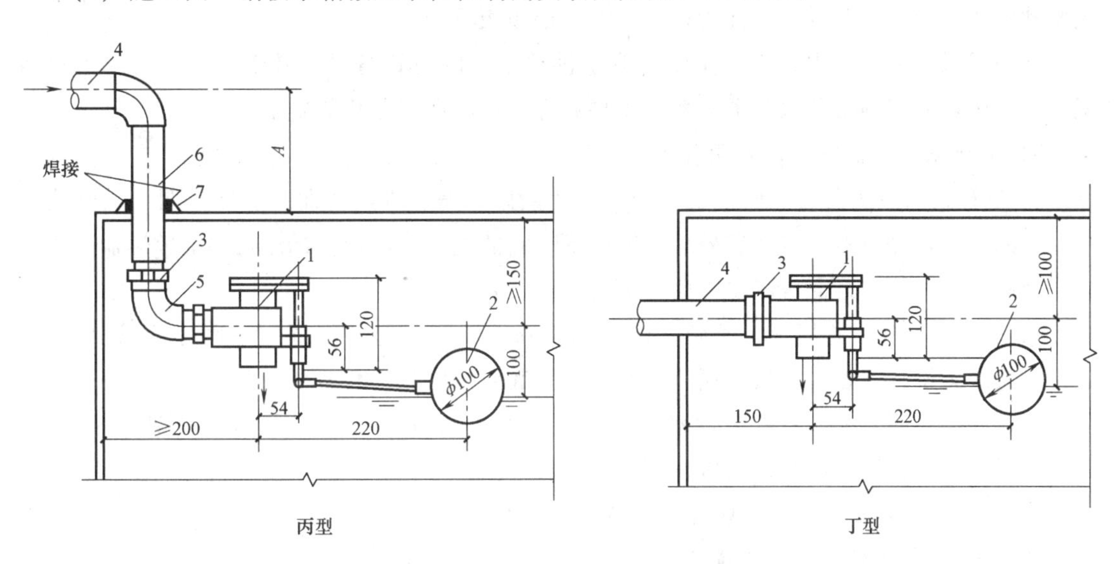

图 1-11　钢板水箱液压水位控制阀安装图

1—液位阀　2—浮球　3—活接头 *DN*50　4—进水管 *DN*50　5—弯头 *DN*50　6—短管 *DN*50　7—支架

（2）施工图说明

1）适用于水温不大于 60℃的清水，公称压力为 0.6MPa。

2）该图仅绘制出 *DN*50 阀的规格及安装尺寸，*DN*80、*DN*100、*DN*150 型阀为法兰连接。

3）安装液位阀前须先将整个给水管道中的杂物清理干净。

4）图中尺寸 *A* 由设计者决定。

1.4　采暖工程施工图识读

图 1-12～图 1-14 为一学校办公楼的底层、标准层和顶层采暖平面图，识读步骤如下：

1）了解采暖的整体概况。明确采暖管道布置形式、热媒入口、立管数目以及管道布置的大致范围。工程是热水采暖系统，其管道布置形式为单管跨越式。从底层平面图上可知该系统的热媒入口在房屋的东南角。图中标注了立管编号，该系统共有 12 根立管。

2）分楼层了解各房间内供热干管、散热器的平面布置情况及散热器的片数等具体采暖状况。由底层采暖平面图可知，回水干管安装在底层地沟内，室内地沟用细实线表示。回水干管则用粗虚线表示。从图中还可得知标注的暖气沟人孔分别设立在外墙拐角处，共有 5 个。暖气沟人孔是为检查维修的方便而设置的。另外，从图中可以看到总共设有 7 个固定支架。在每个房间均有散热器，散热器通常沿内墙安装在窗台下，立管位于墙角。散热器的片数可以从图中的数字看出，如一层休息室的散热器片数为 16 片。

在标准层采暖平面图中，既无供热干管也无回水干管，只反映了立管通过支管与散热器的连接情况。此例中，由于顶层的北外墙向外拉齐，所以立管在三层至四层处拐弯，图中有表明此转弯的位置，并且说明此管线敷设在三层顶板下。

在顶层采暖平面图中，用粗实线注明了供热干管的布置情况以及干管与立管的连接情况。从图中可发现顶层的散热器片数比底层和标准层的散热器片数要多一些。

3）阅读采暖平面图时，要明确下列内容：

① 建筑物内散热器的平面位置、种类、片数以及安装方式，即散热器是明装、暗装或半暗装的。通常散热器安装在靠外墙的窗台下，它的规格和数量应标注在本组散热器所靠外墙的外侧，若散热器远离房屋的外墙，可就近标注。

② 水平干管的布置情况，干管上的阀门、补偿器和固定支架等的平面位置以及型号。识读时应注意干管是敷设在最高层、中间层还是底层，以此判断系统是上分式、中分式或下分式，在底层平面图上还应查明回水干管或凝结水干管（虚线）以及固定支架等的位置。当回水干管敷设在地沟内时，则应查明地沟的尺寸。

③ 利用立管编号查清系统立管数量和平面布置。

④ 查明膨胀水箱、集气罐等设备在管道上的平面布置情况。

⑤ 若是蒸汽采暖系统，需查明疏水器等疏水装置的平面位置和规格尺寸。

⑥ 查明热媒入口。

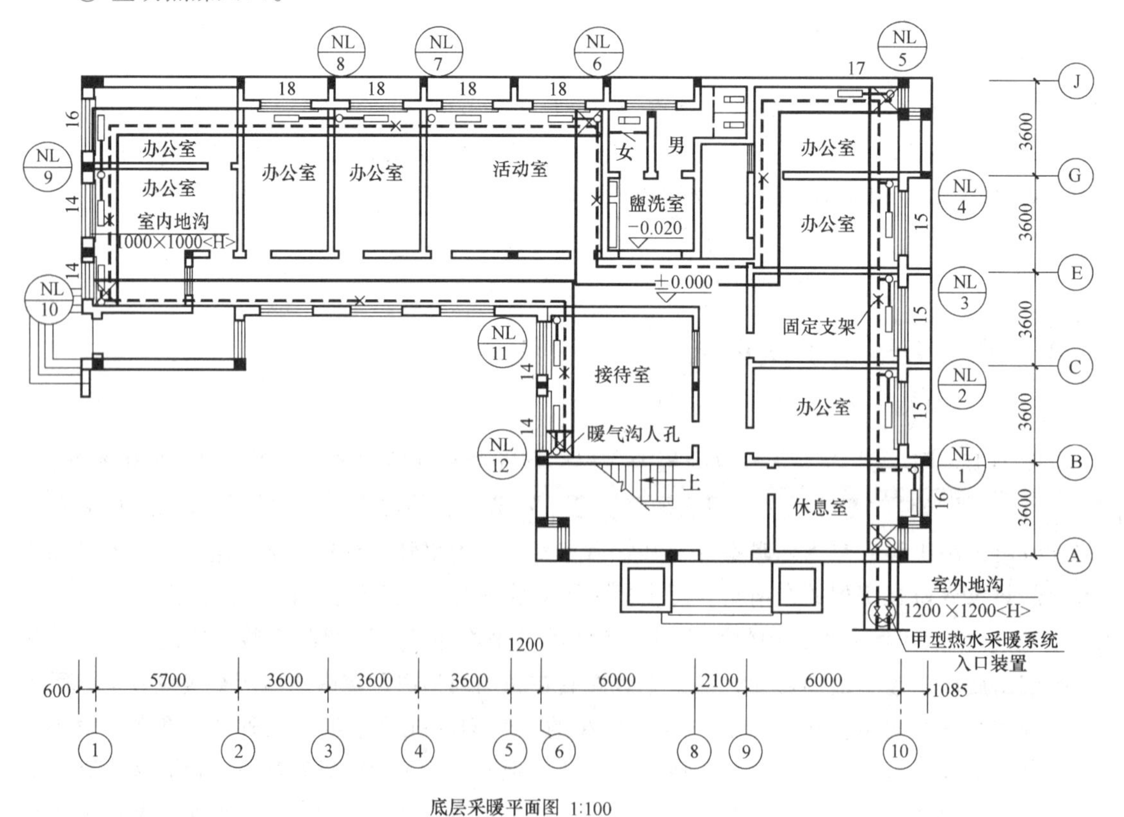

图 1-12 底层采暖平面图

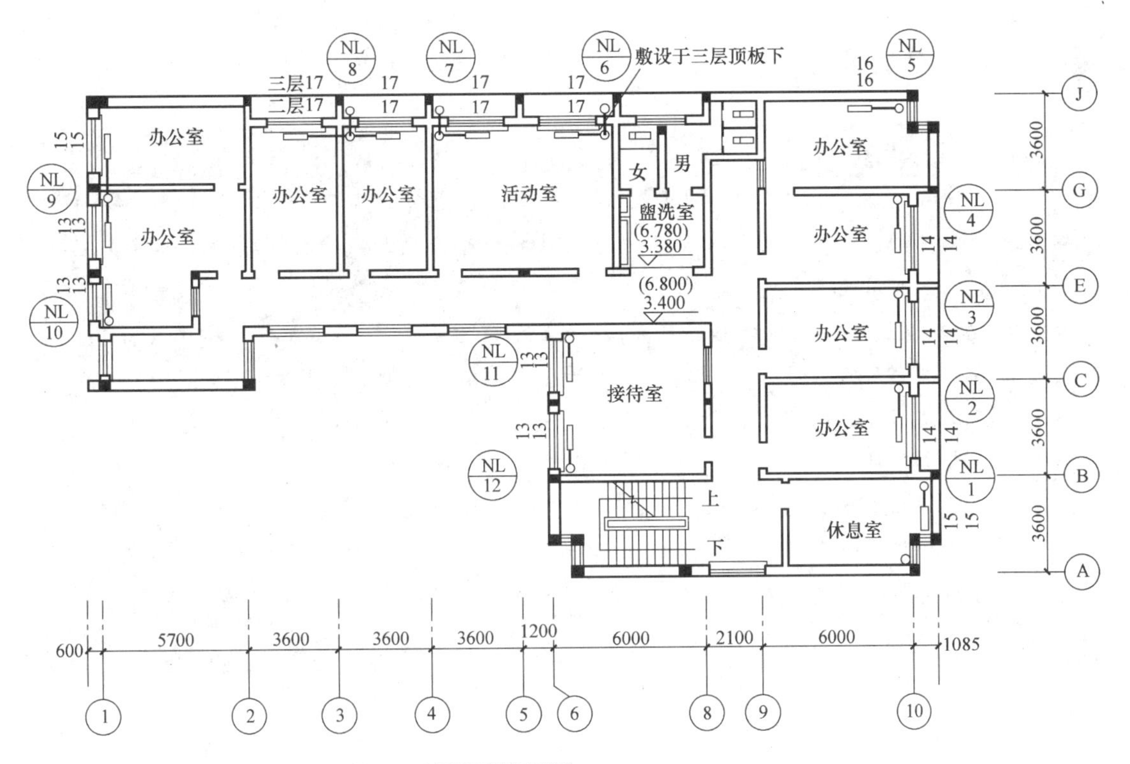

标准层采暖平面图 1:100

图 1-13 标准层采暖平面图

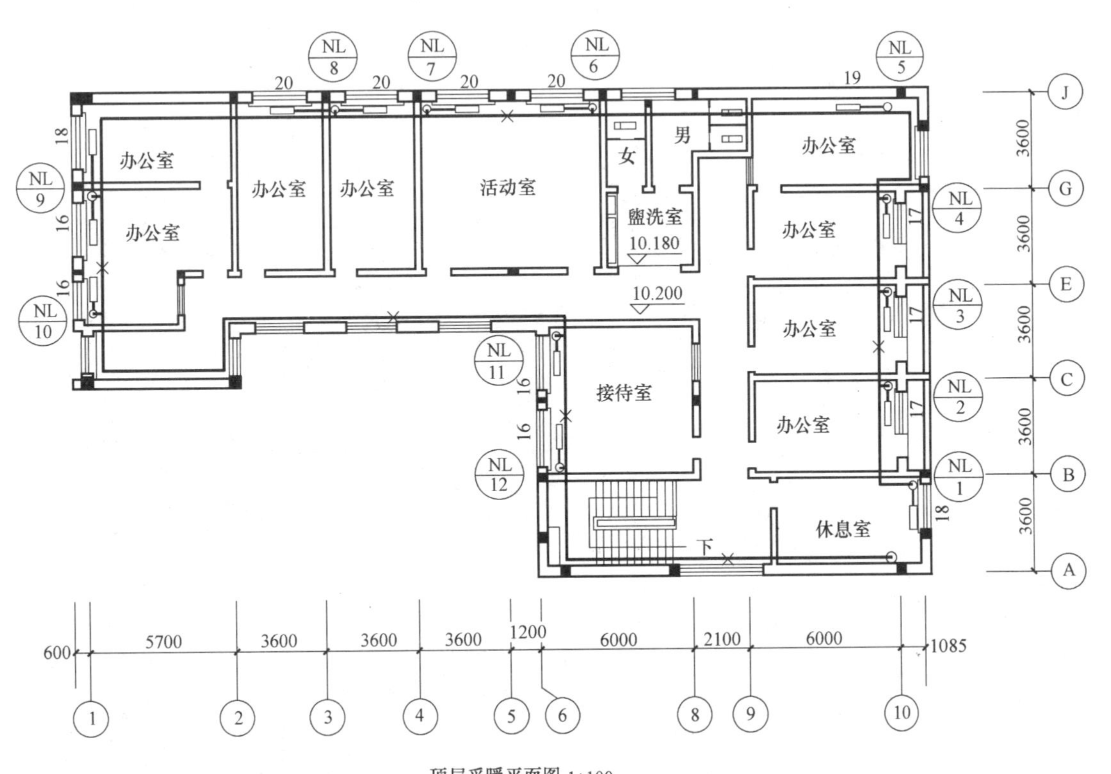

顶层采暖平面图 1:100

图 1-14 顶层采暖平面图

本章小结及综述

1. 通过平面图识读，了解建筑物的朝向、基本构造、轴线分布及有关尺寸；了解设备的位号（编号）、名称、平面定位尺寸、接管方向及其标高；掌握各条管线的编号、平面位置、介质名称，管子及管路附件的规格、型号、种类、数量；管道支架的设置情况，弄清支架的形式、作用、数量及其构造。

2. 通过立（剖）面图识读，了解建筑物的竖向构造、层次分布、尺寸及标高；了解设备的立面布置情况，查明位号（编号）、型号、接管要求及标高尺寸；掌握各条管线在立面布置上的状况，特别是坡度、坡向、标高、尺寸等情况，以及管子、管路附件的各类参数。

3. 通过系统图识读，掌握管路系统的空间立体走向，弄清楚管路标高、坡度、坡向，以及管路出口和入口的组成；了解干管、立管及支管的连接方式，掌握管件、阀门、器具设备的规格、型号、数量；了解管路与设备的连接方式、连接方向及要求。

第 2 章

常用工机具与操作

本章重点难点提示

1. 掌握管钳、链钳、管子台虎钳及各种扳手的使用方法。
2. 掌握锤子、錾子、钢锯、割刀的使用方法。
3. 掌握手动机械的使用方法，具体使用时应了解其注意事项。
4. 掌握电动机械的使用方法，具体使用时应了解其注意事项。

2.1 管钳及其使用方法

管钳也称管子扳手，用来扳动金属、管子附件或其他圆柱形工件，如图 2-1 所示。管钳的规格是按手柄的长度来划分的，其规格见表 2-1。

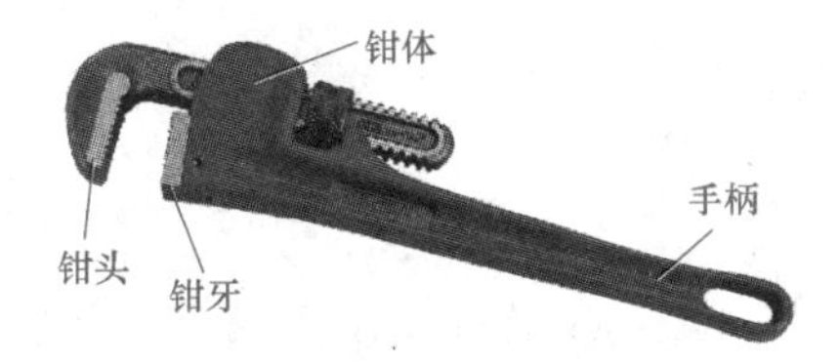

图 2-1 管钳

表 2-1 管钳规格

管钳全长/mm	150	200	250	300	350	450	600	900	1200
英寸/in	6	8	10	12	14	18	24	36	48
夹持管子最大外径/mm	20	25	30	40	45	60	75	85	110

管钳的使用方法如下：

1）操作管钳时，用钳口卡住管子，通过向钳把施加压力，迫使管子转动。为了防止钳口脱落而伤及手指，一般左手轻压活动钳口上部，右手握钳，两手动作协调。

2）扳动管钳手柄不可用力过猛或在手柄上加套管，当手柄尾端高出操作人员头部时，不得采用正面攀吊的方式扳动手柄。

3）管钳钳口不得沾油，以防打滑。

4）严禁用管钳拧紧六角螺栓等带棱工件。不得将管钳当作撬杠或锤子使用。

2.2　链钳及其使用方法

链钳用来卡固管子，一般用作临时固定、安装或拆卸直径较大的管道。若因场地限制，管钳手柄旋转不开时，也可用链钳代替管钳。链钳外形如图 2-2 所示，其规格以链长表示，见表 2-2。

图 2-2　链钳

链钳的使用方法如下：

1）首先打开链条，将管子置于链条上，根据管径大小扣紧链条；同时，握住手柄回转管子，即可进行管子与管件或螺纹阀门的安装拆卸。

2）安装时要逐渐卡紧链条，卡紧时不可用力过猛，防止打滑。

3）链条上不得沾油，使用后应妥善保管。长期停用应涂油保护，重新启用时，应将防护油擦拭干净。

表 2-2　链钳规格

公制/mm	350	450	600	900	1200
英寸/in	14	18	24	36	48
夹持管子最大外径/mm	25～40	32～50	50～80	80～125	100～200

2.3　套螺纹板及其使用方法

套螺纹板也称管子铰板、板牙架，又称代丝。用于手工套割钢管外螺纹，分为普通式板牙架、轻便式板牙架和电动板牙架三种。在给水排水工程施工中，常用到的是普通式板牙架，如图 2-3 所示。

套螺纹板的使用方法如下：首先选取与所加工螺纹管子管径相同的板头安装在板体的九角孔中，旋上手柄管即可进刀。当螺纹套至与板牙侧面相平时，转动板体上的定位销子即可换向退刀。套螺纹时，应尽量将套螺纹板固定，否则容易形成歪螺纹，使管子连接时不正或不平。

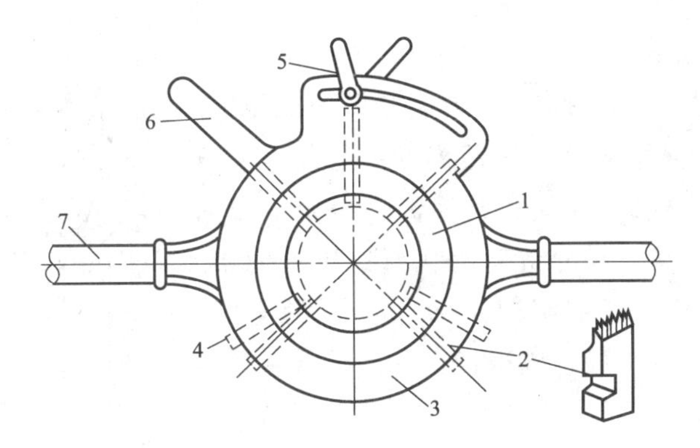

图 2-3 普通式板牙架

1—固定盘 2—板牙槽（4个） 3—活动盘 4—后卡爪（3个）
5—紧固螺钉手柄 6—松紧板牙手柄 7—手柄

套螺纹板共有五种规格，见表 2-3。

表 2-3 套螺纹板规格

规格/in	板牙副数	所使用的管径范围/in
$1\frac{1}{4}$	3	$\frac{1}{8}\sim\frac{3}{8},\frac{1}{2}\sim\frac{3}{4},1\sim1\frac{1}{4}$
2	3	$\frac{1}{2}\sim\frac{3}{4},1\sim1\frac{1}{4},1\frac{1}{2}\sim2$
3	2	$1\frac{1}{2}\sim2,2\frac{1}{2}\sim3$
4	2	$2\frac{1}{2}\sim3,3\frac{1}{2}\sim4$
5	2	$3\frac{1}{2}\sim4,4\frac{1}{2}\sim5$

注：1in = 25.4mm。

2.4 锤子及其使用方法

锤子由锤头和木柄组成，常用于管道调直、錾打墙洞（楼板洞）、金属錾割、管道拆卸等。给水排水、采暖及燃气施工中常用的锤子有钳工锤（图 2-4）和八角锤（图 2-5）两种。

图 2-4 钳工锤

图 2-5 八角锤

锤子的使用方法如下：

1）锤子平面应平整，有裂痕或缺口的锤子不能使用。

2）安装锤柄时，锤柄应垂直于锤头的中心线，为防止锤头脱落，必须在端部打入楔子，将锤头锁紧，如图2-6所示。握锤方式有紧握和松握两种，拇指压于食指，虎口部位对准锤头，露出锤柄尾部15~30mm。锤击时，眼睛注视锤击处，锤面应与被击物平行，有用手、肘和臂三种挥锤方式。

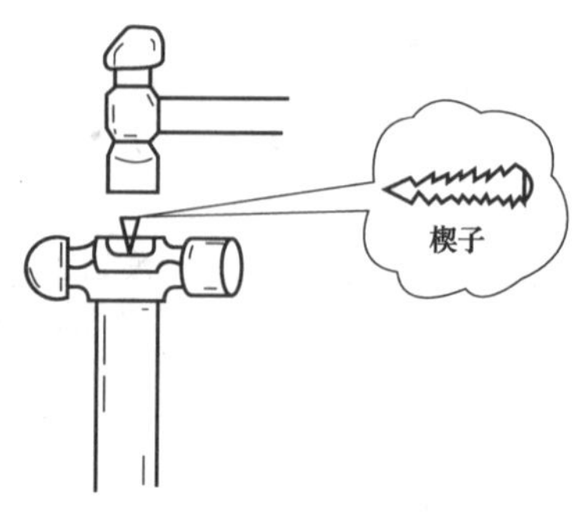

图 2-6　锤柄安装

3）购买不连柄的锤子时，应选用与锤头规格一致的手柄。

4）锤柄不得当撬棍，以免锤柄折断或受损伤。

5）使用锤子时，手柄和锤头面上不应沾有油脂，握锤子的手不准戴手套，手掌上有汗应及时擦掉。

6）锤面形成球面时，要将其在砂轮机上打磨平整。发现锤头松动时应及时采取措施，以防锤头飞出伤人。

2.5　錾子及其使用方法

錾子用来錾切铸铁管、陶土管、水泥管、混凝土管。常用的錾子分为扁錾和尖錾两种，如图2-7所示。扁錾主要用来錾切平面、分割材料和去除毛刺等；尖錾用于錾切各种槽、分割曲线形板料等。

錾子的使用方法如下：

1）錾子头部不能有油脂，否则锤击时易使锤面滑离錾头。

2）錾子不可握得太松，以免锤击錾子时松动而击打在手上。使用时用左手的中指、无名指和小拇指握錾，大拇指与食指自然贴近，露出錾子头部10~20mm，配合锤子进行铸铁管的切断。

3）卷了边的錾头应及时修理或更换。修理时，应先在铁砧上将蘑菇状的卷边敲掉，再在砂轮机上修磨。刃口钝了的錾头可在砂轮机上磨锐。

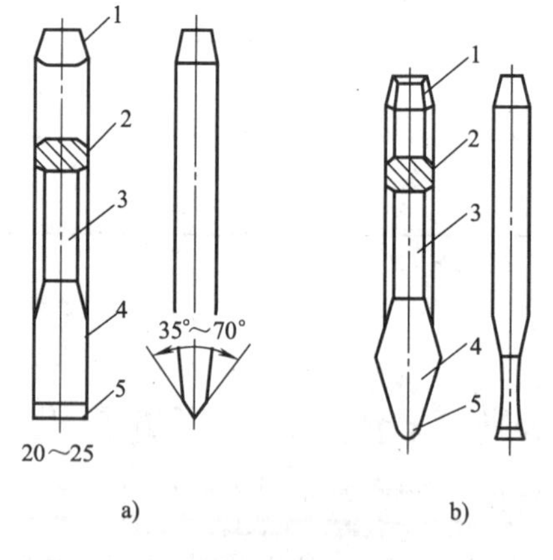

图 2-7　錾子

a）扁錾　b）尖錾

1—錾头　2—剖面　3—柄　4—斜面　5—锋口

2.6　钢锯及其使用方法

钢锯用于钢管、有色金属管和塑料管的手工切割，由锯架和锯条组成。锯架有调节式（图2-8）和固定式（图2-9）两种，规格见表2-4。

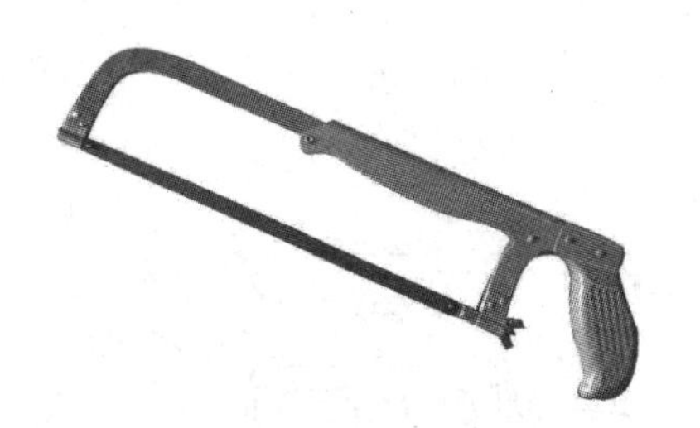

图 2-8 调节式钢锯

图 2-9 固定式钢锯

表 2-4 钢锯规格

种 类	调节式	固定式
可装锯条长度/mm	200,250,300	300

锯条有细齿和粗齿两种，薄壁管子及塑料管锯切采用细齿锯条，普通钢管可采用粗齿锯条。使用细齿锯条较省力，但切割速度慢，适用于切割管径为40mm以下的薄壁管子和塑料管；使用粗齿锯条较费力，但切割速度快，适用于切割管径为50~200mm的管材。安装锯条时将锯齿朝前，将锯条上直后拧紧。

钢锯的使用方法如下：

1）将管子固定在管子台虎钳上或其他夹具中，切割铜管时，应在其两侧用木板做衬垫夹持铜管，以免夹伤管壁。

2）用整齐的厚纸边箍在管子切口处，用石笔或划针沿着厚纸边缘划一圈做为切割线。

3）锯割时，锯条应保持与管子轴线垂直，用力要均匀，锯条向前推动时加适当压力，往回拉时不宜加力。锯条往复运动应尽量拉开距离，不能只用中间一段锯齿。锯口锯到全断方可停止，不能用手掰。

4）切断后，用砂纸或砂轮打磨端口。

2.7 管子台虎钳及其使用方法

管子台虎钳也称龙门管压钳或龙门钳，用以夹持管子，以便对其进行锯割、套螺纹或调直工作，如图 2-10 所示，其规格见表 2-5。

管子台虎钳的使用方法如下：

1）管子台虎钳下钳口安装应牢固可靠，上钳口在滑道内能自由移动，压紧螺杆和滑道应经常加油。

2）管子台虎钳的规格必须与所夹管道的规格匹配，不得将不适合钳口尺寸的工件上钳；对过长的工件，应在其伸出工作台面部分设置支架使其稳固，夹持较脆软的工件时，应用布包裹，避免压坏。

3）操作时，将管子放入管子台虎钳钳口中，旋转把手卡紧管子，如图 2-11 所示。

4）装夹管子或管件时，必须穿上保险销，压紧螺杆。旋转螺杆时应用力适当，严禁用锤击或加装套管的方法扳手柄。

图 2-10 管子台虎钳

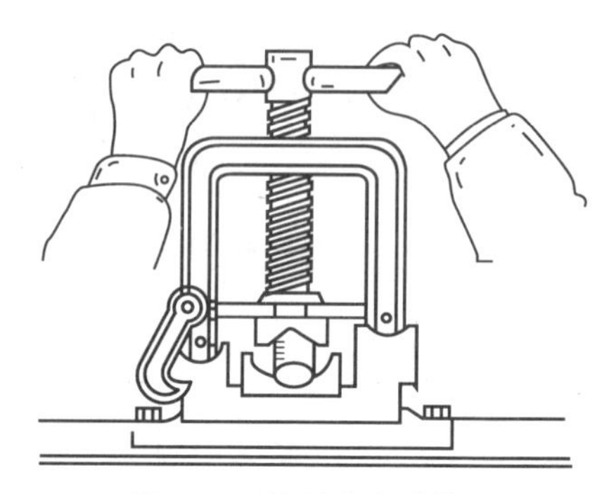
图 2-11 管子台虎钳使用

表 2-5 管子台虎钳规格

号数	1	2	3	4	5	6
适用管径/mm	10~60	10~90	15~115	15~165	30~220	30~300

2.8 活扳手、呆扳手、梅花扳手、套筒扳手

扳手用于安装拆卸四方头和六方头螺钉及螺母、活接头、阀门、根母等零件和管件。活扳手的开口大小是可以调整的，呆扳手、梅花扳手、套筒扳手的开口不能进行调节，其中梅花扳手和套筒扳手是成套工具，如图 2-12~图 2-15 所示。

图 2-12 活扳手

图 2-13 呆扳手

图 2-14 梅花扳手

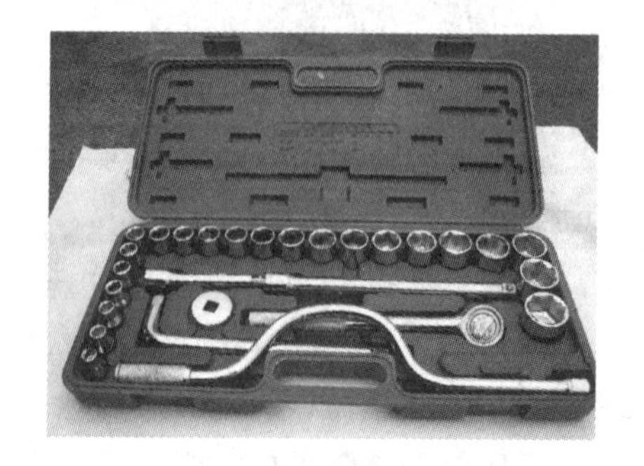
图 2-15 套筒扳手

扳手的规格见表2-6~表2-9。

表2-6 活扳手规格 （单位：mm）

全　长	100	150	200	250	300	370	450	600
最大开口宽度	14	19	24	30	36	46	55	65

表2-7 呆扳手规格 （单位：mm×mm）

成套扳手	6件	5.5×7,8×10,12×14,14×17,17×19,22×24
	8件	6×7,8×10,9×11,12×14,14×17,17×19,19×22,22×24,24×27,30×32
单件扳手	4×5,5.5×7,8×10,10×12,12×14,17×19,22×24,27×30,30×32,32×36,41×46,50×55,65×75	

表2-8 梅花扳手规格 （单位：mm×mm）

成套扳手	6件	5.5×7,8×10,12×14,14×17,19×22,24×27
	8件	5.5×7,8×10,9×11,12×14,14×17,17×19,19×22,24×27
单件扳手	5.5×7,8×10,12×14,17×19,22×24,24×27,30×32,36×41,46×50	

表2-9 套筒扳手规格 （单位：mm）

品种	配套项目			
	套筒头规格（螺母平分对边距离）	方孔或方榫尺寸	手柄及连接头	接　头
小12件	4,5,5.5,7,8,9,10,12	7	棘轮扳手，活络头手柄，通用手柄长接杆	—
6件	12,14,17,19,22	13	弯头手柄	—
9件	10,11,12,14,17,19,22,24			
10件	10,11,12,14,17,19,22,24,27			
13件	10,11,12,14,17,19,22,24,27		棘轮扳手，活络头手柄，通用手柄长接杆	直接头
17件	10,11,12,14,17,19,22,24,27,30,32		棘轮扳手 滑行头手柄	直接头
28件	10,11,12,13,14,15,16,17,18,19,20,21,22,23,24,26,27,28,30,32	13	摇手柄 长接杆 短接杆	直接头 万向接头 旋具接头
大19件	22,24,27,30,32,36,41,46,50,55	20	棘轮扳手，滑行头手柄，弯头手柄，加力杆接杆	活络头 滑行头
	65,75	25		

各种扳手的使用方法如下：

1）使用活扳手时应调节其张口大小与螺母、管件等规格大小相等。如果所拆卸的螺栓因严重锈蚀而不易扳转时，宜用锤子敲击几下或使用螺栓松动剂，切不可硬扳。适时向活扳手的螺杆与活动钳口的接合处加机油进行润滑，以防止生锈，保持活动钳口的灵活。

2）使用呆扳手时，其规格应与相应的螺母配合。

3）梅花扳手的开口也不能进行调节，适用于在较狭窄空间的操作。

4）套筒扳手为成套工具，适用于空间狭小或位置下凹较深六角头螺栓、螺母的安装和拆卸。使用时应选取和螺栓具有相应规格的套筒头在套杆上进行操作。需要加套力杆时，应不长于1m。另外，切不可使用套筒扳手进行锤击等操作。

2.9 割刀及其使用方法

割刀（割管器、滚刀）是一种切割小型管子的专用工具，按管子的材质划分，有普通钢管割刀、铝塑复合管割刀、塑料管割刀、有色金属管割刀等多种类型。常用管子割刀如图2-16所示，其规格见表2-10。

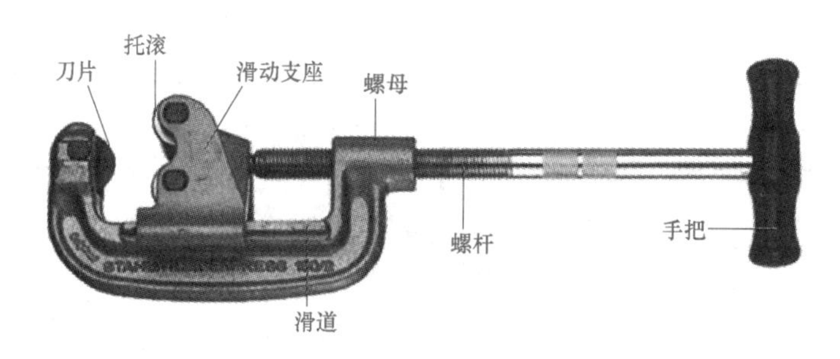

图2-16 管子割刀

表2-10 割刀规格

割刀型号	2号	3号	4号
被切割管子公称直径/mm	12~50	25~80	50~100

割刀的使用方法如下：

1）固定好管子，再将其夹在割管器的两个滚轮和一个滚刀间。

2）将刀刃对准管子切割线，拧动手把，使滚轮夹紧管子，转动螺杆，滚刀沿管壁切入，不得偏斜。边转螺杆边拧动手把，滚刀不断切入管壁，直至切断为止。每次进刀量不可过大，以免管口受挤压使管径变小，并应对切口处加油。

3）管子切断后，将铰刀插入管口，铰去管口缩小部分。

2.10 测量工具及其使用方法

1. 钢直尺（钢板尺）

钢直尺（图2-17）用来测量钢管下料尺寸和对口焊接，其规格按测量上限有150mm、

300mm、500mm、1000mm、1500mm、2000mm 等六种。

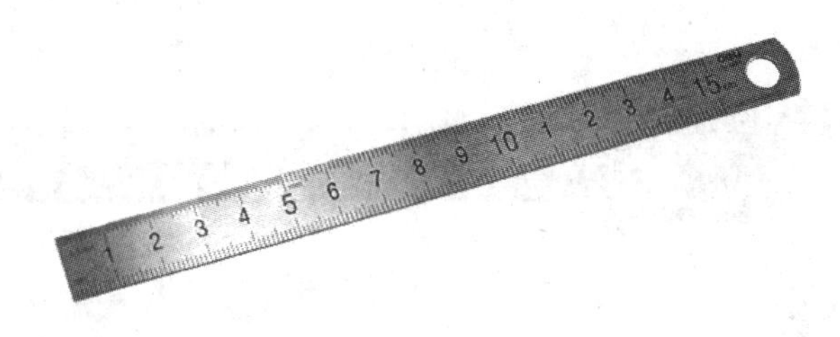

图 2-17 钢直尺

钢直尺的使用方法如下：

1）使用时，将钢直尺贴紧管线并放平后再进行读数，不得将钢直尺悬空读数。

2）不得使用钢直尺刮除污垢或拧螺钉等。

3）使用完毕后，应及时将钢直尺擦拭干净。若长期不用时，需在尺面上涂一层钙基脂，再用蜡纸封装，防止锈蚀。

2. 钢卷尺、皮卷尺

钢卷尺和皮卷尺（图 2-18）用于测量管线长度。但对长距离管线一般使用测绳测量，测绳的长度为 50~100m，每米有一标记。钢卷尺的规格按测量上限分为：小钢卷尺（图 2-19）有 1m、2m、3m、3.5m、5m、7.5m 等六种；大钢卷尺（图 2-20）有 5m、10m、15m、20m、30m、50m、100m 等七种。

图 2-18 皮卷尺　　图 2-19 小钢卷尺　　图 2-20 大钢卷尺

钢卷尺的使用方法如下：

1）使用时，应根据管线情况拉出适宜长度并读数。

2）测量长距离管线时，应防止尺带扭曲。

3）使用钢卷尺移动时，需将尺带抬离地面，防止尺面磨损；使用完毕后，应用棉丝或软布及时擦拭尺带上的灰尘或泥水，不得用较硬物品擦拭，以保持刻度的清晰。

3. 游标卡尺

游标卡尺（图 2-21）用来测量管件内径或外径尺寸，其规格见表 2-11。

4. 90°角尺（直角尺）

直角尺（图 2-22）用于设备安装或加工部件时直角校验或画线，其规格见表 2-12。

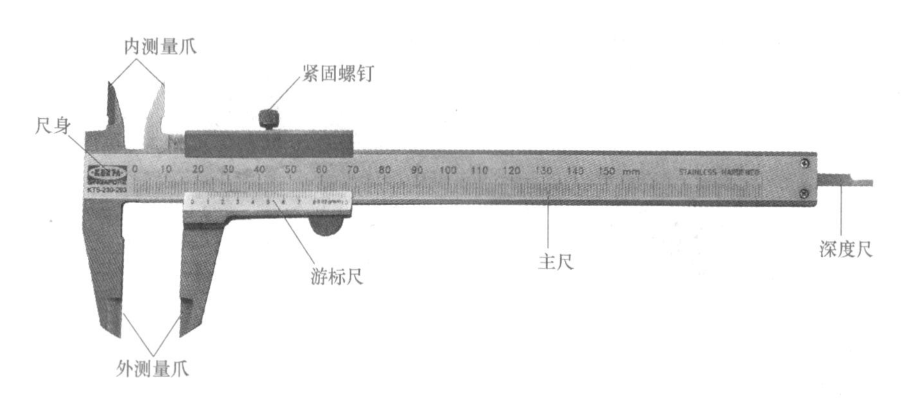

图 2-21　游标卡尺

表 2-11　游标卡尺规格　（单位：mm）

型　号	测量范围	游标分度值
Ⅰ型三用游标卡尺	0～125	0.02，0.05
Ⅱ型两用游标卡尺	0～200，0～300	
Ⅲ型双面游标卡尺		
Ⅳ型单面游标卡尺	0～500，300～1000	0.02，0.05，0.10

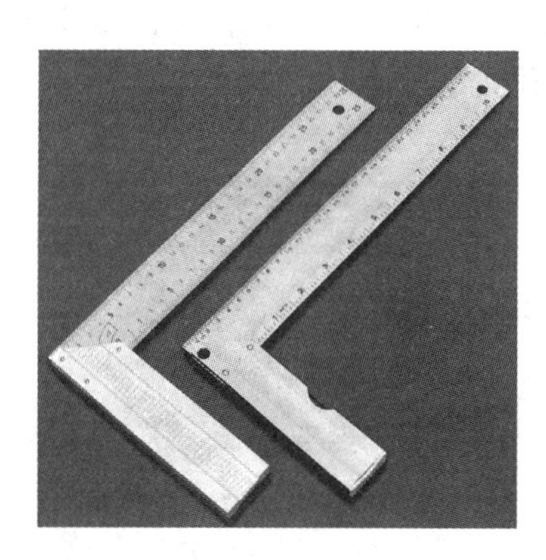

图 2-22　直角尺

表 2-12　直角尺规格　（单位：mm）

长度	40	63	100	125	160	200	250	315	400	500	630
高度	63	100	160	200	250	315	400	500	630	800	1000

直角尺的使用方法如下：

1）使用时，将角尺两边贴靠在被测的两个面或两条线上，若角尺两边均无间隙，则两个面（线）是垂直的。

2）使用中需轻拿轻放，不得与被测物发生撞击。

3）使用完毕后，应及时擦拭尺面上的灰尘。若长期不用，需采取措施防止尺面锈蚀。

5. 水平尺

水平尺（图 2-23）用于测量水平度；较长的水平尺还可测量垂直度。其规格见表 2-13。

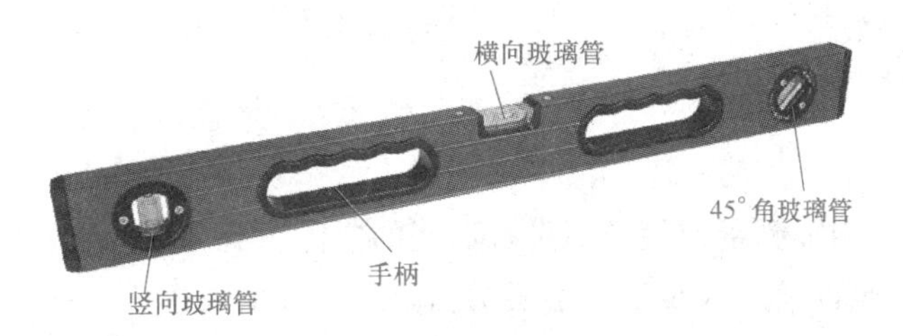

图2-23 水平尺

表2-13 水平尺规格

长度/mm	150	200,250,300,350,400,450,500,550,600
主水准刻度值/(mm/m)	0.5	2

水平尺的使用方法如下：

1）测量时，应将水平尺置于管道或设备的平滑、干净部位，根据玻璃管内气泡的位置判断管道或设备的水平或垂直，以气泡居中为水平或垂直。

2）使用时，被测部位必须平滑、干净；使用中，应避免水平尺的底部受碰撞或磨刮而影响测量结果；使用完毕后应将水平尺及时擦拭干净。

6. 方形水平尺

方形水平尺（图2-24）也称框式水平仪，安装水暖设备需要纵横向找平时，可应用方形水平尺找平。其规格见表2-14。

表2-14 方形水平尺规格

框架边长/(mm×mm)	150×150	200×200	250×250	300×300
主水准刻度值/(mm/m)	0.02,0.025,0.03,0.04,0.05			

7. 线锤

线锤（图2-25）用于测量管线的垂直度，确定垂直孔洞的位置。其规格见表2-15。

表2-15 线锤规格

材　料	铜、铁
质量/kg	0.05,0.1,0.2,0.25,0.3,0.4,0.5

图2-24 方形水平尺

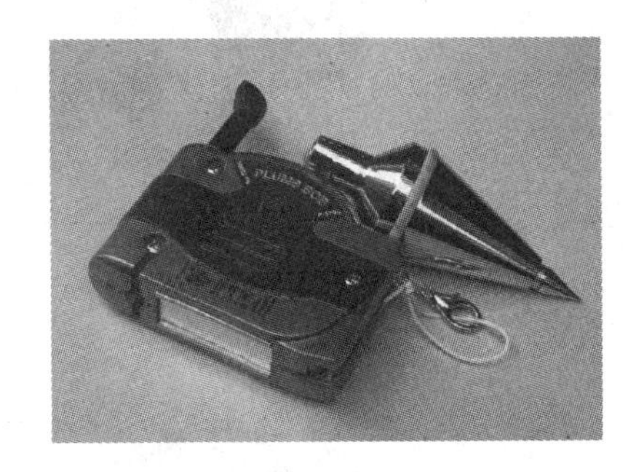

图2-25 线锤

线锤的使用方法如下：用手提住线锤中间的细线上端，用目光观察线与物之间的垂直偏差。

8. 塞尺

塞尺（图2-26）用来测量或检查两平行面间的空隙。有A、B两个型号，A型塞尺的端头为半圆形，B型塞尺的前端为梯形，端头为弧形。塞尺的长度有75mm、100mm、150mm、200mm、300mm等五种规格，每组塞尺的片数有13片、14片、17片、20片、21片不等，每组塞尺的厚度有0.02mm、0.03mm、0.04mm、0.05mm、0.06mm、0.07mm、0.08mm、0.09mm、0.10mm、0.15mm等规格。

塞尺的使用方法如下：

1）使用塞尺时，只需将适当厚度的塞尺薄钢片插入两平行面的间隙，如果没有合适厚度的薄钢片，可将几片塞尺薄钢片组合起来进行测量，插入薄钢片的厚度即为间隙的数值。

2）测定间隙前，塞尺表面和要测量的缝隙内部要清理干净，插入时用力要适当。

图2-26 塞尺

2.11 手动机械及其使用方法

1. 千斤顶

千斤顶用于支撑、起升和下降较重的设备。千斤顶只适宜垂直使用，不能倾斜或倒置使用，也不能用在酸、碱及有腐蚀性气体的场所。常用千斤顶有液压千斤顶（图2-27）和螺旋千斤顶（图2-28），其规格见表2-16和表2-17。

图2-27 液压千斤顶

图2-28 螺旋千斤顶

表 2-16 液压千斤顶规格

型号	起重量/t	起重高度/mm	质量/kg
QY1.5	1.5	90	2.5
QY3	3	130	3.5
QY5G	5	160	5.0
QY5D	5	125	4.5
QY8	8	160	6.5
QY10	10	160	7.5
QY12.5	12.5	160	9.5
QY20	20	180	18
QY32	32	180	24
QY50	50	180	40

注：Q 代表千斤顶，Y 代表液压，G 代表高型，D 代表低型。

表 2-17 螺旋千斤顶规格

型号	起重量/t	起重高度/mm	质量/kg
Q3	3	100	6
Q5	5	130	7.5
Q10	10	150	11
Q16	16	180	15
Q32	32	200	27
QD32	32	180	20
Q50	50	250	47

注：Q 代表千斤顶，D 代表低型。

2. 环链手拉葫芦、钢丝绳手拉葫芦

环链手拉葫芦、钢丝绳手拉葫芦用于安装设备或敷设大口径管道时进行起吊。环链手拉葫芦（图 2-29）又称倒链、链式起重机，由链条、链轮及差动齿轮（或蜗杆、蜗轮）等组成。环链手拉葫芦、钢丝绳手拉葫芦的规格见表 2-18 和表 2-19。

图 2-29 环链手拉葫芦

环链手拉葫芦的使用方法如下：使用时，应先反拉细链，待粗链有足够的起重距离后即可进行吊装。应注意不能使用环链手拉葫芦起吊超过其起重量的物体，若粗链达不到起重距离时，可借用有一定承受力的钢丝绳代替。平时要注意对环链手拉葫芦进行检查和维护，确保其使用的安全性。

3. 手动液压弯管机

手动液压弯管机用于管道安装修理时煨弯用，如图 2-30 所示。手动液压弯管机的规格性能见表 2-20。

表 2-18　环链手拉葫芦规格

型号	起重量/t	提升高度/m	质量/kg
HS0.5	0.5	2.5	7
HS1	1	2.5	10
HS1.5	1.5	2.5	15
HS2	2	2.5	14
HS2.5	2.5	2.5	28
HS3	3	3	24
HS5	5	3	36
HS10	10	3	68

表 2-19　钢丝绳手拉葫芦规格

型号	起重量/t	提升高度/m	质量/kg
QY1.5	1.5	20	10
QY3	3	10	16

手动液压弯管机的使用方法如下：

1）安装顶胎和管托。首先选取并安装与所弯管子直径一致的顶胎，根据弯曲半径将管托安放在合理的位置。

2）弯管。将待弯曲的管子放在顶胎与管托的弧形槽中，并使其弯曲部分的中心与顶胎的中心对齐。关闭回液阀，上下扳动手柄，直至将管子弯成所需要的角度。

3）卸管并打开回液阀，此时顶胎会自动复位，取出弯好的管子并检查是否合适。若仍未达到所需要的角度，可重新放入，继续按照上述方法进行煨弯。

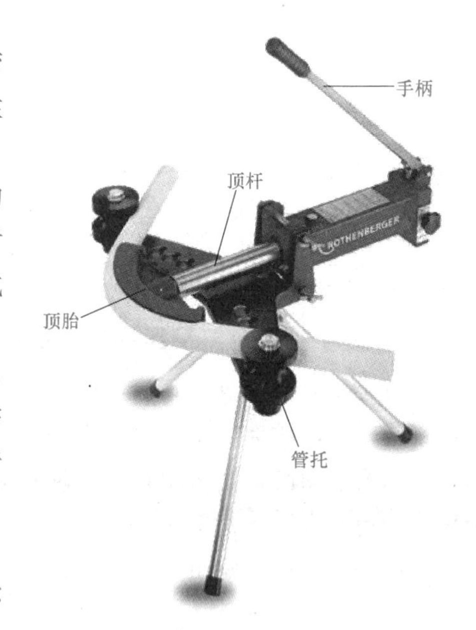

图 2-30　手动液压弯管机

手动液压弯管机的操作要领及注意事项如下：

1）安放管托时，要确保将两个管托置于对称位置，否则会将托板拉偏或拉坏。最好是调整两个管托间的距离至刚好使顶胎通过。

2）在扳动手柄的过程中要用力均匀，注意停顿。随时注意检查弯曲角度（可使用量角器），不得超过管子要求的弯曲角度，确保弯管质量。考虑到材料发生变形后会有一定的回弹，可将弯曲的角度略微增大一些。

3）在弯曲有缝钢管时，钢管的焊缝位置应置于不受拉伸或压缩的位置。

表 2-20 手动液压弯管机规格性能

指　　标	Ⅰ型	Ⅱ型	Ⅲ型
弯管直径/mm	15,20,25	25,32,40,50	78,89,114,127
最大弯曲角度/(°)	90	90	90
活塞杆最大行程/mm	300	310	550
最大压力/MPa	250	300	300
液压传动方式	手动液压泵	手动液压泵	电动活塞泵
手动液压泵的手柄最大推力/N	200	230	—
电动机功率/kW	—	—	2.8
外形尺寸/(mm×mm×mm)	—	700×700×220	1500×1400×700
质量/kg	17.5	46	632

2.12 电动机械及其使用方法

1. 电动液压弯管机

电动液压弯管机的作用同手动液压弯管机，其结构如图 2-31 所示。电动液压弯管机的规格性能见表 2-21。

表 2-21 电动液压弯管机规格性能

型号与名称	弯曲半径/mm	弯管速度/(r/min)	最大弯曲半径/mm	最小弯曲半径/mm	最大弯曲角度/(°)	电动机功率/kW
WA27Y—60 液压弯管机	25~60	1~2	300	75	190	5.5
WC27—108 机械弯管机	38~108	0.52	500	150	190	7.5
WA27Y—114 液压弯管机	114	0.5	600	150	195	11
WA27Y—159 液压弯管机	76~159	0.43	800	200	190	18.5
WK27Y—60 数控弯管机	25~60	1~2	300	75	—	5.5

2. 套螺纹切管机

套螺纹切管机也称切管套丝机、套丝切管机、套丝机，用于各种管子切断、内倒角、管子套螺纹和圆钢套螺纹，如图 2-32 所示。套螺纹切管机的规格性能见表 2-22。

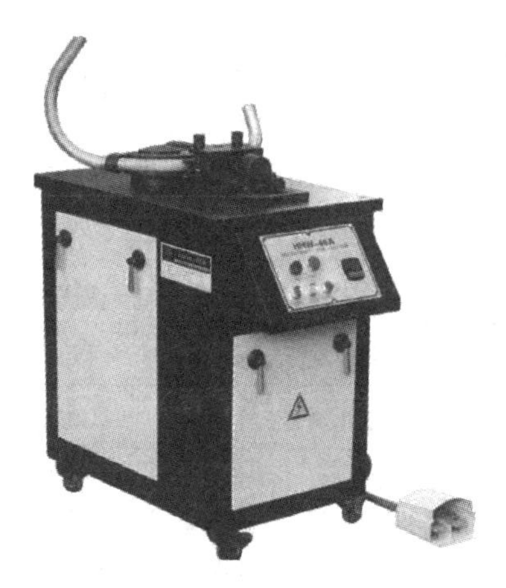

图 2-31 电动液压弯管机

图 2-32 套螺纹切管机

表 2-22 套螺纹切管机规格性能

型号	规格/mm	套制圆锥管螺纹范围/mm	电源电压/V	电动机额定功率/W	主轴额定转速/(r/min)	质量/kg
Z1T—50 Z3T—50	50	15~50	220 380	≥600	≥16	71
Z1T—80 Z3T—80	80	15~75	220 380	≥750	≥10	105
Z1T—100 Z3T—100	100	15~100	220 380	≥750	≥8	153
Z1T—150 Z3T—150	150	65~150	220 380	≥750	≥5	260

套螺纹切管机的使用方法如下：

1）固定管子。首先将套螺纹切管机安装平稳，然后拉开支架板，将管子插入，同时旋动前、后卡盘即可将管子卡紧。

2）套螺纹。套螺纹时，根据待套螺纹管子的管径选择合适的板牙头及板牙，并正确安装板牙。放下铰板和油管，并调整喷油管使其对准板牙喷油。然后合上开关，同时用力移动进给把手，使板牙对准管口进行螺纹加工。待达到要求的套螺纹长度时，及时扳动板牙头上的把手，使板牙沿径向退离已加工的螺纹面，同时关闭电源，然后旋松前、后卡盘，即可取出已加工好螺纹的管子。

3）切管。操作时首先掀起扩孔锥和板牙头，将切管器放下，通过移动进给把手调节切管器的位置，使管子压在切管器两滚轮中间固定，切管刀对准切割线，旋转手柄夹紧管子，并使油管对准刀口喷油。然后合上开关，同时转动切管器的手柄进行切割。边切割边拧动割管刀的手柄进刀，直至管子被切断，同时关闭电源。对切割好的管子进行管内口倒角（扩口）时，将管子卡紧在卡盘上，使扩孔锥头对准管口。然后合上开关，同时移动进给把手即可进行扩孔。扩好后，关闭电源。

套螺纹切管机的操作要领及注意事项如下：

1）在使用机器前，油箱内必须灌入4L左右的润滑油，且一定要保证喷油管油路畅通，润滑油可以从油管孔内喷出。

2）若套螺纹切管机更换插头时，要注意正确的接线，以通电后套螺纹切管机主轴沿逆时针方向旋转为正确。对套螺纹切管机所有的相对运动部件，应经常加注润滑油。在确定各部件无异常情况后方可开机工作。

3）使用完机器后，应及时擦拭干净，并清除黏附在各部件上的金属屑，盖上滤网的盖子，放下切管器、板牙头。

3. 电动砂轮锯

电动砂轮锯（图2-33）是一种高速切割机，用于切割各种金属型材、管材。电动砂轮锯的规格性能见表2-23。

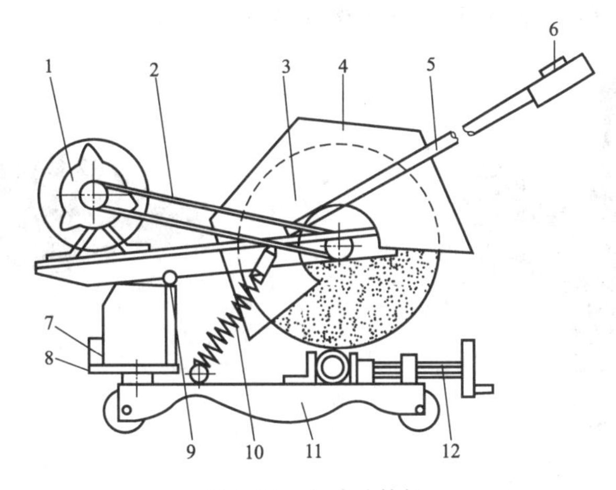

图2-33 电动砂轮锯

1—电动机 2—V带 3—砂轮片 4—护罩 5—操纵杆 6—带开关的手柄 7—配电盒 8—扭转轴 9—中心轴 10—弹簧 11—四轮底座 12—平口钳

表2-23 电动砂轮锯规格性能

型　号		J3GS—300型	J3G—400A型
额定电压/V		380	380
额定功率/kW		1.4	2.2
砂轮片/mm		外径(300)×孔(32)×厚(3)	外径(400)×孔(32)×厚(3)
切割线速度/(m/s)		砂轮片68	砂轮片60
切割范围/mm	角钢	80×80×10	100×100×10
	圆钢	ϕ25	ϕ50
	钢管	ϕ90×5	ϕ130×8
	槽钢		12号

电动砂轮锯的使用方法如下：将所要切割的管子用平口钳夹紧，切割时握紧手柄，同时按住开关将电源接通，稍加用力压下砂轮片，即可进行切割。管子割断后松开手柄和开关，

即可切断电源停止切割，并使砂轮片通过弹簧复回原位。

电动砂轮锯的操作要领及注意事项如下：

1）砂轮片安装在转动轴上，安装时要尽可能使砂轮片与转动轴保持同心，并且使转动轴周围留有相同的间隙。开机时，砂轮片一定要正转，且一定要夹紧所要切割的管子。

2）操作人员的身体不可正对砂轮片，以防切割中溅出的火花伤人。为安全起见，不能随意拆除砂轮片上的保护罩；运行中若发现有不平稳或冲击振动现象时，应立即停机进行检查。砂轮片若出现缺口时须及时废弃不用。

3）切割后管径收缩较小，只需用三角刮刀修刮管口即可。

4. 手电钻

手电钻是用来对金属、塑料、其他类似材料或工件进行钻孔的电动工具，有手提式（图 2-34）和手枪式两种（图 2-35），其规格性能见表 2-24。

图 2-34　手提式手电钻

图 2-35　手枪式手电钻

表 2-24　手电钻规格性能

型号	钻孔直径 /mm	额定电压 /V	额定电流 /A	额定功率 /kW	额定转速 /(r/min)	质量 /kg
J1Z—CD3—6A	6	220	1.2	0.25	1200	1.2
J1Z—CD—10A	10	220	1.8	0.40	780	1.55
J1Z—CD3—13A	13	220	2.45	0.50	570	2.1
J1Z—CD2—10B	10	220	2.1	0.43	700	2.5
J1Z—CD2—13A	13	220	2.1	0.43	500	2.5

5. 电动冲击钻

电动冲击钻也称冲击电钻、冲击钻，它是可调节式旋转带冲击的特种电钻，当把旋钮调到旋转位置，装上钻头，就像普通电钻一样。如把旋钮调到冲击位置，装上镶硬质合金的冲击钻头，就可以对混凝土、砖墙进行钻孔，适用于建筑、水电安装工程，如图 2-36 所示。其规格性能见表 2-25。

图 2-36　电动冲击钻

表 2-25 电动冲击钻规格性能

型号	钻孔直径/mm		额定电压/V	额定电流/A	额定功率/kW	额定转速/(r/min)	冲击次数/min^{-1}
	钢	混凝土					
Z1J—10		10	220	1.1	0.24	1200	
	6	10	220	1.44	0.29	800	17600
	6	10	220	1.8	0.40	1200	24000
Z1J—12	8	12	220	1.6~2.2	0.33~0.42	700~1200	11700~18700
		12	220	1.1	0.24	1200	
Z1J—16	10	16	220	1.8~2.7	0.38~0.47	700~850	11000~16000
	10	16	220	2.1	0.45	1450	21750
Z1J—20	12	20	220	2.1~3.1	0.43~0.68	480~700	960~14000
	12	20	220	3.1	0.68	890	16000

电动冲击钻的使用方法如下：

1）使用时，可以通过工作头上的调节手柄实现钻头的只旋转无冲击或既旋转又冲击。将旋钮调至旋转的位置，装上麻花钻头，接通电源即可对金属、木材、塑料件进行钻孔。若将旋钮调至旋转待冲击位置时，装上镶硬质合金的冲击钻头，就可以适用于建筑、给水排水工程安装中对砖、轻质混凝土等脆性材料进行钻孔。

2）要注意将钻头顶在工作物上时方可按下开关，待钻头运转正常后才能进行钻孔。若使用过程中发现转速变慢、火花过大、温升过高、响声不正常或有异常气味时，应立即切断电源。在钢筋混凝土上进行冲击钻孔时，应避开钢筋的位置钻孔。更换或装卸钻头时，转动卡轴180°即可将钻头取下或装上。

图 2-37 电锤

6. 电锤

电锤（图 2-37）如同电动冲击钻，也兼具冲击和旋转两种功能。可用来在混凝土地面打孔，以膨胀螺栓代替普通地脚螺栓，安装各种设备，其规格性能见表 2-26。

表 2-26 电锤规格性能

型号	钻孔直径/mm	额定电压/V	额定电流/A	额定功率/kW	额定转速/(r/min)	冲击次数/min^{-1}
Z1C—16	16	220	2.1~2.8	0.44~0.48	450~1000	2800~3800
Z1C—18	18	220	2.7	0.47	800	3680
Z1C—22	22	220	2.5	0.52	300~510	2260~3150

（续）

型号	钻孔直径 /mm	额定电压 /V	额定电流 /A	额定功率 /kW	额定转速 /(r/min)	冲击次数 /min^{-1}
Z1C—26	26	220	2.7～3.6	0.56～0.61	300～360	3000
Z1C—27	27	220	3.62	0.75	260	2700
Z1C—32	32	220	3.2	0.70	350	3000
Z1C—38	38	220	3.6	0.78	330	3200

本章小结及综述

水暖管道安装工程所需的工机具很多，其中许多工机具如扳手、钢锯、手电钻等是水暖工都非常熟悉的，而一些专业性较强、使用操作较为复杂的工机具（如管子台虎钳、管钳、链钳、割刀、手动机械、电动机械等）是水暖工应该重点掌握的对象。

第3章

管件加工与管道连接操作

本章重点难点提示

1. 熟悉各种管材的性能特点及应用领域。

2. 熟悉各种管件的结构及作用。

3. 掌握管材加工的具体方法。

4. 熟悉有关管件的制作工艺。

5. 掌握螺纹连接、法兰连接、焊接连接、承插连接、粘接连接及热熔连接的方法。

6. 掌握管道支架的制作及安装方法。

7. 熟悉管道的保温和防腐方法。

3.1 常见管材

1. 钢管

（1）无缝钢管（图3-1） 无缝钢管是一种具有中空截面、周边没有接缝的长条钢材。钢管具有中空截面，大量用作输送流体的管道，如输送石油、天然气、煤气、水及某些固体物料的管道等。

（2）焊接钢管（图3-2） 焊接钢管是指用钢带或钢板弯曲变形为圆形、方形等形状后再焊接成的、表面有接缝的钢管。焊接钢管采用的坯料是钢板或带钢，它比无缝钢管成本低、生产效率高。

图 3-1　无缝钢管

图 3-2　焊接钢管

（3）灰口铸铁管（图 3-3）　灰口铸铁管又称普通铸铁管、灰口铁管，是用含片状石墨的铸铁铸造的铸铁管。

（4）球墨铸铁管（图 3-4）　球墨铸铁管包括铸铁直管和管件。管道接口采用柔性接口，柔性接口用橡胶圈密封，而且还有一定的伸长率及偏转角，具有良好的抗震性和密封性，它具备生铁管和钢管材质的优点，避免了铁和钢的缺点。

给水球墨铸铁管的选用建议：

① 对球墨铸铁管材的选择应根据敷设场地具体情况，选择直管与配件的接口形式。

② 橡胶圈推荐选用三元乙丙橡胶圈等。

③ 涂层的选择：根据使用时的内、外部条件选择适合的涂层。现有内涂层有环氧树脂、聚氨酯内外涂层，PE 膜涂层等球墨铸铁管新产品，选用时应详细了解其性能。

图 3-3　灰口铸铁管

图 3-4　球墨铸铁管

（5）不锈钢管　薄壁不锈钢管（图 3-5）大量应用于建筑给水和直饮水的管路，它具有：耐腐蚀，使用寿命长；施工简洁、快速；强度高、材质轻；材质健康、环保；不漏水，耐冲击、耐高压；维护整改安全、快捷的特性。

2. 塑料管材

（1）建筑热水输配管和供暖管

1）交联聚乙烯铝塑复合管（PEX—Al—PEX）。交联聚乙烯铝塑复合管（图 3-6）主要应用于热水输送系统、暖气输送系统、燃气输送系统、饮用给水系统、饮料和药液输送系统等领域。

2）交联聚乙烯（PEX）管。交联聚乙烯管具有卫生无毒，耐高温、高压，重量轻等优点，经常作为地板辐射采暖管的首选管材。

3）无规共聚聚丙烯（PP—R）管。PP—R 管（图 3-7）以无规共聚聚丙烯（简称 PP—R）为原料，也可以三型聚丙烯为原料经挤出成型，被广泛应用于冷热水给输工程。

图 3-5 薄壁不锈钢管

图 3-6 铝塑复合管

4）聚丁烯（PB）管（图 3-8）。由于 PB 树脂优异的耐热蠕变等性能，聚丁烯管材可用于建筑用各种热水管，以及供水管、工业用管、输气管和大型管道。其大口径管道还可用于采矿、化工和发电等工业部门输送有腐蚀性和磨蚀性的热物料。

图 3-7 PP—R 管

图 3-8 聚丁烯（PB）管

（2）建筑冷水输配管

1）嵌段共聚聚丙烯（PP—B）管。嵌段共聚聚丙烯管是以丙烯和乙烯嵌段共聚物为原料，添加适量助剂，经挤出成型的热塑性加热管，其性能特征与 PP—R 管基本相似。

2）高密度聚乙烯（HDPE）铝塑复合管。高密度聚乙烯铝塑复合管主要应用于自来水、饮用水及采暖供应系统用管，煤气、天然气及管道石油气室内输送用管，工具用管及空调系统用管等。

3）高密度聚乙烯（HDPE）管（图 3-9）。高密度聚乙烯管材作为新型化学建材主要应用于建筑给水排水、大型场馆等给水排水领域，天然气、液化石油气、人工煤气的输送领域，最具特征的是不开挖地下敷设管网工程和穿越江、河、湖、海的沉管敷设工程。

4）ABS 管（图 3-10）。ABS 管材可用于工业生产、建筑给水、食品化工、水处理、冷冻、空调、渔业养殖、温泉、水上运输工具用管等各类工程。

（3）埋地给水塑料管

图 3-9 高密度聚乙烯管

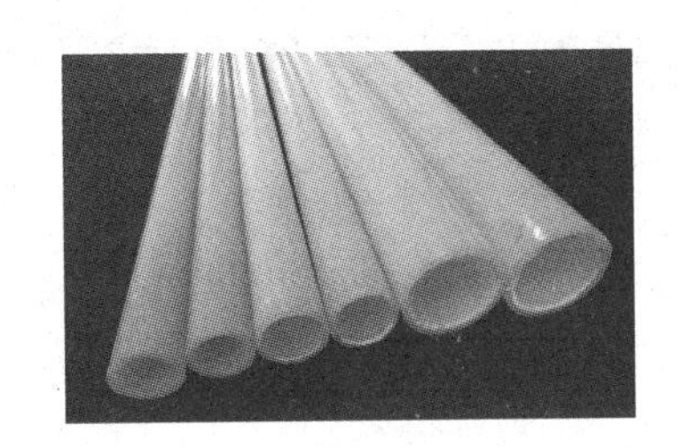

图 3-10 ABS 管

1）高密度聚乙烯（HDPE）管。市政给水工程用的聚乙烯管道均为 HDPE 材料制成，其管径一般都为较大口径管，外径在 110mm 以上，其性能特征与建筑给水管相似。

2）硬聚氯乙烯（PVC—U）管。给水用硬聚氯乙烯 PVC—U 管材按国家化学建材协调组的推荐，优选在城镇埋地供水管网中使用。当然，也可作为排水排污管使用。

3）夹砂玻璃钢管（RPMP）。夹砂玻璃钢管（图 3-11）是在缠绕玻璃钢管的结构基础上经改良而成的一种新型输水管材，主要应用于城镇市政埋地给水排水、排污管网系统，它以其他产品无法比拟的优点，在实际工程中越来越多地被采用，而且取得了良好的应用效果。

4）钢丝网骨架增强 PE 塑料复合管。钢丝网塑料复合管的用途很广，可用于输送液态、气态流体和浆体及固体。作为建材主要应用于市政供排水工程、排污工程、天然气输送工程。此外还可广泛地应用于油田、气田工业工程、海水处理工程、水井工程管路、船舶上的管路、食品医药工程等领域。

3. 塑料管材

（1）建筑排水排污塑料管材

1）硬聚氯乙烯管。如图 3-12 所示，PVC—U 建筑排水排污管是塑料管材在建筑领域里应用最早、用量最大的一个老品种，主要用于建筑物室内生活污水和工业废水的排输系统及建筑物外雨、雪水的收集、排输管道。

图 3-11　夹砂玻璃钢管

图 3-12　PVC—U 建筑排水排污管

2）芯层发泡硬聚氯乙烯管。芯层发泡硬聚氯乙烯管（图 3-13）是采用三层共挤工艺生产的，内外两层与普通 PVC—U 相同、中间密度仅为 0.7~0.9g/cm^3 的低发泡层的一种新型塑料管材。广泛地应用于工程及民用建筑的排水管，特别是高层建筑排水管更为适用。

3）硬聚氯乙烯消声管。PVC—U 消声管如图 3-14 所示，主要用于建筑排水立管，特别是高层建筑的排水排污立管尤其适用。

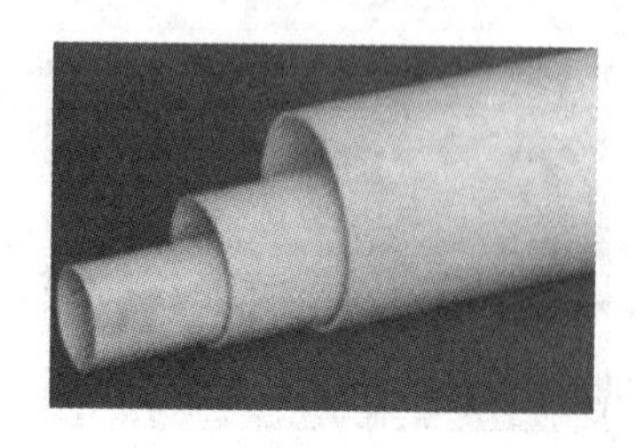

图 3-13　芯层发泡硬聚氯乙烯管

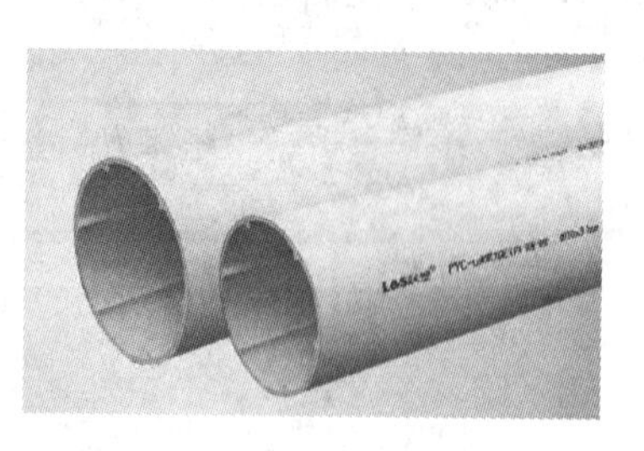

图 3-14　PVC—U 消声管

（2）埋地排水排污塑料管材

1）硬聚氯乙烯（PVC—U）双壁波纹管。PVC—U双壁波纹管（图3-15）主要适用于建筑物外排水用管材，也可用于通信电缆穿线用套管。

2）高密度聚乙烯（HDPE）双壁波纹管。高密度聚乙烯（HDPE）双壁波纹管（图3-16）可广泛地应用于埋地排水工程、排污工程、雨水收集工程和低压输水工程。

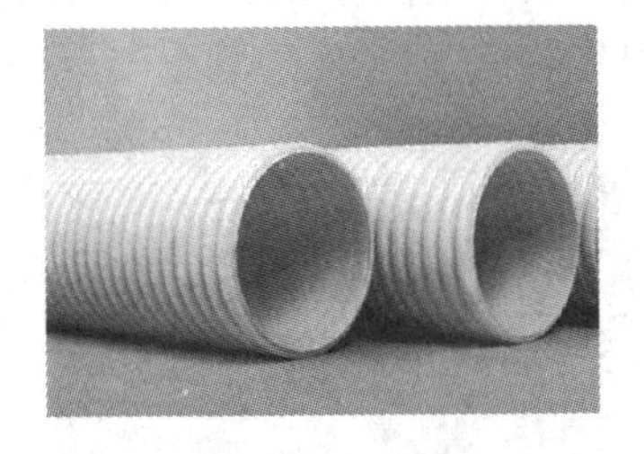

图3-15 PVC—U双壁波纹管

图3-16 高密度聚乙烯（HDPE）双壁波纹管

3）聚氯乙烯塑料螺旋管。塑料螺旋管作为一种新型的塑料管材，可分为单壁塑料螺旋管（图3-17）和双壁塑料螺旋管（图3-18）两种类型。塑料螺旋管具有同等材料管材的一切优良性能，并能随意弯曲，具有较强的力学强度，在螺旋缠绕筋的加强作用下具有较大的耐压性能。

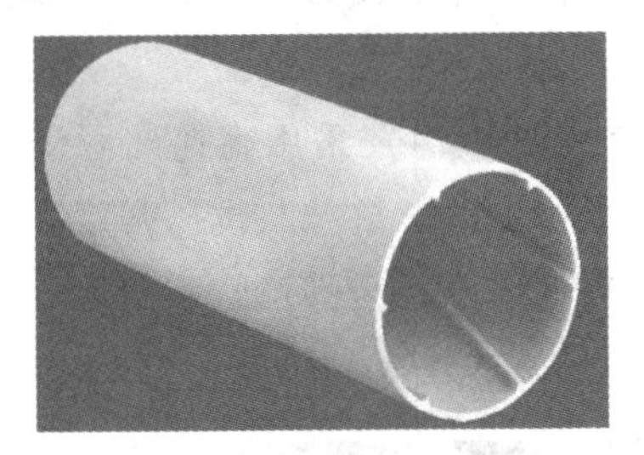

图3-17 单壁塑料螺旋管

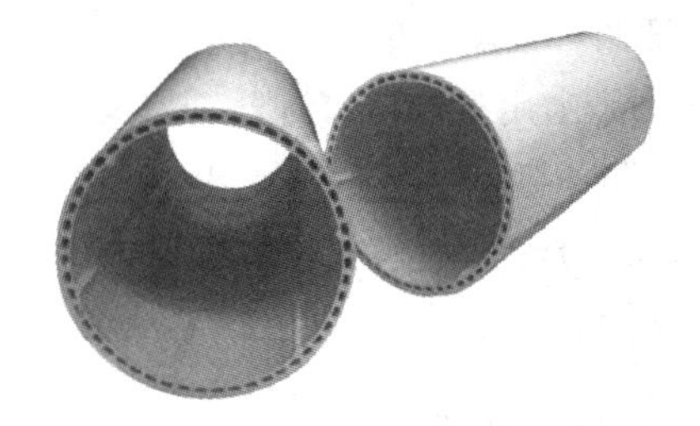

图3-18 双壁塑料螺旋管

4）高密度聚乙烯（HDPE）中空壁缠绕管。高密度聚乙烯（HDPE）中空壁缠绕管（图3-19）是一种以HDPE为原料，经挤出缠绕成型的双壁螺旋缠绕管，被广泛地应用于城市埋地排水、排污，高速公路、铁路的排水涵洞以及雨水收集工程等领域。

5）硬聚氯乙烯（PVC—U）加筋管。硬质聚氯乙烯加筋管（图3-20）主要应用于公共建筑室外、住宅小区的埋地排污、排水用管材和通信线缆管材，也适用于系统工作压力不大于0.2MPa、公称尺寸不大于300mm的低压输水灌溉管材。

图3-19 大口径高密度聚乙烯（HDPE）中空壁缠绕管

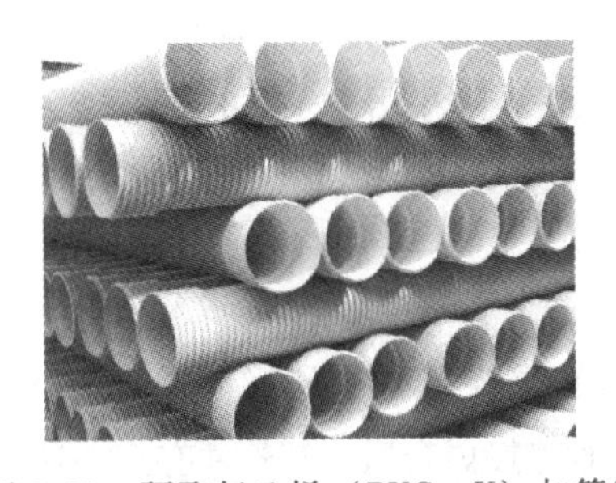

图3-20 硬聚氯乙烯（PVC—U）加筋管

4. 其他管材

(1) 混凝土管　混凝土管（图 3-21）是用混凝土或钢筋混凝土制作的管子。混凝土管分为素混凝土管、普通钢筋混凝土管、自应力钢筋混凝土管和预应力混凝土管四类。

(2) 石棉水泥管　石棉水泥管（图 3-22）是用石棉、玻璃纤维和水泥为主要原料，经制管机卷制而成的，分为有压管和无压管两种。其优点是价廉、重量轻、耐腐蚀性能好、加工方便、管壁光滑等，缺点是质脆、抗冲击力差、容易损坏。

图 3-21　混凝土管

图 3-22　石棉水泥管

(3) 排水陶管及配件　排水陶管（图 3-23）是由黏土经过加工成型，再在工业窑内经高温焙烧而成的。管子内外表面均涂以陶釉，因而表面光滑，不易淤塞，且耐化学腐蚀；但管材强度低、性脆，单节管较短。

(4) 排水用柔性接口铸铁管　柔性接口铸铁排水管（图 3-24）采用高速离心铸造技术制成，其组织致密、管壁薄厚均匀、内外壁光滑、无砂眼和夹渣、抗拉与抗压强度高，产品具有化学成分稳定、耐腐蚀、防火无毒、符合消防安全环保要求、无噪声、不变形、使用寿命长的优点。

图 3-23　排水陶管

图 3-24　柔性接口铸铁排水管

3.2　常见管件、辅助材料

1. 管件

(1) 卡箍连接管件　管径不大于 *DN*80 的衬塑钢管，常用螺纹连接。管径大于 *DN*80 的管子，则用卡箍连接更合适，其管件有正三通、正四通、90°弯头、45°弯头等，如图 3-25 所示。

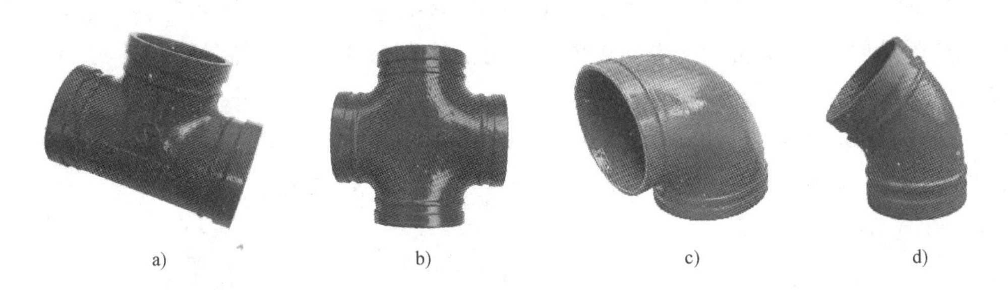

图 3-25 卡箍连接管件

a）正三通 b）正四通 c）90°弯头 d）45°弯头

（2）可锻铸铁管路连接件 可锻铸铁管路连接件（图 3-26），又称可锻铸铁螺纹管件

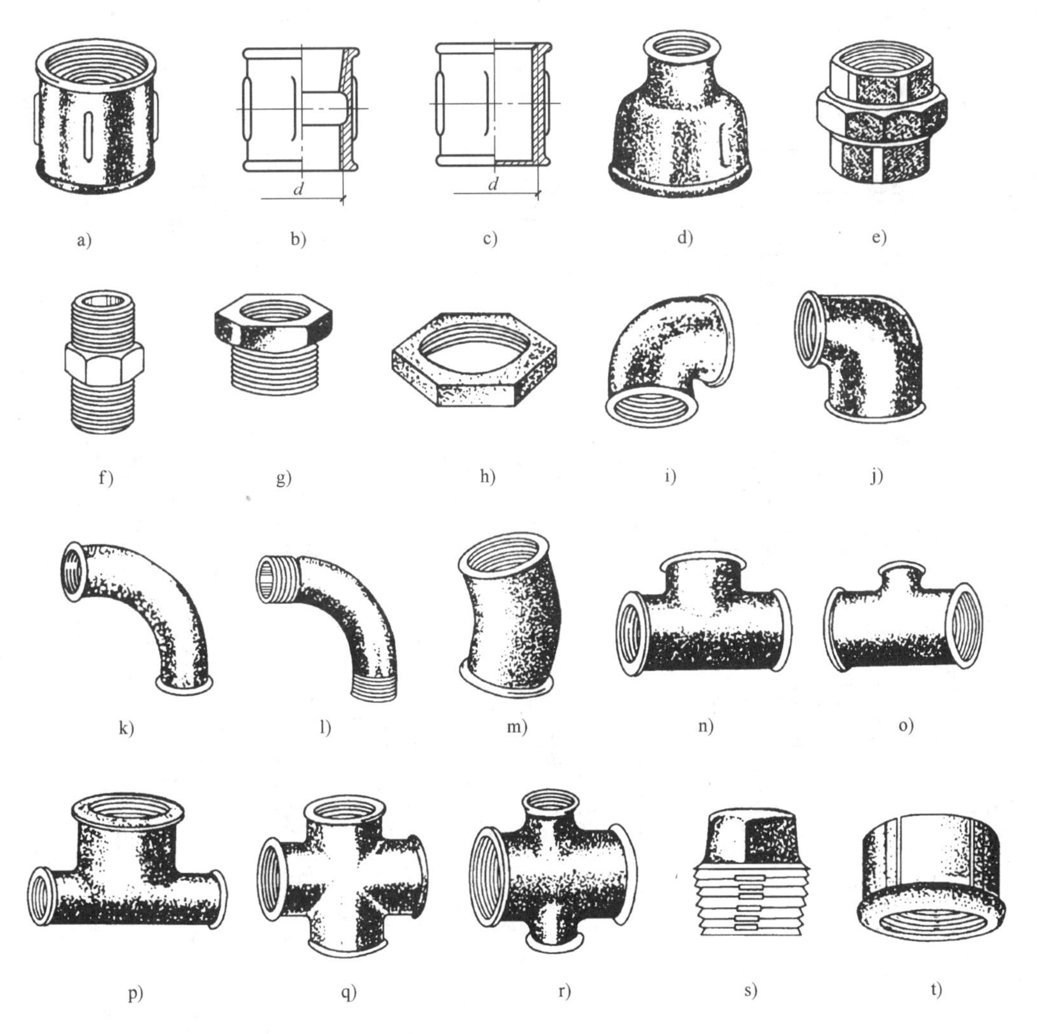

图 3-26 可锻铸铁管路连接件

a）外接头 b）外接头（不通丝的） c）通丝外接头 d）异径外接头 e）活接头 f）内接头 g）内外螺钉 h）锁紧螺钉 i）弯头 j）异径弯头 k）月弯 l）外丝月弯 m）45°弯头 n）三通 o）中小异径三通 p）中大异径三通 q）四通 r）异径四通 s）外方管堵 t）管帽

(以下简称管件)，俗称马铁管子配件、马铁管子零件、马铁零件、玛钢零件，是管子与管子及管子与阀门之间连接用的一类连接件，适用于输送公称压力不超过 1.6MPa，工作温度不超过 200℃的中性液体或气体。

(3) 建筑用铜管管件　建筑用铜管管件也称铜管接头、紫铜管接头、焊接铜管接头、承插式铜管管件、焊接承插式铜管管件，其管件外形如图 3-27 所示。

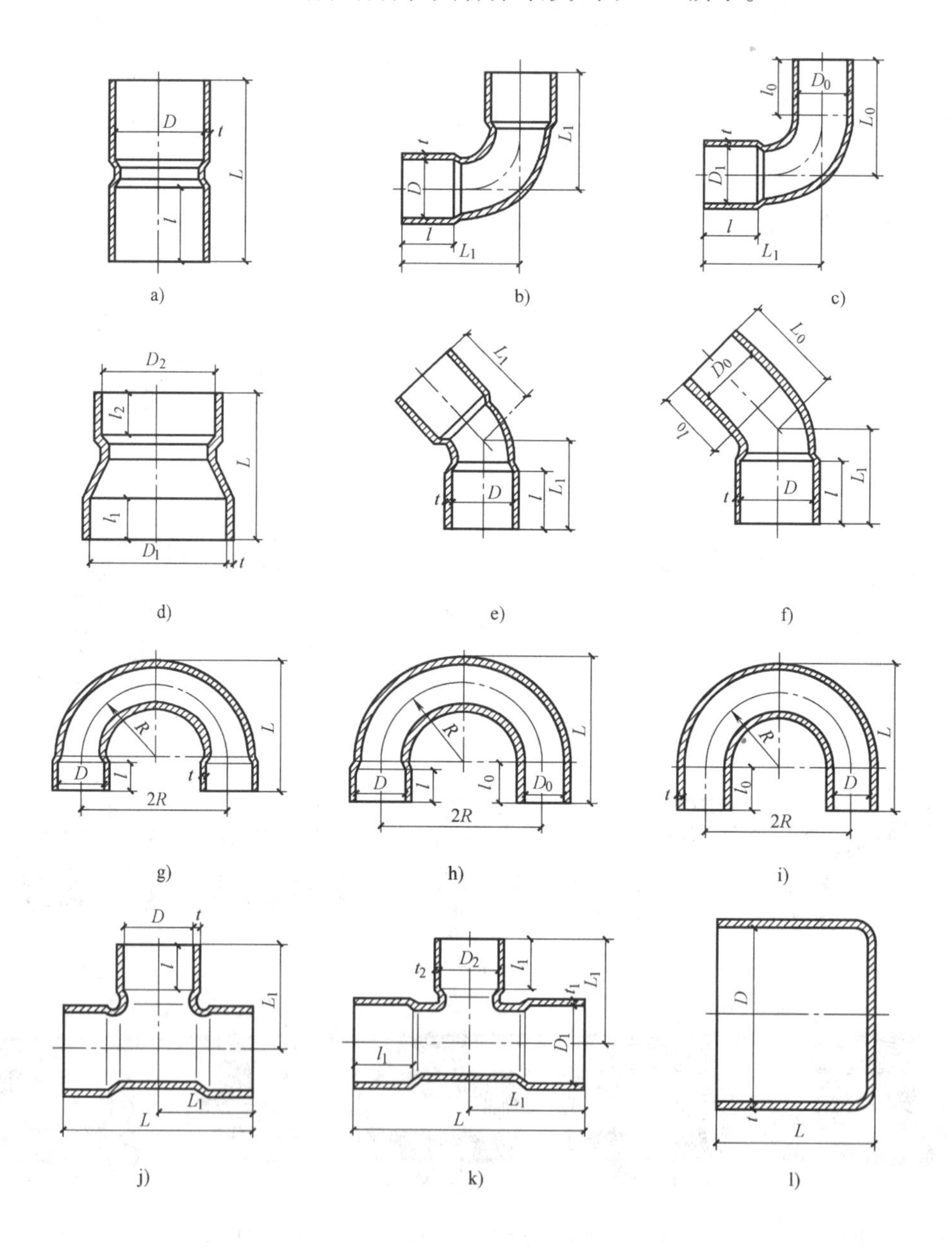

图 3-27　建筑用铜管管件

a) 套管接头　b) 90°弯头 (A 型)　c) 90°弯头 (B 型)　d) 异径接头　e) 45°弯头 (A 型)　f) 45°弯头 (B 型)　g) 180°弯头 (A 型)　h) 180°弯头 (B 型)　i) 180°弯头 (C 型)　j) 三通接头　k) 异径三通接头　l) 管帽

(4) 不锈钢和铜螺纹管路连接件　不锈钢和铜螺纹管路连接件（简称管件），其外形、结构和用途与可锻铸铁管路连接件相似，仅制造材料和适用介质不同。不锈钢管件用ZGCr18Ni9Ti不锈铸钢制造，适用于输送水、蒸汽、非强酸和非强碱性液体等介质的不锈钢管路；铜管件用ZCuZn40Pb2铸造黄铜制造，适用于输送水、蒸汽和非腐蚀性液体等介质的铜管路。适用公称压力（PN）分为Ⅰ和Ⅱ两个系列。Ⅰ系列$PN \leqslant 3.4\text{MPa}$，Ⅱ系列$PN \leqslant 1.6\text{MPa}$，其试验压力为$1.5PN$。管件应进行压扁试验，压扁量：不锈钢管件为外径的20%，铜管件为外径的15%。管件上的螺纹，除通丝外接头需采用55°圆柱管螺纹外，其余管件都采用55°圆锥管螺纹。不锈钢和铜螺纹管路连接件如图3-28所示。

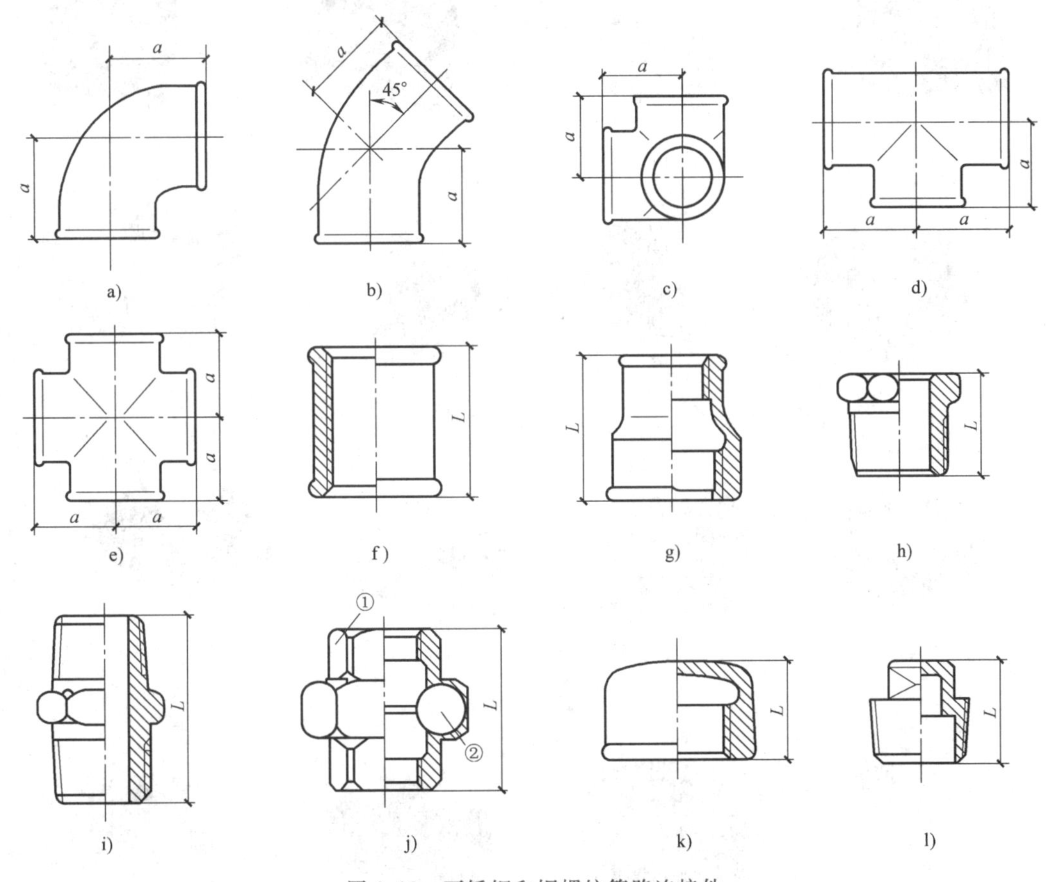

图3-28　不锈钢和铜螺纹管路连接件

a）弯头　b）45°弯头　c）侧孔弯头　d）三通　e）四通　f）通丝外接头

g）异径外接头　h）内外接头　i）内接头　j）活接头　k）管帽　l）管堵

注：活接头两端的外形结构，可以是六角形或八角形（图中①）；密封面结构，可以是平形或锥形（图中②）。

(5) 硬聚氯乙烯（PVC—U）管件　硬聚氯乙烯（PVC—U）管件如图3-29所示，它是以聚氯乙烯（PVC）树脂为主要原料，加入适量的添加剂，经注塑成型而成的。管件按连接形式不同分为胶粘剂连接型管件和弹性密封圈连接型管件。

(6) 聚乙烯（PE）管件　聚乙烯（PE）管件（图3-30）是以聚乙烯（PE）树脂为主要原料，加入适量的添加剂，经注塑成型而成的。管件按连接形式不同分为承插口电熔焊接连接型管件和弹性密封圈连接型管件。

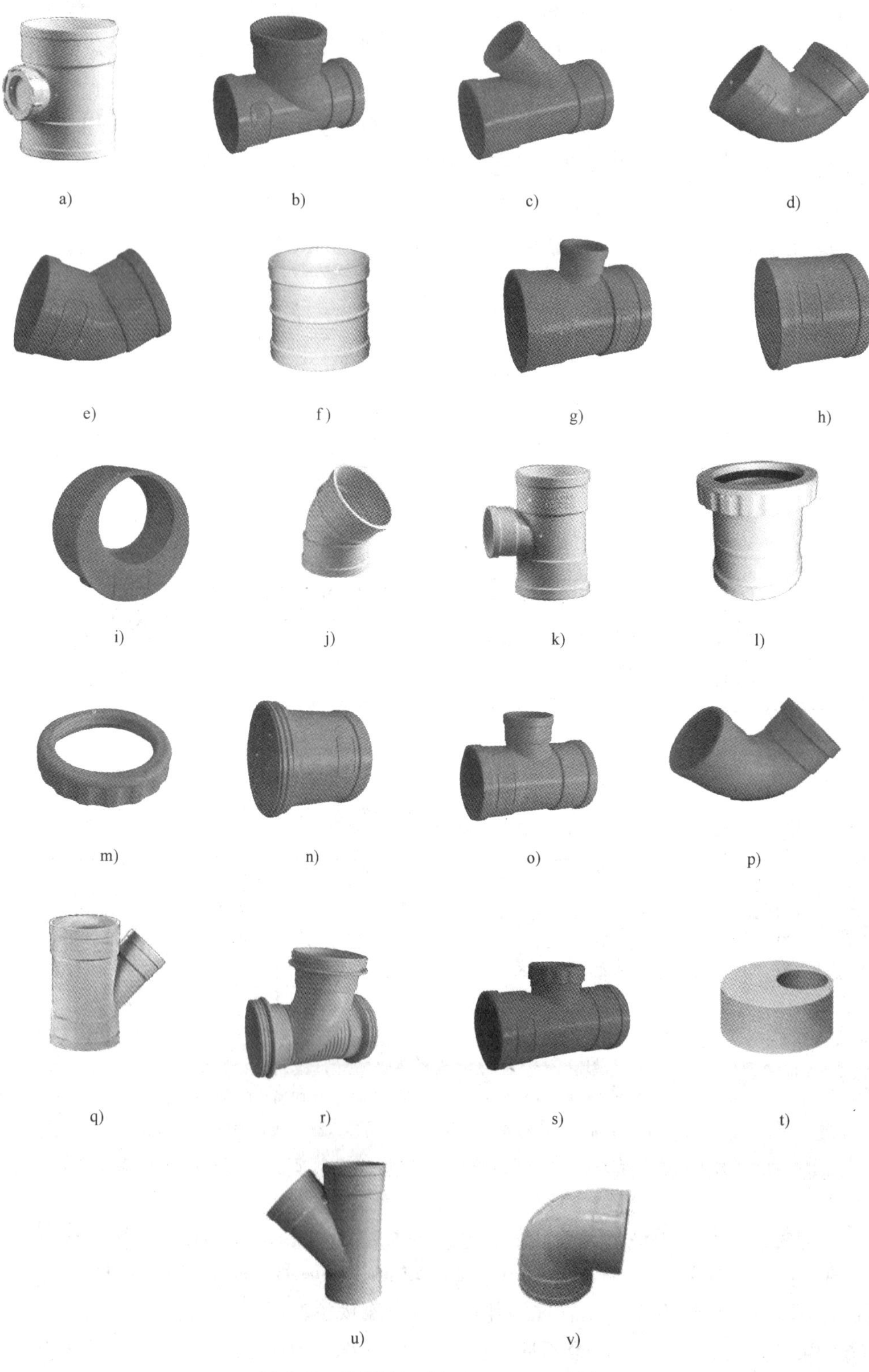

a) b) c) d) e) f) g) h) i) j) k) l) m) n) o) p) q) r) s) t) u) v)

图 3-29 硬聚氯乙烯（PVC—U）管件

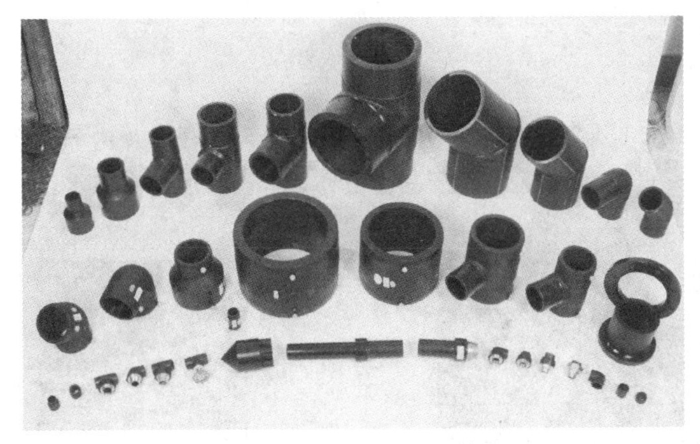

图 3-30 聚乙烯（PE）管件

（7）聚丙烯管件 聚丙烯管常采用热熔连接，与阀门等需拆卸处采用螺纹连接。聚丙烯管管件如图 3-31 所示。

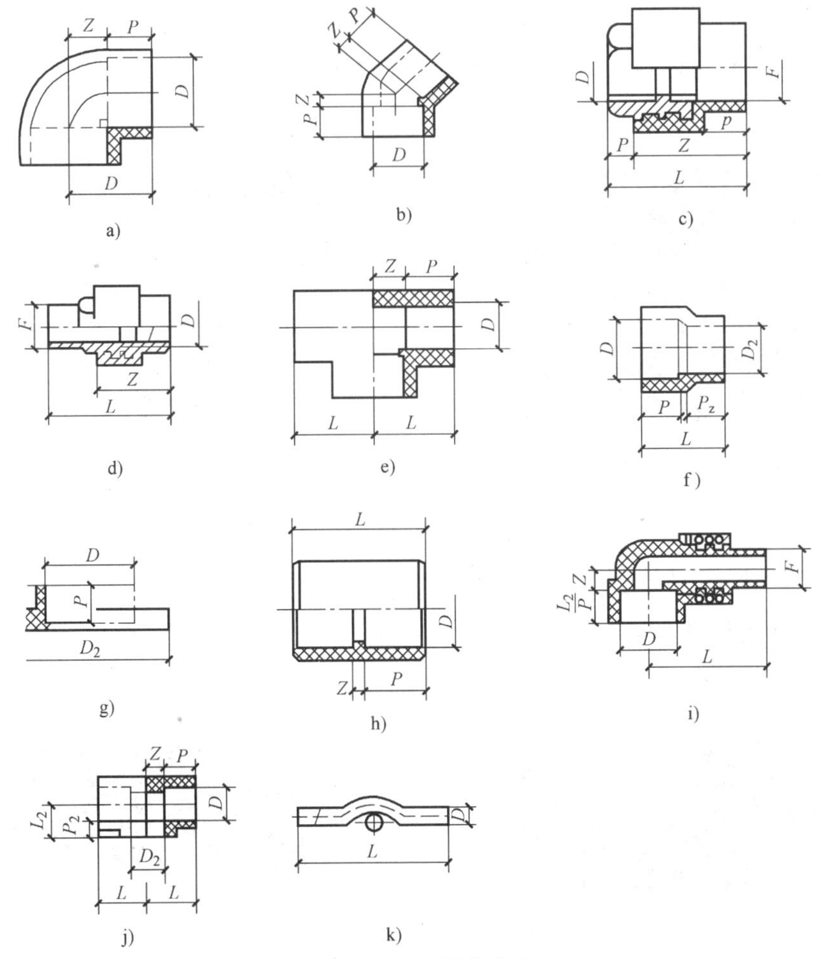

图 3-31 聚丙烯管管件

a）90°弯头 b）45°弯头 c）内螺纹接头 d）外螺纹接头 e）等径三通 f）异直接
g）法兰连接件 h）等径直接 i）外螺纹弯头 j）异径三通 k）绕曲管

2. 辅助材料

(1) 型钢

1) 圆钢（图 3-32）。圆钢主要用于制作吊钩、卡环、暖气片钩子、管井爬梯等。

2) 扁钢（图 3-33）。扁钢主要用于制作吊环、卡环、活动支架等。

图 3-32 圆钢

图 3-33 扁钢

3) 角钢（图 3-34）。角钢主要用于制作支架、法兰等。

4) 钢板（图 3-35）。钢板主要用于制作各种容器、法兰、盲板、支架、穿墙套管及预埋件等。

图 3-34 角钢

图 3-35 钢板

5) 槽钢（图 3-36）。槽钢主要用于制作管道及设备支架、支座。

6) 工字钢（图 3-37）。工字钢主要用于制作管道及设备支架、支座。

图 3-36 槽钢

图 3-37 工字钢

(2) 填料　水暖工程为保证管道连接时不漏水或拆卸容易，还常用麻、石棉绳、铅油、铅粉等作为填料。

1）麻。麻包括亚麻、线麻、白麻，其中亚麻纤维长而细，强度也大，适宜做给水管道螺纹连接时的填充材料。

2）铅油。铅油是用调和漆和机油调和而成，常用白色铅油，也叫白厚漆，它是一种黏稠膏状物，使用时再用一些清油或机油调稀。

3）铅粉（图3-38）。铅粉即石墨粉，用机油调成糊状涂在石棉橡胶板法兰垫片的两侧，可增加法兰连接的严密性，并使垫片在长期工作后不会粘在法兰上，更换垫片方便。

4）聚四氟乙烯生料带。用于管螺纹连接时的填料，多用于煤气管道的填料。

5）石棉绳（图3-39）。石棉方绳是用石棉纱、线编织成的方形绳，主要用作密封材料。石棉圆绳和石棉松绳主要用作保温隔热材料。

6）盘根（图3-40）。盘根主要用于回转轴、阀门杆上、活塞杆上的密封。常用的盘根有橡胶石棉盘根、油浸石棉盘根、油浸棉麻盘根，聚四氟乙烯石棉盘根，还有膨胀石墨等。

图3-38 铅粉

图3-39 石棉绳

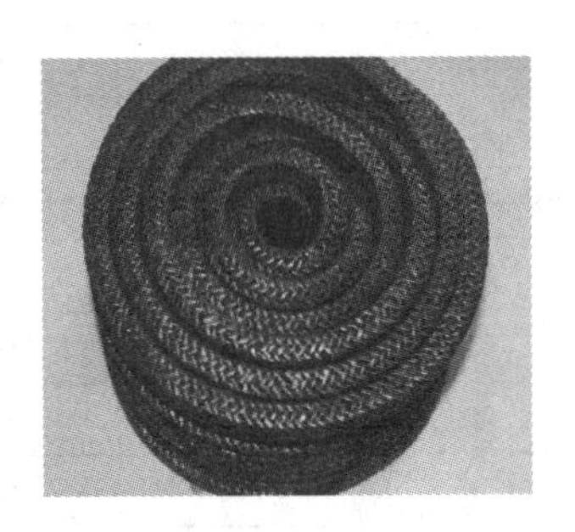

图3-40 盘根

（3）垫料 常用法兰垫片的材料及适用范围见表3-1、表3-2。

表3-1 法兰用软垫片材料及适用范围

垫片材料	适用介质	最高工作压力/MPa	最高工作温度/℃
橡胶板	水、惰性气体	0.6	60
夹布橡胶板	水、惰性气体	1.0	60
低压橡胶石棉板	水、压缩空气、惰性气体、蒸汽、煤气	1.6	200
中压橡胶石棉板	水、压缩空气、惰性气体、蒸汽、煤气、具有氧化性的气体（二氧化硫、氧化氮、氯等）、酸、碱稀溶液、氨	4.0	350
高压橡胶石棉板	蒸汽、压缩空气、煤气、惰性气体	10.0	450
耐酸石棉板	有机溶剂、碳氢化合物、浓无机酸（硝酸、硫酸、盐酸）、强氧化性盐溶液	0.6	300
浸渍过的白石棉	具有氧化性的气体	0.6	300
软聚氯乙烯板	水、压缩空气、酸、碱稀溶液、具有氧化性的气体	0.6	50
耐油橡胶石棉板	油品、溶剂	4.0	350

表 3-2　光滑式密封面法兰用软垫片规格　（单位：mm）

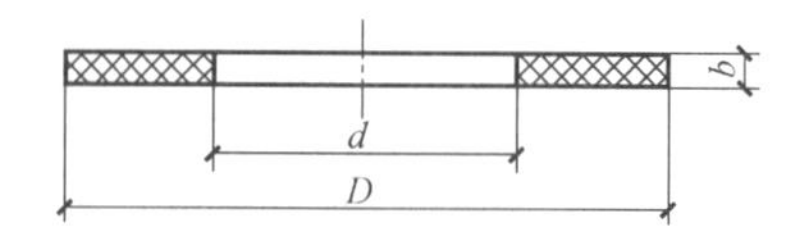

公称通径 Dg	垫片内径 d	Pg/MPa					垫片厚度 b
		≤0.6	1	1.6	2.5	4	
		垫片外径 D					
10	14	38	46	46	46	46	1.6
15	18	43	51	51	51	51	1.6
20	25	53	61	61	61	61	1.6
25	32	63	71	71	71	71	1.6
32	38	76	82	82	82	82	1.6
40	45	86	92	92	92	92	1.6
50	57	96	107	107	107	107	1.6
65	76	116	127	127	127	127	1.6
80	89	132	142	142	142	142	1.6
100	108	152	162	162	167	167	1.6
125	133	182	192	192	195	195	1.6
150	159	207	217	217	225	225	2.4
200	219	262	272	272	285	290	2.4
250	273	317	327	330	340	351	2.4
300	325	372	377	385	400	416	2.4
350	377	422	437	445	456	476	2.4
400	426	472	490	495	516	544	2.4
450	478	527	540	555	566	569	2.4
500	529	577	596	616	619	622	3.2
600	630	680	695	729	729	741	3.2
700	720	785	810	799	827	846	3.2
800	820	890	916	909	942	972	3.2
900	920	990	1016	1009	1036	—	3.2
1000	1020	1090	1126	1122	1152	—	3.2

（4）焊条与焊丝

1）焊条（图 3-41）。在电焊过程中，焊条作为电极形成电弧并在电弧热的作用下熔化，形成焊缝金属。焊条由焊芯、药皮组成。为保证焊缝质量对焊芯有严格要求，其有害杂质含量必须低于被焊母材的含量；药皮决定焊条性能，它起着稳弧、造渣、脱氧、合金化、成型等重要作用。因此选择好焊条是保证焊接质量的前提。

2）焊丝（图3-42）。焊丝有实心焊丝和药芯焊丝两大类，根据被焊材料不同又可分为碳素钢焊丝、合金钢焊丝、高合金钢焊丝等类型。实心焊丝用于气焊、埋弧自动焊，药芯焊丝用于气体保护焊。

（5）胶管（图3-43） 在施工中和安装工程中，需临时在设备上使用胶管以输送水、蒸汽、压缩空气、油料等。常用的胶管有普通全胶管、输水胶管、空气胶管、蒸汽胶管、输油胶管、氧气胶管、乙炔胶管、输稀酸碱胶管、钢丝增强液压胶管等品种。

图3-41 焊条

图3-42 焊丝

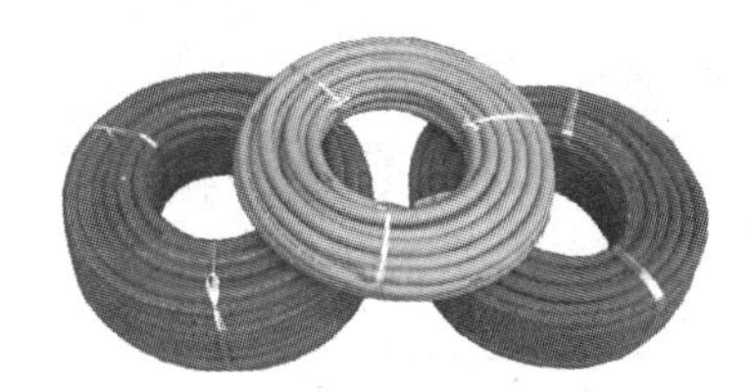

图3-43 胶管

3.3 管材加工

1. 管子去污除锈

（1）管子表面去污 为了使防腐材料能起较好的防腐作用，除所选涂料能耐腐蚀外，还要求涂料和管道、设备表面能很好地结合。一般管道和设备表面总有各种污物，如灰尘、污垢、油渍、锈斑等，为了增加涂料的附着力和防腐效果，在涂刷底漆前必须将管道或设备表面的污物清除干净，并保持干燥（图3-44）。管道（设备）防腐前根据金属表面的锈蚀程度分成A、B、C、D四级，见表3-3。

图3-44 管道污物清除干净

金属表面处理方法有手工方法、机械方法和化学方法三种，可根据具体情况或设计要求选用。金属表面去污方法见表3-4。在选取以上方法进行金属表面处理前，应先对系统进行清洗、吹扫。

表3-3 钢材表面原始锈蚀等级

锈蚀等级	锈蚀状况
A级	覆盖着完整的氧化皮或只有极少量锈的钢材表面
B级	部分氧化皮已松动、翘起或脱落，已有一定锈的钢材表面
C级	氧化皮大部分翘起或脱落，大量生锈，但用目测还看不到腐蚀的钢材表面
D级	氧化皮几乎全部翘起或脱落，大量生锈，目测能看到腐蚀的钢材表面

表 3-4 金属表面去污方法

去污方法		适用范围	施工要点
溶剂清洗	煤焦油溶剂（甲苯、二甲苯等），石油矿物溶剂（溶剂汽油、煤油）、氯代烃类（过氯乙烯、三氯乙烯等）	除掉油、油脂、可溶污物和可溶涂层	有的油垢要反复溶解和稀释。最后要用干净的溶剂清洗。避免留下薄膜
碱液	氢氧化钠 30g/L、磷酸三钠 15g/L、水玻璃 5g/L、水适量，也可购成品	除掉可皂化的油、油脂和其他污物	清洗后要充分冲净，并做钝化处理；用含有 0.1%左右的重铬酸、重铬酸钠或重铬酸钾溶液清洗表面
乳剂除污	煤油 67%、松节油 22.5%、月酸 5.4%、三乙醇胺 3.6%、丁基溶纤剂 1.5%	除掉油、油脂和其他污物	清洗后用蒸汽或热水将残留物从金属表面上冲洗干净

（2）管子表面除锈

1）人工除锈。用刮刀、锉刀将管道、设备及容器表面的氧化皮、铸砂除掉，再用钢丝刷将管道、设备及容器表面的浮锈除去，然后用砂纸磨光，最后用棉丝将其擦净。

2）机械除锈。先用刮刀、锉刀将管道表面的氧化皮、铸砂去掉；然后一人在除锈机前，一人在除锈机后，将管道放入除锈机反复除锈，直至露出金属本色为止。在涂油前，用棉丝再擦一遍，将其表面的浮灰等去掉。

3）化学除锈（图 3-45）

① 准备 2 个洗液槽（酸洗槽和中和槽）和 50℃左右的温水。

② 配制酸洗液。酸洗液中工业盐酸的用量为 8%~10%。缓蚀剂按产品说明书进行配制。将温水倒入酸洗槽中，水量以全部淹没管材为宜；然后依次缓慢加入酸洗液和缓蚀剂，并搅拌均匀。

③ 管材浸泡 10~15min 后取出，用清水洗净放到中和槽中。中和处理完毕后，将管材取出，用清水冲洗并晾晒吹干。

图 3-45 化学除锈

2. 管子下料

（1）量尺 量尺的目的是要得到管段的构造长度，进而确定管子的加工长度。当建筑物主体工程完成后，可按施工图上管子的编号及各部件的位置和标高，计算出各管段的构造长度，同时用钢直尺进行现场实测并核查。根据实测与计算的结果绘制出加工安装草图，标出管段的编号与构造长度。

具体的量尺方法有以下几种：

1）直线管段上的量尺，可使尺头对准后方管件（或阀件）的中心，读前方管件（或阀件）的中心数值，得到管段的构造长度。

2）沿墙、梁、柱等安装管道，量尺时尺头顶住墙表面，读另一侧管件的中心数值；再从读数中减去管道与建筑墙面的中心距离，则得到管段的构造长度。

3）各楼层立管的安装标高的量尺，应将尺头对准各楼层地面，读设计安装标高净值。为确保量尺准确，应弹出立管安装的垂直中心线。

（2）下料　由于管件自身有一定的长度，且管子在进行螺纹连接时又要深入管件内一段长度，因此量出构造长度后，还要通过一定的方法才能得出准确的下料长度。管段的下料方法，有计算法和比量法两种。

1）计算法

① 螺纹连接计算下料。管子的加工长度应符合安装长度的要求，当管段为直管时，加工长度等于构造长度减去两端管件长度的一半再加上内螺纹的长度，如图3-46所示。

其下料尺寸l_1'按下式计算：

$$l_1'=L_1-(b+c)+(b'+c')$$

当管段中有转弯时应将其展开计算，即

$$l_2'=L_2-(a+b)+(a'+b')-A+L$$

式中　a、b、c——管件的一半长度；

a'、b'、c'——管螺纹拧入的深度；

L_1、L_2——管段的构造长度；

A、L——弯管的直边、斜边长度。

② 承插连接计算下料。计算时，先量出管段的构造长度，并且查出连接管件的有关尺寸，如图3-47所示；然后按下式计算其下料长度：

$$l=L-(l_1-l_2)+a-l_4+b$$

式中字母代表的尺寸如图3-47所示。

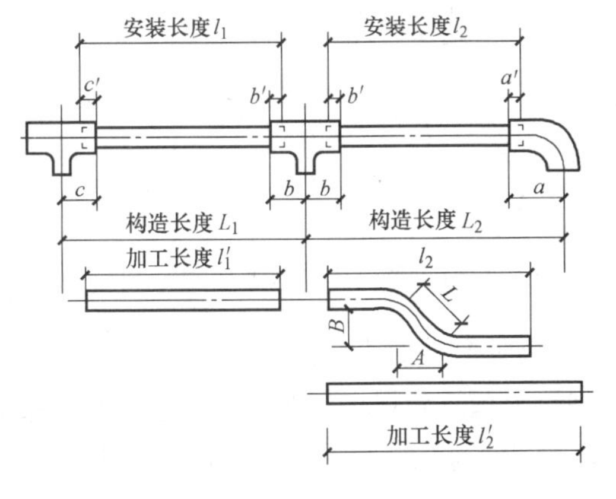

图3-46　管段长度

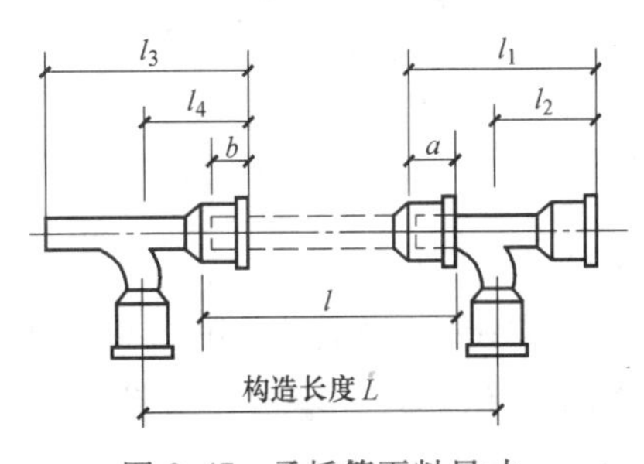

图3-47　承插管下料尺寸

2）比量法

① 螺纹连接的比量下料。先在管子一端拧紧安装前方的管件，用连接后方的管件进行比量，使其与前方管件的中心距离等于构造长度；从管件边缘拧入一定深度，然后在直管

（或弯管）上画出切割线，再经切断、套螺纹后即可安装。

② 承插连接的比量下料。先在地上将前后两管的中心距离作为构造长度，再将一根管子放在两管件旁，使管子的承口处于前方管件插口的插入深度处；在管子另一端量出管件承口的插入深度，画出切断线，经切断后即可安装。

比量法简便实用，在现场施工时应用广泛。

3. 管子切断

（1）手工切断

1）手工锯割。锯割管材时，应将管材固定在工作台的压力钳内，将锯条对准画线，双手推锯，锯条要保持与管的轴线垂直，推拉锯用力要均匀，锯口要锯到底，不许扭断或折断，以防管口断面变形。

2）手工刀割。刀割是指用管子割刀切断管子，一般用于切割直径 50mm 以下的管子，具有操作简便、速度快、切口断面平整等优点。

使用管子割刀切割管子时，应将割刀的刀片对准切割线平稳切割，不得偏斜，每次进刀量不可过大，以免管口受挤压使管径变形，并应在切口处加润滑油。管子切断后，应用铰刀铰去缩小部分。

（2）机械切断　用砂轮锯（图 3-48）断管，应将管材放在砂轮锯的卡钳上，对准画线卡牢，进行断管。断管时压手柄用力要均匀，不要用力过猛（图 3-49）；断管后要将管口断面的铁膜、飞边清除干净。

图 3-48　砂轮锯

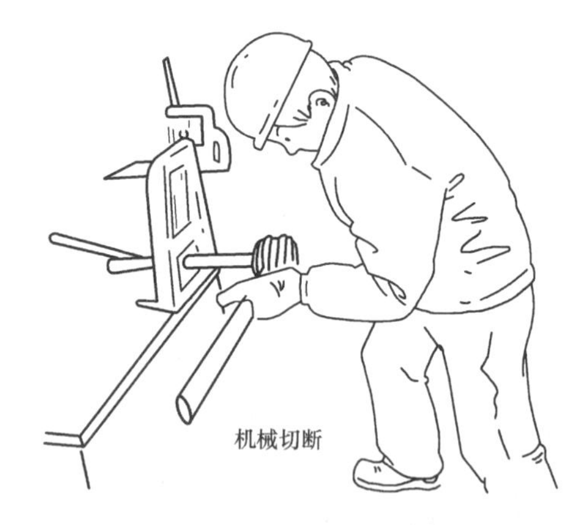

图 3-49　压手柄用力均匀

（3）气割切断　利用可燃气体同氧气混合燃烧所产生的火焰分离材料的热切割，又称氧气切割或火焰切割。气割时，火焰在起割点将材料预热到燃点，然后喷射氧气流，使金属材料剧烈氧化燃烧，生成的氧化物熔渣被气流吹除，形成切口。气割用氧的纯度应大于99%；可燃气体一般用乙炔气，也可用石油气、天然气或煤气。用乙炔气的切割效率最高，质量较好，但成本较高。气割设备主要是割炬和气源。割炬是产生气体火焰、传递和调节切割热能的工具，其结构影响气割的速度和质量。采用快速割嘴可提高切割速度，使切口平直，表面光洁，如图 3-50 所示。

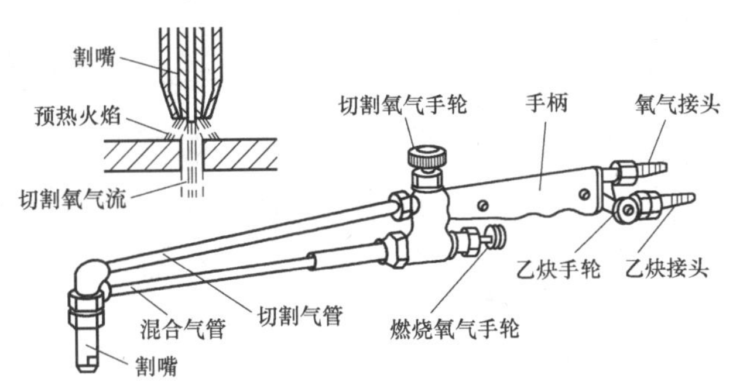

图 3-50 气割割炬

1）操作前的检查（图 3-51）

① 乙炔发生器（乙炔气瓶）、氧气瓶、胶管接头、阀门的紧固件应紧固牢靠，不准有松动、破烂和漏气。氧气瓶及其附件、胶管、工具上禁止粘油。

② 氧气瓶、乙炔管有漏气、老化、龟裂等，不得使用。管内应保持清洁，不得有杂物。

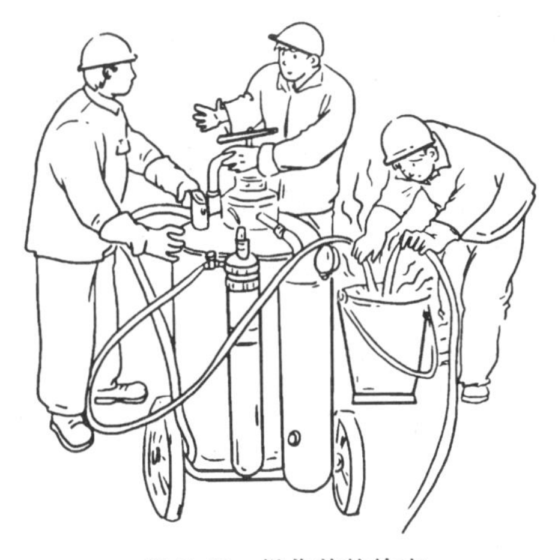

图 3-51 操作前的检查

2）操作步骤

① 将乙炔减压器与乙炔瓶阀，氧气减压器与氧气瓶阀，氧气软管与氧气减压器，乙炔软管与乙炔减压器，氧气软管、乙炔软管与焊（割）炬均可靠连接。

② 分别开启乙炔瓶阀和氧气瓶阀。

③ 对焊（割）炬点火，即可工作。

④ 工作完毕后，依次关闭焊（割）炬乙炔阀、氧气阀，再关闭乙炔瓶阀、氧气瓶阀；然后拆下氧气软管、乙炔软管，并检查和清理场地，灭绝火种，方可离开。

3）操作注意事项（图 3-52）

① 作业场地禁止存放易燃易爆物品，应备有消防器材，有足够的照明和良好的通风。

② 乙炔发生器（乙炔瓶）、氧气瓶周围 10m 范围内禁止烟火。乙炔发生器与氧气瓶之间的距离不得小于 7m。

③ 检查设备、附件及管路是否漏气，可用肥皂水进行试验，试验时周围禁止烟火。

④ 氧气瓶必须用手或扳手旋取瓶帽，禁止用铁锤等铁器敲击。

⑤ 旋开氧气瓶、乙炔瓶阀门不要太快，防止压力气流激增，造成瓶阀冲出等事故。

⑥ 氧气瓶嘴应保持洁净。冬季使用时如瓶嘴被冻结，不许用火烤，只能用热水或蒸汽加热。

（4）等离子切割　等离子切割是利用等离子切割设备产生的等离子弧的高热进行切割。等离子弧与电弧的不同之处：其电离度更高，不存在分子和原子，能产生更高的温度和更强烈的光辉，温度可达 15000～33000℃，能量比电弧更集中，现有的高熔点金属和非金属材料

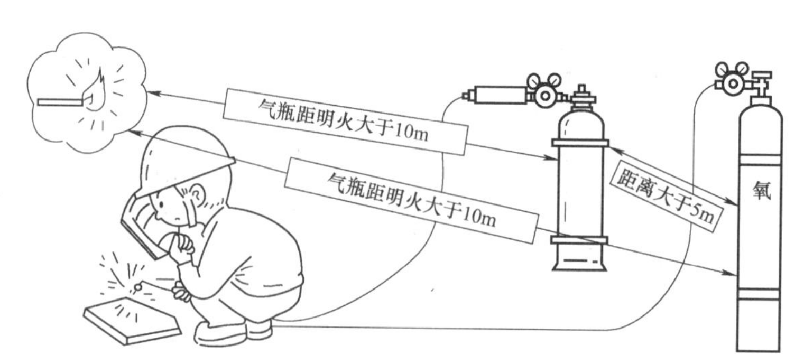

图 3-52　操作注意事项

在等离子弧的高温下都能被熔化。

等离子弧切割用于氧气-乙炔焊和电弧所不能切割或较难切割的不锈钢、铜、铝、铸铁、钨、钼等金属材料，以及陶瓷、混凝土和耐火材料等非金属材料。

用等离子弧切割的管件，切割后应用铲、砂轮将切口上的 Cr_2O_3 和 SiO_2 等熔瘤、过热层及热影响区（一般为 2~3mm）除去。

等离子切割具有生产效率高、热影响区小、变形小、质量好等优点。

4. 管子调直与弯曲

（1）管子调直的方法

1）冷调法

① 杠杆调直法。以管子的弯曲部位作为支点，用手加力于施力点，如图 3-53 所示。调直时要不断变动支点部位，使弯曲管均匀调直而不变形损坏。

② 调直台调直法。当管径较大，且在 100mm 以内时，用如图 3-54 所示的调直台调直。

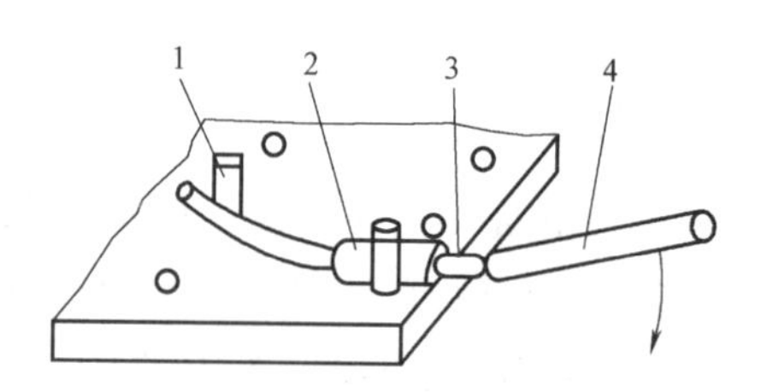

图 3-53　杠杆调直

1—铁桩　2—弧形垫板　3—钢管　4—套管

2）热调法。当管径大于 100mm 时，冷调则不易调直，可用如图 3-55 所示的热调法调直。调直时先将管子放到加热炉上加热至 600~800℃，呈樱桃红色，抬至平行设置的钢管上，使管子靠其自身重量（不灌砂子）在来回滚动的过程中调直。弯管和直管部分的接合部分在滚动前应浇水冷却，以免直管部分在滚动过程中产生变形。

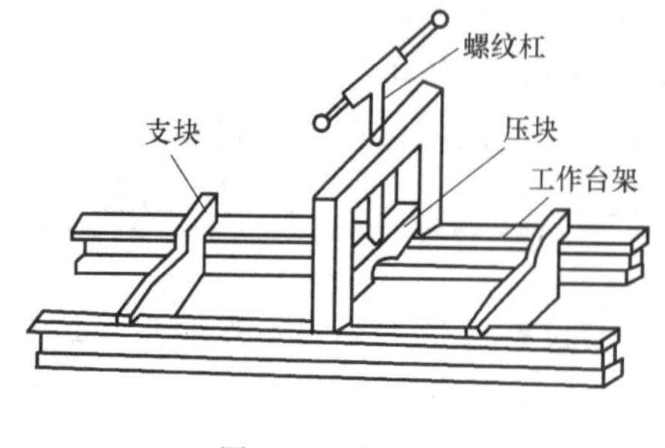

图 3-54　调直台

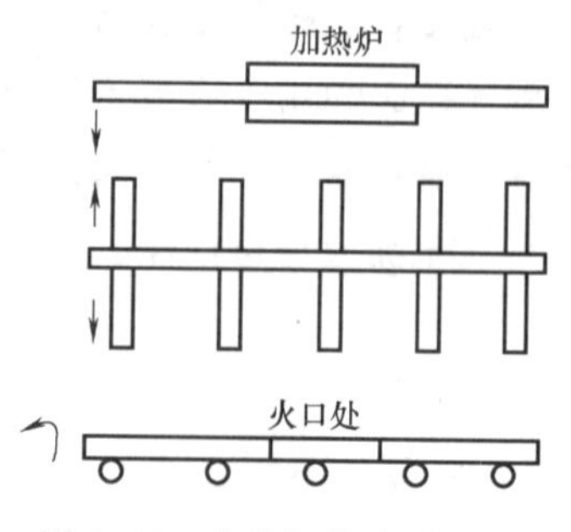

图 3-55　弯管加热滚动调直

（2）管子弯曲　施工中常需要改变管路的走向，将管子弯曲以达到设计规定的角度。管子弯曲制作的方法可分为冷弯和热煨两种，管子弯曲的横断面变形如图 3-56 所示。

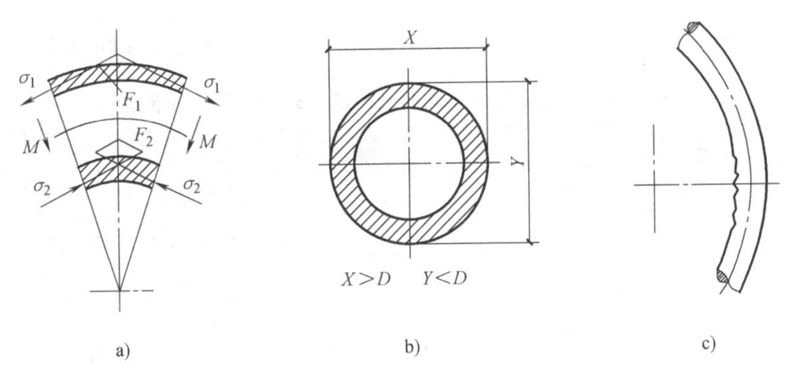

图 3-56　管子弯曲的横断面变形

1）管子弯曲方法

① 冷弯。冷弯是在管子不加热的情况下，使用弯管工具对管子进行弯曲。冷弯操作较简便，效率很高，但只适用于管径小、管壁薄的管子。

② 热弯。首先将管子一端用木塞堵上，灌入干砂，用锤子轻轻在管外壁上敲打，将管内的砂子振实，再将管子的另一端也用木塞堵上，然后根据尺寸要求画好线进行加热。当受热管段表面呈橙红色时（900~950℃）即可进行煨制。如管径较小（32mm 以下）或者弯曲的度数不大，可适当降低加热温度。

在整个弯管过程中，用力要均匀，速度不宜过快，但操作要连续、不可间断，当受热管表面呈暗红色时（700℃）应停止煨制。

③ 铜管弯管。铜及铜合金管煨弯时尽量不用热煨，这是因为热煨后管内的填充物（如河砂、松香等）不宜清除。一般管径在 100mm 以下的采用弯管机冷弯；管径在 100mm 以上的采用压制弯头或焊接弯头。铜弯管的直边长度不应小于管径，且不少于 30mm。

2）管子弯曲要求

① 弯管宜采用壁厚为正公差的管子制作。

② 有缝钢管制作弯管时，焊缝应避开受拉（压）区。

③ 弯制钢管，弯曲半径应符合下列规定：

a. 热弯：应不小于管道外径的 3.5 倍。

b. 冷弯：应不小于管道外径的 4 倍。

c. 焊接弯头：应不小于管道外径的 1.5 倍。

d. 冲压弯头：应不小于管道外径。

④ 钢管应在其材料特性的允许范围内冷弯或热弯。

⑤ 加热制作弯管时，铜管的加热温度范围为 500~600℃；铜合金管的加热温度范围为 600~700℃。

⑥ 弯管质量应符合下列规定：

a. 不得有裂纹（目测或依据设计文件规定）。

b. 不得存在过烧、分层等缺陷。

c. 不宜有皱纹。

d. 测量弯管任一截面上的最大外径与最小外径差，应符合表 3-5 的规定。

表 3-5 测量弯管任一截面上的最大外径与最小外径差

管子类别	最大外径与最小外径差
钢管	为制作弯管前管子外径的 8%
铜管	为制作弯管前管子外径的 9%
铜合金管	为制作弯管前管子外径的 8%

e. 各类金属管道的弯管，管端中心偏差值不得超过 3mm/m，当直管长度 L 大于 3m 时，其偏差不得超过 10mm。

Π 形弯管的平面度允许偏差应符合表 3-6 的规定。

表 3-6 Π 形弯管的平面度允许偏差 （单位：mm）

长度 L_0	<500	500~1000	>1000~1500	>1500
平面度	≤3	≤4	≤6	≤10

⑦ 钢塑复合管的管径不大于 50mm 时可用弯管机冷弯，但其弯曲半径不得小于 8 倍的管径，弯曲角度不得大于 10°。

⑧ 管道的转弯处宜采用管件连接。DN≤32mm 的管材，当采用直管材折曲转弯时，其弯曲半径不应小于 12mm，且在弯曲时应套有相应口径的弹簧管。管道的弯曲部位不得有凹陷和起皱现象。

⑨ 铝塑复合管直接弯曲时，公称外径不大于 25mm 的管道可在管内放置专用弹簧进行弯曲；公称外径为 32mm 的管道宜采用专用弯管器进行弯管。

（3）钢管揻弯加工　冷弯弯管机一般只能用来弯制公称直径不大于 250mm 的管子，当弯制大管径及厚壁管时，宜采用中频弯管机或其他热揻法。采用冷弯弯管设备进行弯管时，弯头的弯曲半径一般应为管子公称直径的 4 倍。当用中频弯管机进行弯管时，弯头的弯曲半径可为管子公称直径的 1.5 倍。金属钢管由于具有一定的弹性，在冷弯过程中，当施加在管子上的外力撤除后，弯头会弹回一个角度。弹回角度的大小与管子的材质、管壁厚度、弯曲半径有关，因此在控制弯曲角度时，应考虑增加这一弹回角度。对一般碳素钢管，冷弯后不需进行任何热处理。

管子冷弯后，对于一般碳素钢管，可不进行热处理。对于厚壁碳钢管、合金钢管有热处理要求时，则需进行热处理。对有应力腐蚀的弯管，不论壁厚大小均应进行消除应力的热处理。常用钢管冷弯后的热处理条件可按表 3-7 要求选用。

（4）塑料管揻弯加工

1）灌冷砂法。将细的河砂晾干后，灌入塑料管内，然后用电烘箱或蒸汽烘箱加热，常用塑料管的弯曲加热温度及其他参数见表 3-8。为了缩短加热时间，也可在塑料管的待弯曲部位灌入温度约为80℃的热砂，其他部位灌入冷砂。在加热时要使管子加热均匀，为此应经常转动管子。若管子较长，从烘箱两侧转动管子时动作要协调，防止将已加热部分的管段扭伤。

表 3-7 常用钢管冷弯后的热处理条件

钢号	壁厚/mm	弯曲半径/mm	热处理条件			
			回火温度/℃	保温时间/(min/mm壁厚)	升温速度/(℃/h)	冷却方式
20	≥36	任意	600~650	3	<200	炉冷至300℃后空冷
	25~36	$\leqslant 3D_W$				
	<25	任意	不处理			
12CrMo 15CrMo	>20	任意	680~700	3	<150	炉冷至300℃后空冷
	10~20	$\leqslant 3.5D_W$				
	<10	任意	不处理			
12CrMoV	>20	任意	720~760	5	<150	炉冷至300℃后空冷
	10~20	$\leqslant 3.5D_W$				
	<10	任意	不处理			
1Cr18Ni9Ti Cr18Ni12Mo2Ti	任意	任意	不处理			

表 3-8 常用塑料管的弯曲加热温度及其他参数

管材材料		最小冷弯曲半径/mm	最小热弯曲半径(×直径)/mm	热弯温度/℃
聚乙烯	低密度	12	5(管径<*DN*50) 10(管径>*DN*50)	95~105
	高密度	20	10(管径>*DN*50)	140~160
未增塑聚氯乙烯		—	3~6	120~130

2）灌热砂法。将细砂加热到表3-8所要求的温度，直接将热砂灌入塑料管内，用热砂将塑料管加热，管子加热的温度大致凭手感即知。当用手按在管壁上有柔软的感觉时就可以揻制了。

由于加热后的塑料管较柔软，内部又灌有细砂，故将其放在如图3-57所示的模具上，靠自重即可弯曲成形。这种弯制方法只有管子的内侧受压，对于口径较大的塑料管极易产生凹瘪，为此可采用如图3-58所示三面受限的木模进行弯制。由于受力较均匀，减管的质量较好，操作也比较方便。对于需批量加工的弯头，也可用如图3-59所示的模压法进行弯制。

揻制塑料管的模具一般用硬木制作，这样可避免因钢模吸热，使塑料管局部骤冷而影响弯管质量。

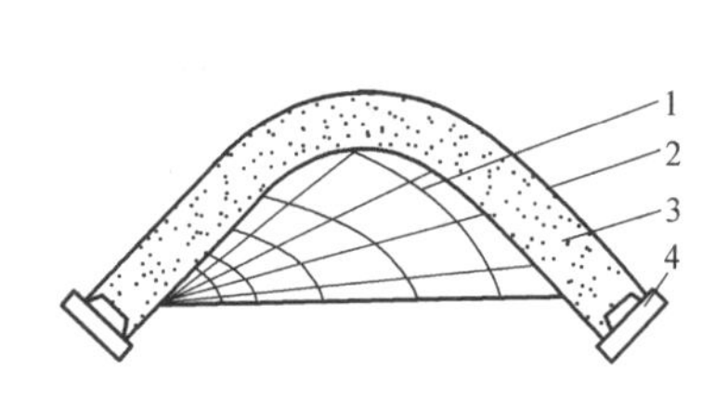

图 3-57 塑料管弯制

1—木胎架 2—塑料管

3—充填物 4—管封头

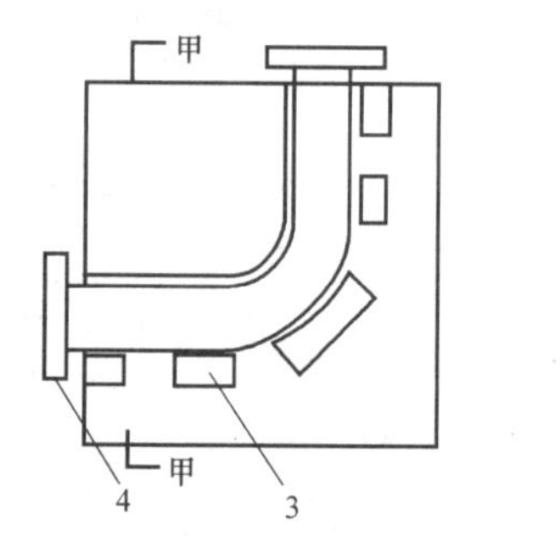

图 3-58 弯管木模

1—木模底板 2—塑料管

3—定位木块 4—封盖

5. 管子套螺纹

(1) 手工加工

1) 用轻便式铰板套螺纹

① 轻便式铰板用于管径较小而普通式铰板操作不便的场合。

② 选择与管径相适应的铰板和板牙。

③ 根据施工场地的具体情况，选配一根长度适宜的扳手把。

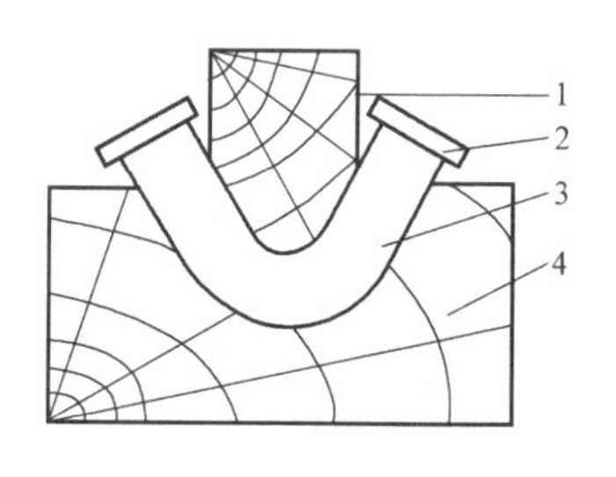

图 3-59 模压法弯管

1—顶模 2—封头 3—塑料管 4—底模

④ 轻便式铰板上有一个作用类似于自行车飞轮的“千斤”，当调整扳手两侧的调位销时，即可使“千斤”按顺时针方向或逆时针方向起作用，扳动把手，即可套螺纹。

2) 用普通式铰板手工套螺纹

① 套螺纹前，先根据管径选择相应的板牙，按顺序号将板装进铰板的牙槽内。安装板牙时，先将活动标盘的刻线对准固定盘的“0”位，板牙上的标记与铰板上板牙槽旁的标记必须对应。然后，按顺序将板牙插入牙槽内，转动活动标盘，板牙便固定在铰板内。

② 套螺纹时，先将管子夹牢在管压钳架上，管子应水平，管子加工端伸出管压钳前150mm左右。

③ 松开铰板的后卡爪滑动支把，将铰板套在管口上；转动后卡爪滑动支把，使铰板固定在管子端上。

④ 把板牙松紧装置上到底，使活动标盘对准固定标盘上与管径对应的刻度，上紧标盘固定支把。

⑤ 按顺时针方向扳转铰板手柄，开始时要稳而慢，不得用力过猛，以免“偏纹”“啃纹”。

⑥ 套管螺纹时，可在管头上滴机油润滑和冷却板牙。快到规定的螺纹长度时，一面扳板把，一面慢慢地松开板牙松紧装置，再套2~3个螺距，使管螺纹末端套出锥度。

⑦ 加工完毕，铰板不要倒转退出，以免乱螺纹。

⑧ 管端螺纹的加工长度随管径的大小和用途而异。

⑨ 加工好的管螺纹应端正无乱纹、光滑无飞边，完整不掉纹，松紧程度适当。用连接件进行试装，以拧进 2~3 个螺距为宜。

（2）机械加工

1）根据管子直径，选择相应的板牙头和板牙，并按板牙上序号依次装入对应的板牙头。

2）具体操作详见产品说明书，要进行专门的操作训练，最好是专人操作。

3）如套螺纹的管子太长时，应用辅助料架作为支撑，高度可适当调整。

4）在套螺纹过程中，应保证机器油路畅通，应经常注入润滑油。

5）要保证套螺纹的质量，螺纹应端正，光滑完整，无飞边，无乱纹、断纹、缺纹，总长度不得超过螺纹全长的 10%。

6）用低压流体输送用焊接钢管套螺纹时，是等长度的管套等长度的管螺纹。

3.4 管件制作

1. 弯头制作

（1）90°焊接弯头（虾壳弯头）制作　焊接弯头与直管相连的那一节称之为端节。一个焊接弯头有两个端节，分别与直管相连，端节与端节之间的称为中节，公称直径大于 400mm 的焊接弯头可以增加中节数量。常见的有一个中节的，称为单节弯头，如图 3-60 所示；有两个中节的，称为两节弯头，如图 3-61 所示。为了减少样板数量，工程上总是让端节角度正好是中节的 1/2。这样，只要画出端节样板，即可用对折法对称地绘制出中节样板。

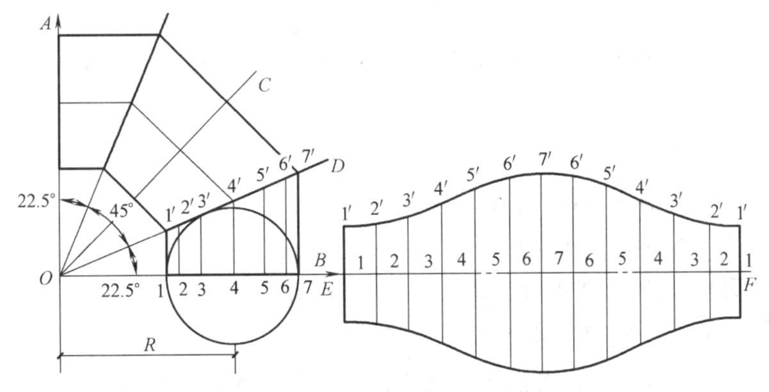

图 3-60　单节焊接弯头展开图

把做好的样板紧贴在管道上，然后进行画线。

单节焊接弯头有一个中节和两个端节，在现成的直管段上画线时，可按图 3-62a 所示进

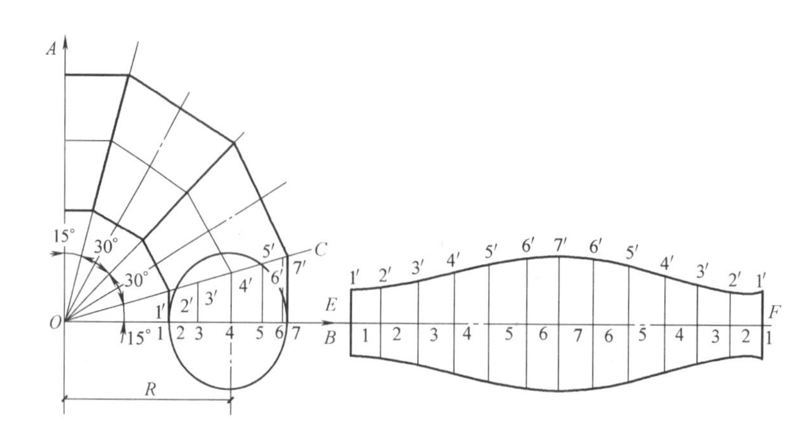

图 3-61 两节焊接弯头展开图

行，两节焊接弯头有两个中节和两个端节，在现成的直管段上画线时，可按图 3-62b 所示进行。如用钢板卷制作弯头时，其纵向焊缝应交叉布置在弯头的两侧，所画的线必须清楚、准确，不得歪斜，画好后用氧气-乙炔焰进行切割（若为不锈钢管应采用锯床切割），并清除管端的焊渣、毛刺，然后制作坡口，坡口角度在弯头背部为 20°~25°，两侧为 30°~35°，腹部为 40°~45°，完成坡口后，应将管端中线对准，用扁钢角尺校正其角度，检查对接缝隙是否均匀，确认无误后应先行点焊，然后再进行焊接。

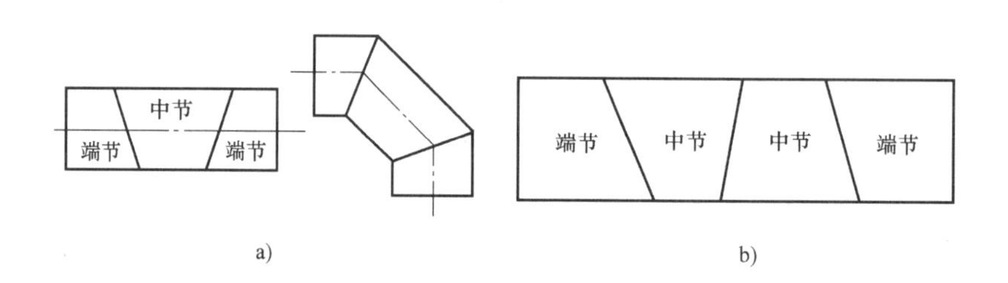

图 3-62 单、双节焊接弯头下料图

（2）90°（直角）弯头制作　直角弯头又称为两节圆管弯头，图 3-63 为直角弯头的投影图。从投影图可知，直角弯头的管子外径为 D、高为 h。

直角弯头制作步骤如下：

1）以管外径 D 为直径画圆，如图 3-64 所示。

2）把半圆分成 6 等分，其等分点的标号为 1′、2′、3′、4′、5′、6′、7′。

3）把圆管周长展开为 12 等分的总长度为 πD 的水平线，自左至右依次标注各等分点的标号为 1、2、3、4、5、6、7、6、5、4、3、2、1。

4）在展开的水平线上，由各点作垂直线，同时由半圆周上各等分点向右引水平线与之相交。

5）用光滑曲线连接各垂直线同水平线的相应交点，即得直角弯头的展开图，如图 3-64 所示。

6）将端节、中间节展开图样板围在待加工的管道上，画上线并沿线割切下来。

7）将各节依次焊起即成四节90°弯头。

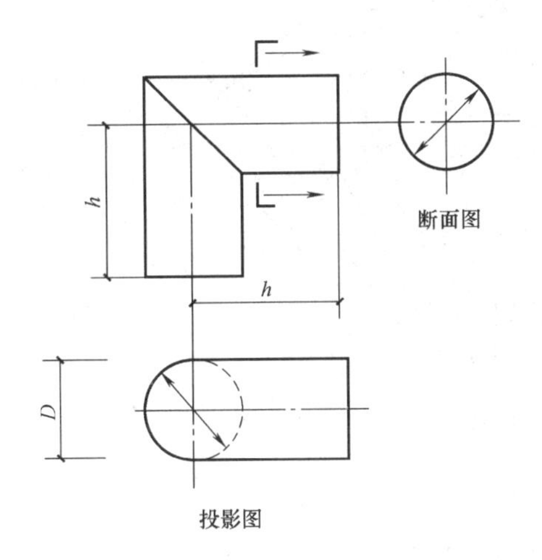

图3-63　直角弯头的投影图

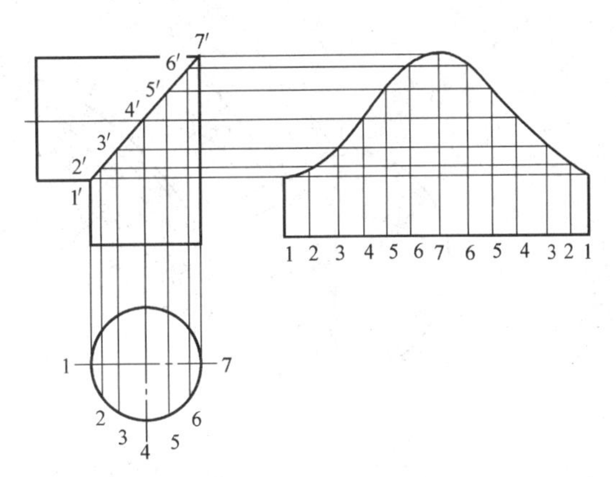

图3-64　两种直角弯头展开图

2. 大小头（变径管）制作

大小头（变径管）制作应先制成展开样板，再按板材下料，经卷制成形，最后焊接而成。一般为钢板制作，用于蒸汽、煤气、给水排水等介质的中低压管道系统中。卷制异径管的展开，应根据具体的条件按不同的方法进行。

（1）同心异径管的展开　同心异径管的展开比较方便，可按图3-65进行。画法如下：

1）画出同心异径管的正面图 *ABCD*（其中 *AB* 和 *CD* 分别为大端和小端的中径）。

2）延长边线 *BC* 和 *AD*，相交于 *O* 点。

3）以 *O* 为圆心，分别以 *OB*（*OA*）和 *OC*（*OD*）为半径画出圆弧。

4）以 *AB* 为直径画半圆，并且六等分，每等分弧长为 *a*。

5）在以 *OB* 为半径的圆弧上取点 *E*，连续截取12个 *a* 长得点 *F*。连接 *OE* 和 *OF* 得到的扇形 *EFGH*，就是异径管 *ABCD* 的展开图。

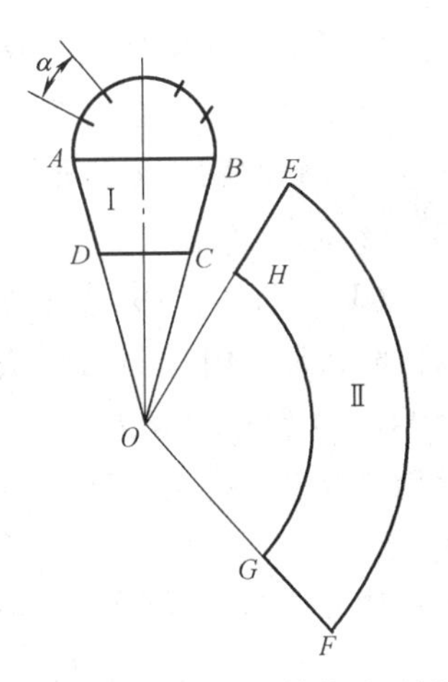

图3-65　同心异径管的展开图

（2）偏心异径管的展开　管道中使用的偏心异径管，一般都是要求它所连接的两段管保持管顶或管底相平。因此，这样的异径管的正面图，就能画成一个直角梯形，如图3-66所示。

1）画出偏心异径管的正面图（直角梯形）*ABCD*（其中 *AB* 和 *CD* 分别为大端和小端的中径）。

2）延长 *DA* 和 *CB* 交于 *O* 点。

3）以 *CD*（17）为直径画出半圆且六等分。

4）以点 *C* 为圆心，以 *C* 点到各等分点的距离为半径画出同心圆弧，分别交 *CD* 于2、

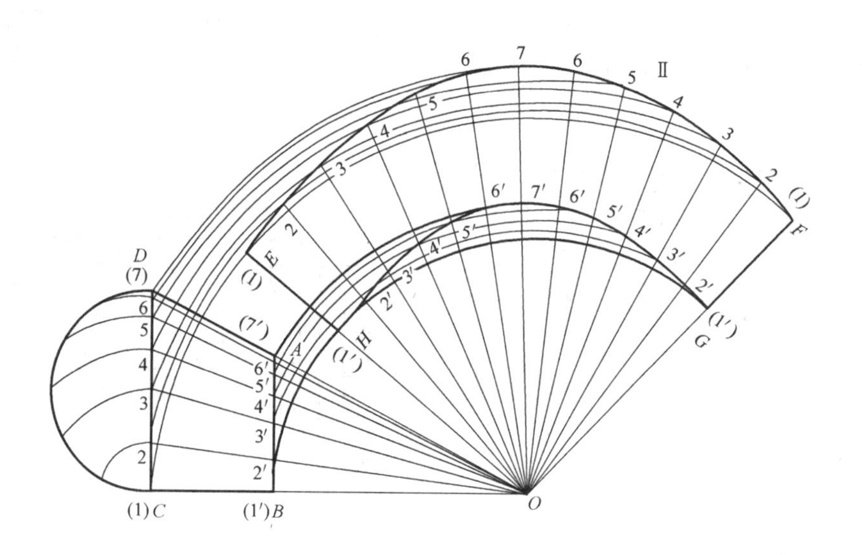

图 3-66　用射线法放样的偏心异径管展开图

3、4、5、6 点。

5）连接 $O2$、$O3$、$O4$、$O5$ 和 $O6$ 交 AB 于 2′、3′、4′、5′、6′点。

6）以 O 为圆心，以 $O1$、$O2$、$O3$、$O4$、$O5$、$O6$、$O7$ 为半径分别画出同心圆弧。

7）在以 $O1$ 为半径的圆弧上任取一点 1，并以 1 为圆心，以半圆等分弧长为半径画弧，与以 $O2$ 为半径的圆弧交于 2 点。按照同样的方法得到 3、4、…、3、2 和 1 点，并以光滑曲线依次连接起来，得到的就是大端的展开图形。

8）以 O 为圆心，以 $O1'$、$O2'$、…、$O6'$ 和 $O7'$ 为半径画同心圆弧，分别和射线 $O1$、$O2$、…、$O2'$ 和 $O1$ 对应相交，得交点 1′、2′、3′、…、3′、2′和 1′，并以光滑曲线依次连接起来，得到的就是小端的展开图形。所同成的图形 $EFGH$（111′1′）就是偏心异径管 $ABCD$ 的展开图。

（3）钢管大小头的卷制　当管径较小，钢板卷制有困难而且两管管径大小相差在 25% 以内时，常采用摔制的方法制作大小头。摔制时一般用氧气-乙炔焰将管道加热至 850～950℃，用锤击的方法，一边锤击，一边转动管道，锤击力量由大到小，管面锥度应均匀，锤面要放平，防止管壁产生麻面，凸凹不平。用这样边加热、边摔制的方法，将其敲打成形。

摔制大小头时，管道的下半部不加热，只需左右摇摆转动，但同样需要边加热、边转动、边敲打，直至达到偏心的要求。

用敲打摔制而成的大小头，管端应加工工整，便于坡口，管壁厚薄要均匀，管壁不得高低不平或有麻面，摔制成的大小头应和成品制件的规格相吻合。制作大小头时，要尽量做到：加热温度要均匀，加热的时间和次数要尽量短、少。摔制的大小头可按下式计算：

$$L>2.5(D-d)$$

式中　L——加热长度（mm）；

　　　D——大头外径（mm）；

d——小头外径（mm）。

（4）大小头下料焊接　把展开图剪下制成的样板放在板材上面线下料（图3-67），加热或冷加工卷制成型，再分别用以两端外径为直径的弧形样板检查、圆整，最后焊接而成。往往是在焊缝处圆弧不够平滑，焊后还应对不圆处做进一步的圆整。

图3-67　下料

3. 三通制作

三通管是用于管道分支、分流处的管件，按主管与分支管的同异分为同径三通和异径三通，按分支管轴线与主管轴线的夹角（α）分为正交三通（$\alpha=90°$）和斜交三通（$\alpha<90°$）。

（1）同径正三通　同径正三通又称等径直交三通或等径正三通，其立体图和投影图如图3-68所示。

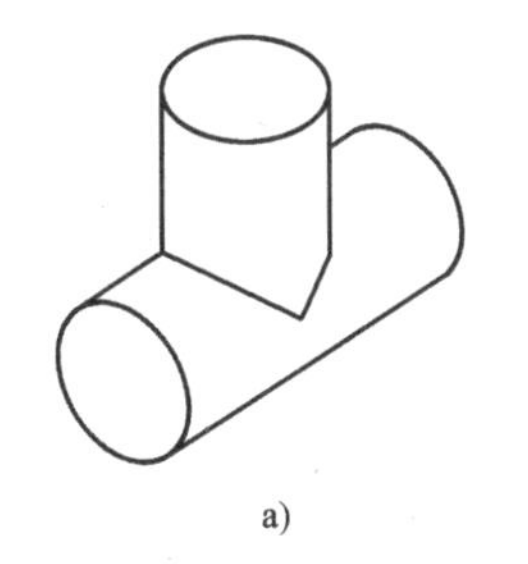

a)

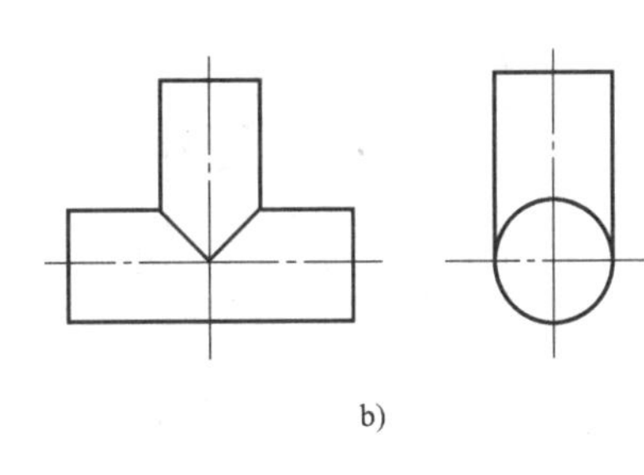

b)

图3-68　等径直交三通管的立体图和投影图

a）立体图　b）投影图

1）按已知尺寸画出主视图和断面图，如图3-69所示。由于两管直径相等，其结合线为两管边线交点与轴线交点的连线，可直接画出。

2）画管Ⅰ断面图，再对半圆图进行六等分，等分点为1、2、3、4、…、1。由等分点引下垂线得到与结合线1′—4′—1′的交点。

3）管Ⅰ展开图。在CD延长线上取1—1等于管Ⅰ断面圆周长度，并照录等分点。由各等分点向下引垂线，与由结合线各点向右所引水平线对应相交，将交点连成曲线，即得到所求管Ⅰ的展开图。

4）管Ⅱ展开图。在主视图正下方画一长方形，使其长度等于圆管断面周长，宽等于主视图中AB的长度。在$B'B''$线上取4—4等于断面1/2圆周。六等分4—4，等分点为4、3、2、1、…、4，由各等分点向左引水平线，与由主视图结合线各点向下所引垂线对应相交，将交点连成曲线，即为管Ⅱ开孔实形。$A'B'B''A''$即为所求管Ⅱ展开图。

5）画线之前，应在主管和支管上划出定位十字架，并用样冲轻轻冲之，再分别把三通主管展开图（雌样板）、三通支管展开图（雄样板）中心对准管道中心线，画出切割线，便可进行切割。切割时，应根据坡口的要求进行，支管上要全部坡口，坡口的角度在角焊处为45°，对焊处为30°，从角焊处向对焊处（即尖角处）逐渐缩小坡口角度，且要过渡均匀。

6）同径三通组对时，要求主管上开孔的大小与支管径相配，焊缝处的内缝相平。组对

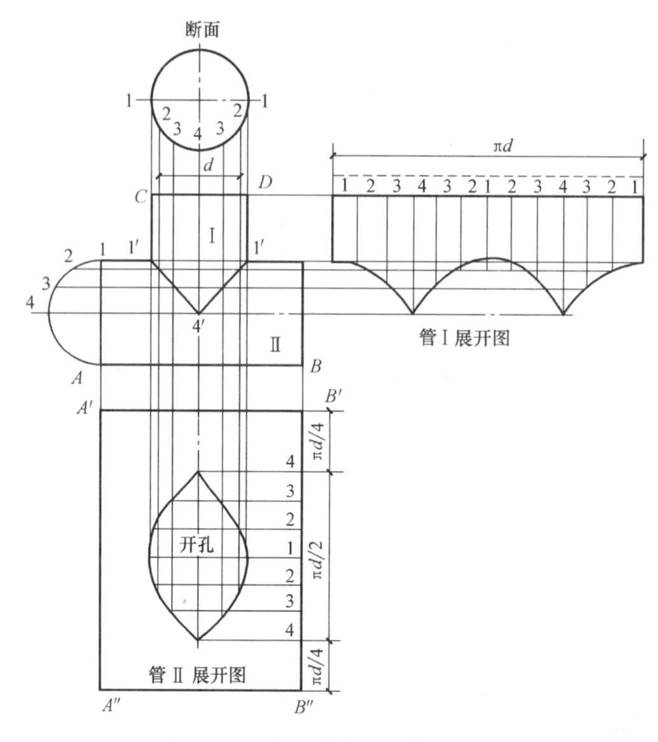

图 3-69　等径直交三通管展开图

时用宽座角尺校正支管与主管间的角度为 90°，然后点焊固定，最后进行焊接。

（2）异径正三通　异径正三通又称异径正交三通，其立体图和投影图如图 3-70 所示。

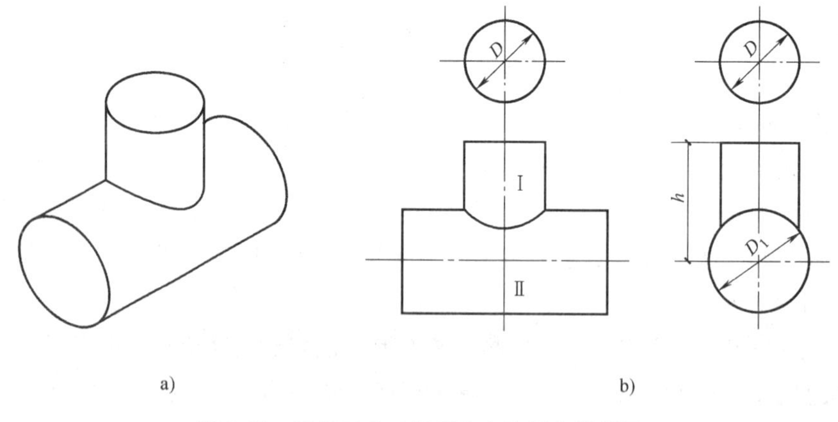

a)　　b)

图 3-70　异径正交三通管的立体图和投影图

a）立体图　b）投影图

异径正交三通管的展开及制作方法如下（图 3-71）：

1）根据主管（管Ⅱ）及支管（管Ⅰ）的外径在一根垂直轴线上画出大小不同的两圆（将主管画成半圆，因支管与主管连接仅在上半圆）。

2）将支管半圆六等分，得交点 4、3、2、1、2、3、4，再从各等分点作支管轴线的平行线，与主管圆弧交于 4′、3′、2′、1′、2′、3′、4′各点。

3）沿支管直径44线的水平方向作一水平线段 AB，使 $AB=\pi D$（D 为支管管径），并将其十二等分，得各分点1、2、3、4、3、2、1、2、3、4、3、2、1各点。

4）由直线 AB 上的各等分点作垂直引下线，然后由主管圆弧上各交点向右引水平线，对应相交于各点，用圆滑的曲线把各相交点连接起来，即得支管展开图（又称雄头样板）。

5）再延长支管圆中心线的垂线，将此垂线的某一点定为1°，在此直线上以1°为中心，上下对称量取主管圆弧上的弧长 $\overset{\frown}{1'2'}$、$\overset{\frown}{2'3'}$、$\overset{\frown}{3'4'}$，得交点1°、2°、3°、4°，通过这些点作支管圆中心垂线的垂直线。

6）过支管与主管圆弧的各相交点4′、3′、2′、1′、2′、3′、4′作支管圆中心垂线的平行线，对应相交于各点，用圆滑的曲线将各相交点连接起来，即得三通主管展开图（又称雌头样板）。

7）画线之前，应先在主管和支管上画出定位十字线，并用样冲轻轻冲之，分别把雄、雌样板中心对准管道中心线画出割线，然后即可进行切割，组对时应用宽座角尺校正支管与主管的角度为90°，支管管端应与主管内壁相平，支管不得伸入主管管腔内。

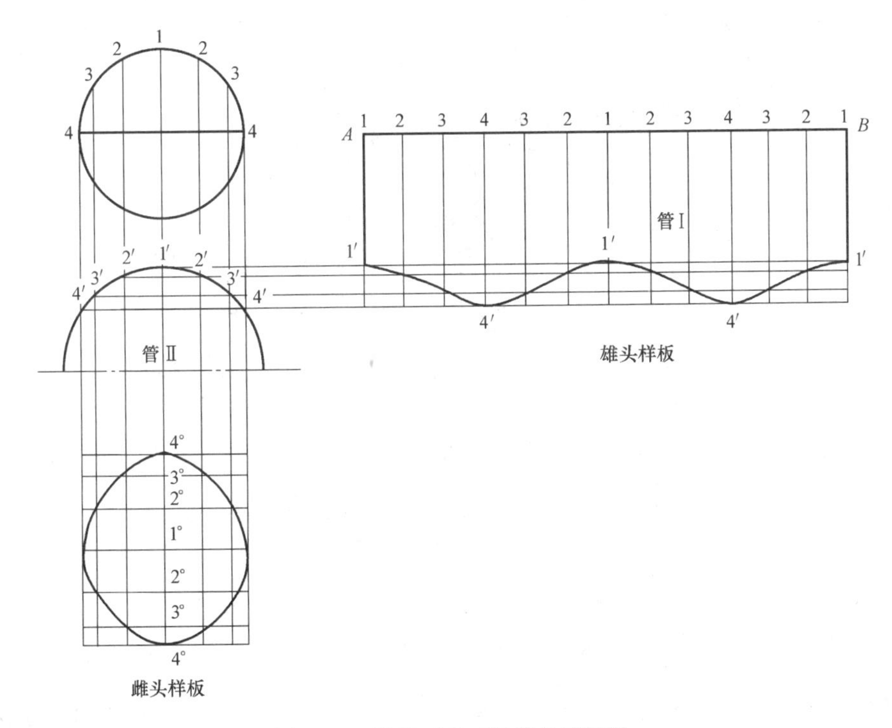

图3-71 异径正交三通管的展开图

（3）等径斜交三通管的展开与制作 等径斜交三通管简称等径斜三通，图3-72为等径斜三通的立体图和投影图。在投影图中，已知主管与支管的交角为 α。

其展开和制作方法如下（图3-73）：

1）根据主管和支管的外径（两管外径相等）及相交角 α 画出斜三通管的投影图。

2）在支管的顶端画半圆并六等分，由各等分点向下画出与支管中心线平行的斜直线，使之

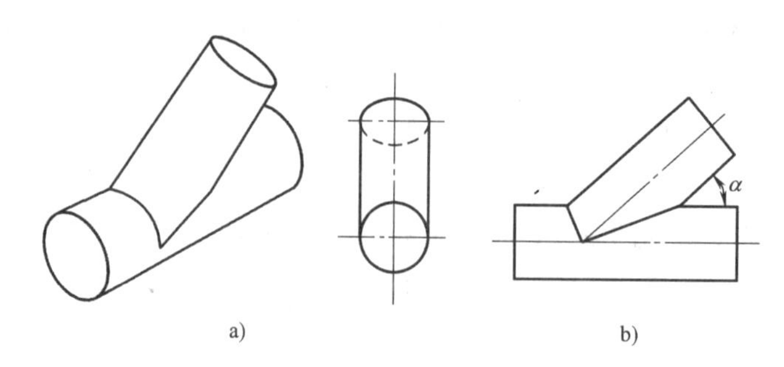

图 3-72　等径斜三通的立体图和投影图

a）立体图　b）投影图

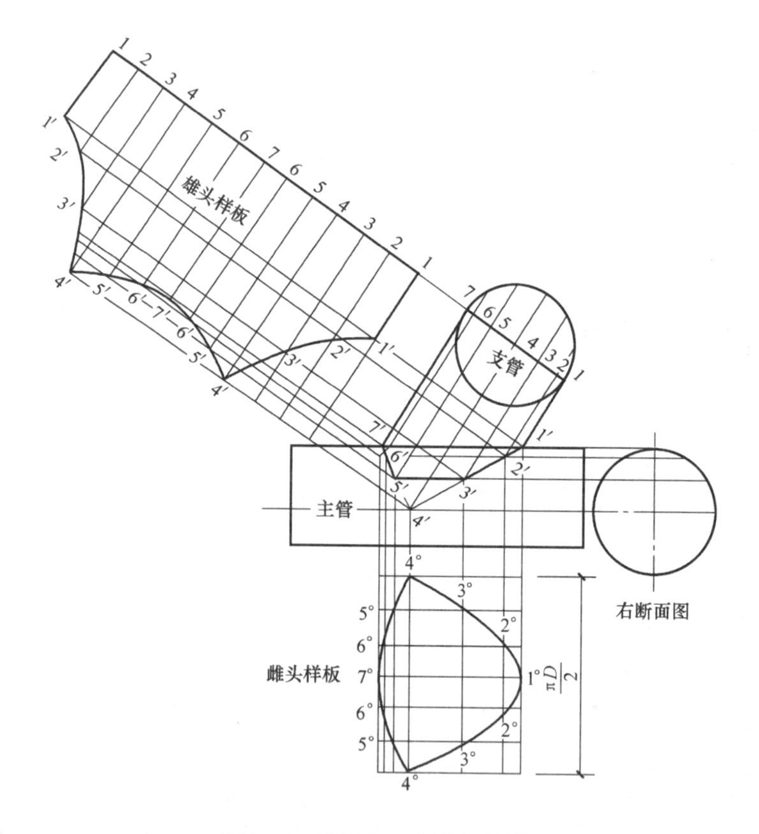

图 3-73　等径斜三通的展开图

与主管的接合线相交，得直线 11′、22′、33′、44′、55′、66′、77′等，将这些线段移至支管周长等分线的相应线段上，将所得交点用光滑曲线连接起来即为支管的展开图（雄头样板）。

3）将右断面图的上半圆分成六等分，由各交点向左引水平线，与 1′、2′、3′、4′、5′、6′、7′点重合。

4）支管和主管上公共点，自右至左顺序标号为 1′、2′、3′、4′、5′、6′、7′，通过这些点向下引垂直线，与半圆周长$\left(\frac{\pi D}{2}\right)$的各等分线相交，得交点 1°、2°、3°、4°、5°、6°、7°，用光滑曲线连接各交点即为主管开孔的展开图（雌头样板），如图 3-73 所示。

等径斜三通画线、下料及拼接的方法与等径正三通相同，坡口根据夹角大小及开孔的长短灵活掌握，以满足焊接要求为原则。主管和支管一般在钝角一边的上半尺，可全坡30°~35°，下半尺在尖角处为30°，然后逐渐过渡为45°，中间逐渐均匀过渡。

（4）异径斜三通

1）求异径斜三通接合线。运用正投影原理画出异径斜三通的立面图和侧面图，如图3-74所示。

① 在立面图和侧面图支管顶端画半圆并六等分，得各等分点1、2、3、4、3、2、1，然后在立面图和侧面图上通过各等分点作支管轴线的平行线，在侧面图上得交点4′、3′、2′、1′、2′、3′、4′。

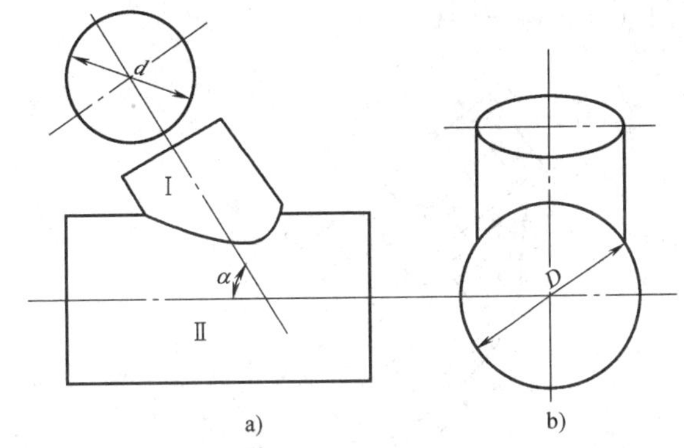

图3-74 异径斜三通的立面图和侧面图

a）立面图 b）侧面图

② 过各交点（4′、3′、2′、1′、2′、3′、4′）向左引三通主管轴心线的平行线，使之与立面图上斜平行线对应相交于1″、2″、3″、4″、3″、2″、1″，将这些交点用圆滑的曲线连接起来，即为异径斜三通管的接合线，如图3-75所示。

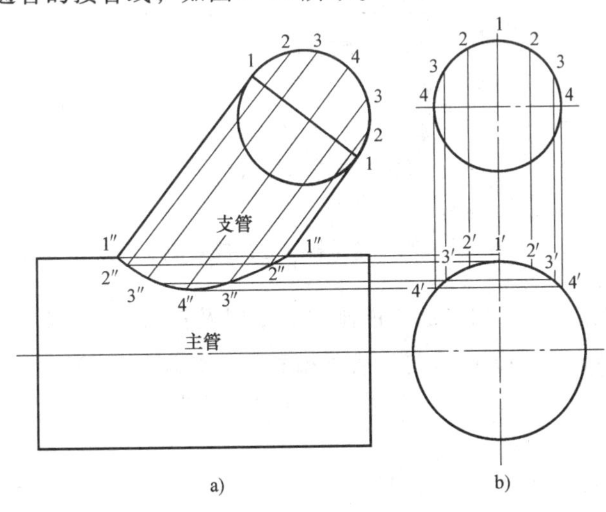

图3-75 接合线的画法

a）立面图 b）侧面图

2）异径斜三通的展开。异径斜三通管的展开如图3-76所示。

① 在异径斜三通支管直径71方向的延长线作一条线段AB，使$AB=\pi D$（D为斜三通支管外径），并将其十二等分，得交点7、6、5、4、3、2、1、2、3、4、5、6、7。

② 过线段AB的各等分点作线段AB的垂线，再由支管与主管接合线上各点1′、2′、3′、4′、5′、6′、7′各点作线段AB的平行线，与线段AB的垂线对应相交于7′、6′、5′、4′、3′、2′、1′、2′、3′、4′、5′、6′、7′各点，将所得的各点用圆滑的曲线连接起来，所得的几何图

形即为支管展开图（又称雄头样板）。

③ 在三通主管下面，过4″作一直线平行于三通主管轴心线，以4″直线为基准，上下依次截取$\overline{4''3''}$、$\overline{3''2''}$、$\overline{2''1''}$等于侧面图上的$\overset{\frown}{4''3''}$、$\overset{\frown}{3''2''}$、$\overset{\frown}{2''1''}$。

④ 过立面图上1′、2′、3′、4′、5′、6′、7′作平行于三通主管轴心线的垂线，与1″、2″、3″、4″、3″、2″、1″直线相交，将上述各交点用圆滑的曲线连接起来，即得三通主管挖眼的展开图（又称雌头样板）。

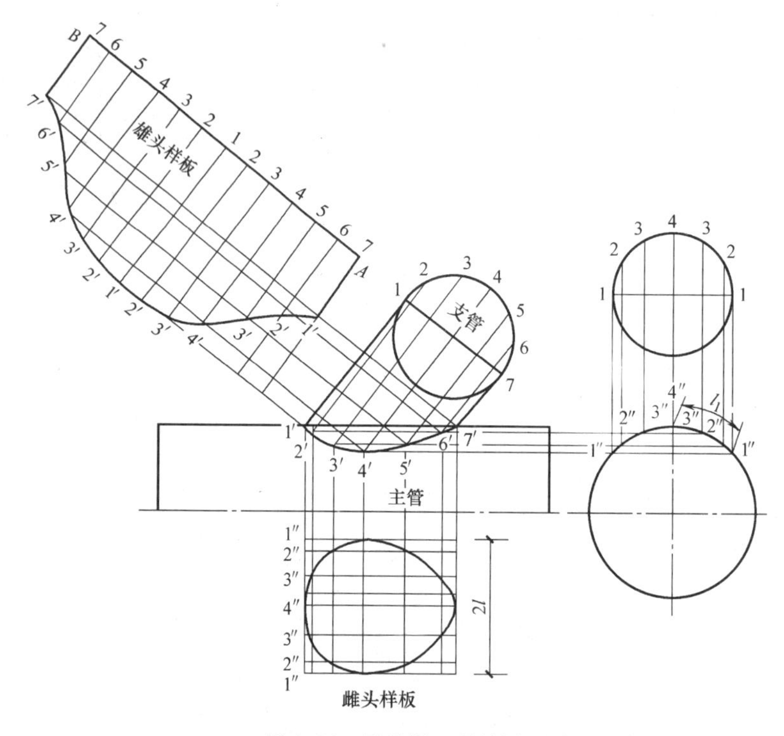

图 3-76　异径斜三通的展开图

3）异径斜三通制作。异径斜三通管的画线、下料及拼节方法与同径三通管相同，不同之处在于支管插入主管时，其管端应与主管外壁相平，管端不得伸入主管管腔内。

3.5　管道连接

1. 螺纹连接

（1）螺纹选择　按螺纹牙型角度的不同，管螺纹分为55°管螺纹和60°管螺纹两大类。我国长期以来普遍使用55°管螺纹。当焊接钢管采用螺纹连接时，管件外螺纹和管件内螺纹均应使用55°管螺纹。在引进项目中会遇到60°管螺纹，因此在从国外引进的装置或购买的产品使用管螺纹连接时，应首先确定是55°管螺纹还是60°管螺纹，以免发生技术上的失误。

用于管子连接的螺纹有圆锥形和圆柱形两种，连接的方式有三种。圆柱形内螺纹套入圆柱形外螺纹，如图 3-77 所示；圆锥形内螺纹套入圆柱形外螺纹，如图 3-78 所示；圆锥形内螺纹套入圆锥形外螺纹，如图 3-79 所示。其中，后两种方式在施工中普遍使用。

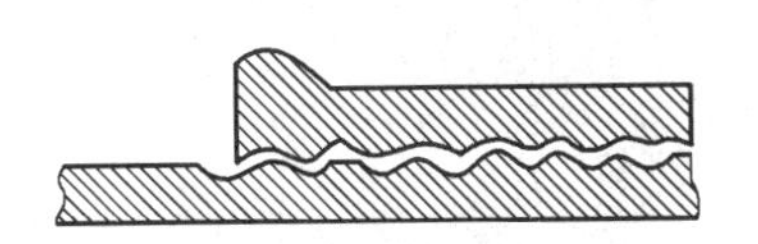

图 3-77 圆柱形内螺纹套入圆柱形外螺纹

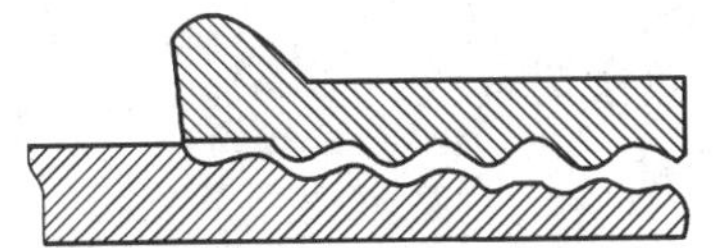

图 3-78 圆锥形内螺纹套入圆柱形外螺纹

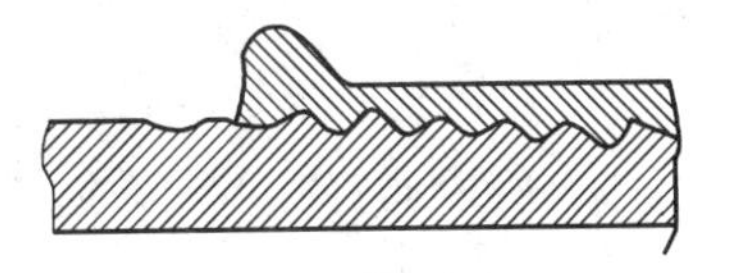

图 3-79 圆锥形内螺纹套入圆锥形外螺纹

（2）螺纹连接方法

1）断管。根据现场测绘草图，在选好的管材上画线，按线断管。

2）套螺纹。将断好的管材按管径尺寸分次套制螺扣，一般以管径为 15~32mm 的套两次，40~50mm 的套三次，70mm 以上的套 3~4 次为宜。

3）配装管件。根据现场测绘草图（图 3-80），将已套好螺扣的管材配装管件。

① 配装管件时应将所需管件带入管螺扣，调试松紧度（一般带入 3 扣为宜）。在螺扣处涂铅油、缠麻后带入管件，然后用管钳将管件拧紧，使螺扣外露 2~3 扣，去掉麻头，擦净铅油，编号放到适当位置等待调直。

图 3-80 测绘草图

② 根据配装管件的管径大小选用适当的管钳。首先将要连接的两管接头丝头用麻丝按顺螺纹方向缠上少许，再涂抹自铅油，涂抹要均匀。例如使用聚四氟乙烯胶带则更为方便。然后将一根管子用管钳夹紧，在丝头处安上活节，拧进 1/2 活节长；此时，再把另一根管子用第二把管钳夹紧，固定住第一把管钳，拧动第二把管钳，将管拧进活节 1/2 长度。对突出的油麻，用麻绳往复磨断清扫干净。对于介质温度超过 115℃的管路接口，可采用黑铅油和石棉绳。

③ 管段调直。将已装好管件的管段，在安装前进行调直。

a. 在装好管件的管段螺扣处涂铅油，连接两段或数段，连接时不能只顾预留口方向而要照顾到管材的弯曲度，相互找正后再将预留口方向转到合适部位并保持正直。

b. 管段连接后，调直前必须按设计图纸核对其管径、预留口方向、变径部位是否正确。

c. 管段调直要放在调管架上或调管平台上进行，一般两人操作为宜，一人在管段端头目测，一人在弯曲处用锤子敲打，边敲打边观测，直至调直管段无弯曲为止；同时，在两管段的连接点处标明印记，卸下一段或数段，再接上另一段或数段直至调完为止。

d. 对于管件连接点处的弯曲过死或直径较大的管道，可采用烘炉或气焊加热到 600~800℃（火红色）时，放在管架上将管道不停地转动，利用管道的自重使其平直；或用木板垫在加热处用锤子轻击调直，调直后在冷却前要不停地转动，等温度降到适当时在加热处涂抹机油。凡是经过加热调直的螺扣，必须标好印记，卸下来重新涂铅油并缠麻，再将管段对

准印记拧紧。

e. 配装好阀门的管段，调直时应先将阀门盖卸下来，将阀门处垫实后再敲打，以防振裂阀体。

f. 镀锌碳素钢管不允许用加热法调直。

g. 管段调直时不允许损坏管材。

2. 法兰连接

(1) 法兰连接操作

1) 铸铁螺纹法兰连接。这种连接方法多用于低压管道，它是用带有内螺纹的法兰与套有同样公称直径螺纹的钢管连接。连接时，在套螺纹的管端缠上麻丝，涂抹上铅油填料。把两个螺栓穿在法兰的螺孔内，作为拧紧法兰的用力点，然后将法兰拧紧在管端上。连接时要注意，法兰一定要拧紧，加力对称进行，即采用十字法拧紧。

2) 钢法兰平焊连接。钢法兰平焊连接用的法兰通常是用 Q235、Q275 和 20 号钢加工的，与管子的装配是用焊条电弧焊进行焊接的。焊接时，先将管子垫起来，用水平尺找平，将法兰按规定套在管子上，用角尺或线锤找平，对正后进行定位焊；然后检查法兰平面与管子轴线是否垂直，再进行焊接。焊接时，为防止法兰变形，应按对称方向分段焊接，如图 3-81 所示。

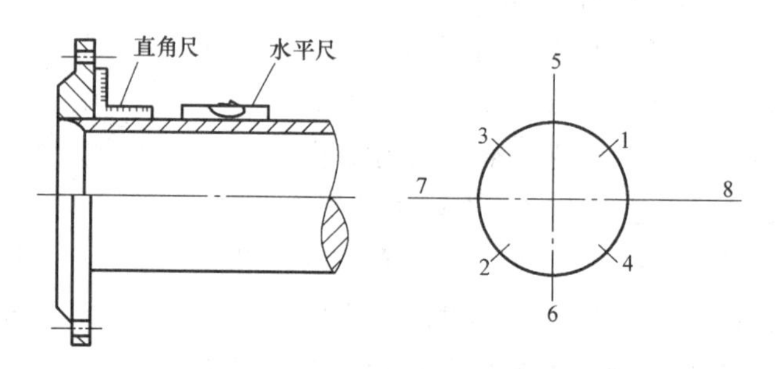

图 3-81 焊接法兰

3) 翻边松套法兰连接。翻边松套法兰如图 3-82 所示。一般塑料管、铜管、铅管等连接常用翻边松套法兰连接。翻边要求平直，不得有裂口或起皱等损伤。

翻边时，要根据管子的不同材质选择不同的操作方法，如聚氯乙烯塑料管翻边是将翻边部分加热（130~140℃），5~10min 后，将管子用胎具扩大成喇叭口后再翻边压平，冷却后即可成型。

钢筒翻边是将经过退火的管端画出翻边的长度，套上法兰，用小锤均匀敲打，即可制成。

铅管很软，翻边更容易，操作时应使用木槌（硬木）敲打，方法与铜管相同。

如图 3-83 所示即为铜管、铅管和塑料管的翻边方法。

(2) 法兰连接用垫圈　法兰连接时，无论使用哪种方法，都必须在法兰与法兰之间垫上适应输送介质的垫圈，从而达到密封的目的。

法兰垫圈应符合要求，不允许使用斜垫圈或双层垫圈。平面法兰所用垫圈要加工成带把

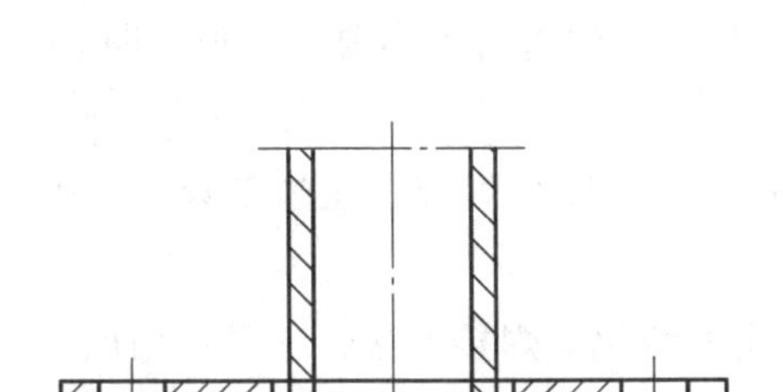

图 3-82 翻边松套法兰

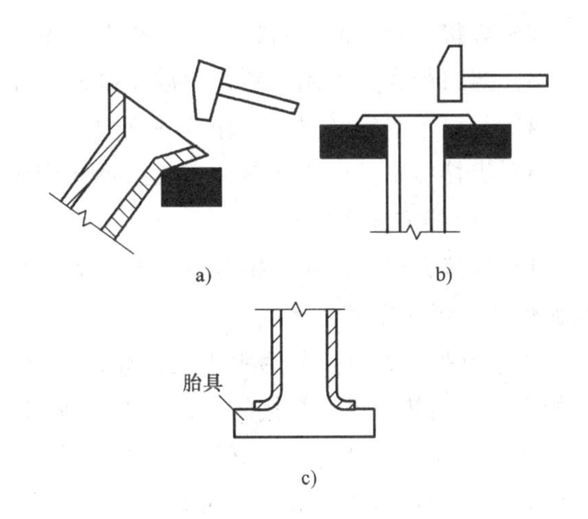

图 3-83 管子翻边

a）铜管翻边 b）铅管翻边 c）塑料管翻边

的形状，如图 3-84 所示，以便安装或拆卸。垫圈的内径不得小于管子的直径，外径不得遮挡法兰上的螺孔。

法兰连接时，应使两片法兰的螺栓孔对准，连接法兰的螺栓应用同一种规格，全部螺母应位于法兰的某一侧。如与阀件连接，螺母一般应放在阀件一侧。紧固螺栓时，要使用合适的扳手，分 2~3 次拧紧。紧固法兰螺栓应按照图 3-85 所示的次序对称、均匀地进行，紧固大口径法兰的螺栓时最好两人在对称位置同时进行。连接法兰的螺栓端部伸出螺母的长度，一般为 2~3 扣。螺栓紧固还应根据需要加一个垫片，紧固后，螺母应紧贴法兰。

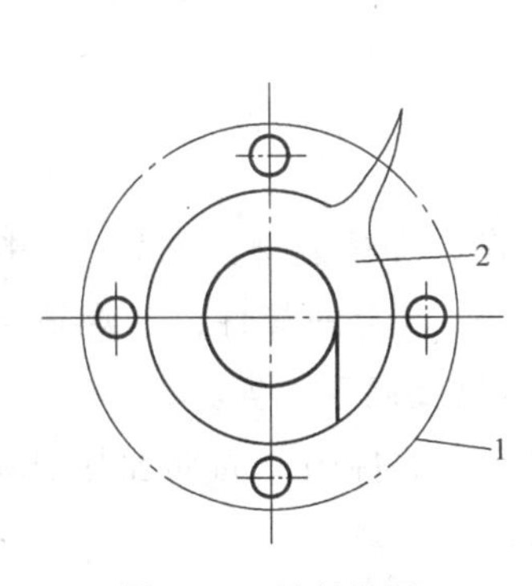

图 3-84 法兰垫圈

1—法兰 2—垫圈

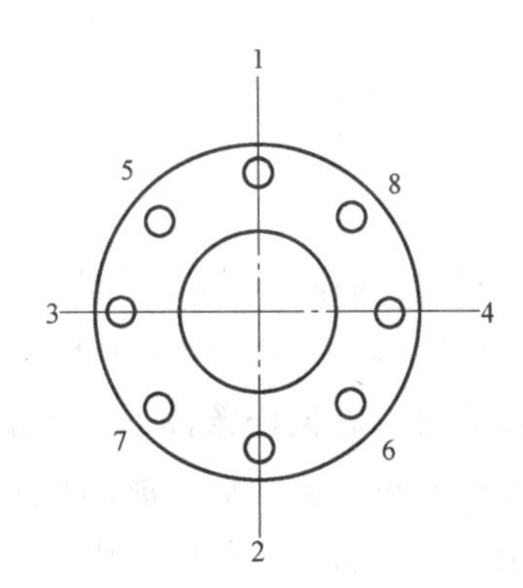

图 3-85 紧固法兰螺栓次序

另外，安装管道时还应考虑法兰不能装在楼板、墙壁或套管内。为了便于拆装，法兰的安装位置应与固定建筑物或支架保持一定的距离。

3. 焊接连接

(1) 焊接连接的特点

1) 接口牢固严密，焊缝强度一般达到管子强度的 85%以上，甚至超过母材强度。

2）焊接是管段间的直接连接，构造简单，管路美观整齐，节省了大量的定型管件。

3）焊口严密，不用填料，可减少维修工作。

4）焊口不受管径限制，作业速度快。

5）焊接接口是固定接口，连接、拆卸困难，如需检修、清理管道则要将管道切断。

（2）焊接方法及选择

1）焊接方法。焊接连接有焊条电弧焊、气焊、氩弧焊、埋弧焊等。在施工现场，焊条电弧焊和气焊应用最为普遍。

焊条电弧焊通常又称为手工电弧焊，是应用最普遍的熔化焊焊接方法，它是利用电弧产生的高温、高热量进行焊接的。焊条电弧焊如图 3-86 所示。

气焊是利用可燃气体和氧气在焊枪中混合后，从焊嘴中喷出并点火燃烧，燃烧产生热量熔化焊件接头处和焊丝形成牢固的接头，如图 3-87 所示。气焊主要应用于薄钢板、有色金属、铸铁件、刀具的焊接，以及硬质合金等材料的堆焊和磨损件的补焊。气焊所用的可燃气体主要有乙炔气、液化石油气、天然气及氢气等，目前常用的是乙炔气，这是因为乙炔在纯氧中燃烧时所放出的有效热量最多。

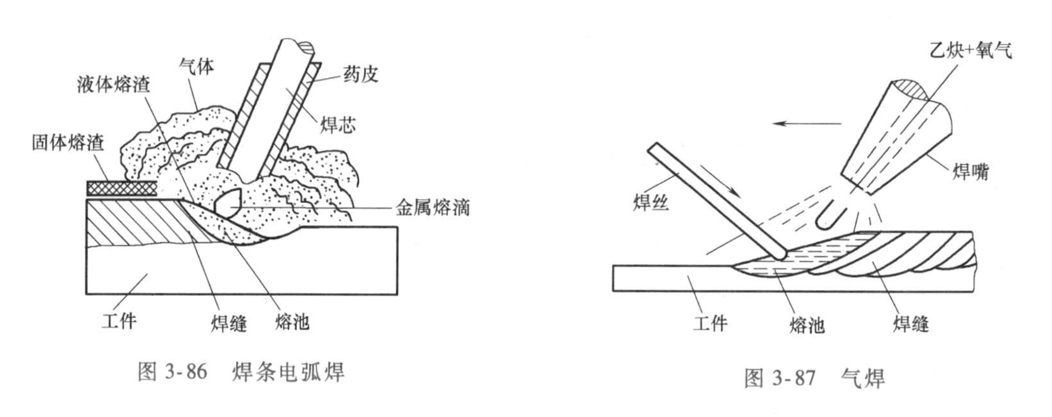

图 3-86　焊条电弧焊

图 3-87　气焊

2）焊接方法的选择。焊条电弧焊的优点是电弧温度高，穿透能力比气焊大，接口容易焊透，适用于厚壁焊件，因此焊条电弧焊适合于焊接 4mm 以上的焊件，气焊适合于焊接 4mm 以下的薄焊件。在同样条件下，焊条电弧焊的焊缝强度要高于气焊。

气焊的加热面积较大，加热时间较长，热影响区域大，焊件因此局部加热极易引起变形。而焊条电弧焊的加热面积相对狭小，焊件变形比气焊小得多。

气焊不但可以进行焊接，而且还可以进行切割、开孔、加热等多种作业，便于在管道施工过程中的焊接和加热。对于狭窄地方的接口，气焊可用弯曲焊条的方法较方便地进行焊接作业。

在同等条件下，气焊消耗氧气、乙炔气、气焊条，焊条电弧焊消耗电能和电焊条，相比之下焊条电弧焊的成本高于气焊。

因此，就焊接而言，焊条电弧焊优于气焊，故应优先选用焊条电弧焊。但在实际工程中具体采用哪种焊接方法，应根据管道焊接工作的条件、焊接结构的特点、焊缝所处空间，以及焊接设备和材料来选择使用。在一般情况下，气焊用于公称直径小于 50mm、管壁厚度小于3.5mm的管道连接；焊条电弧焊用于公称直径等于或大于50mm的管道连接。

(3) 焊接设备及材料

1) 焊接设备

① 焊条电弧焊使用的机具是：焊机（直流电焊机、交流电焊机、整流式直流弧焊机等，以直流电焊机在工地上使用较多）、焊钳、面罩、连接导线、手把软线等，如图3-88所示。

② 气焊设备。气焊设备包括氧气瓶、乙炔发生器（或溶解乙炔瓶）及回火保险器等。气焊工具包括焊炬、减压器及橡胶管等。气焊设备组成如图3-89所示。

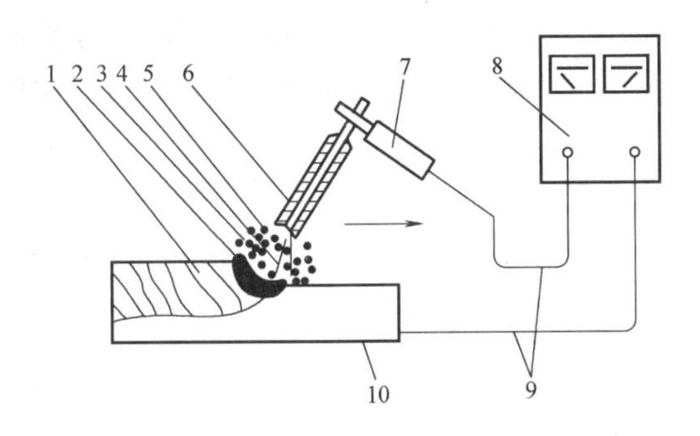

图3-88 焊条电弧焊设备组成

1—焊缝 2—熔池 3—保护气体 4—电弧 5—熔滴 6—焊条 7—焊钳 8—焊机 9—焊接电缆 10—焊件

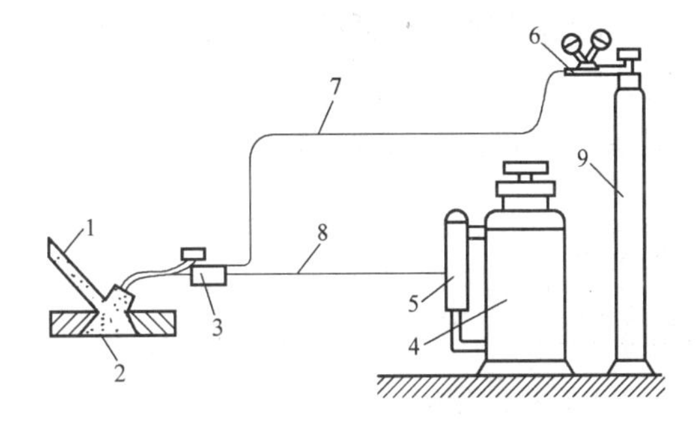

图3-89 气焊设备组成

1—焊丝 2—焊件 3—焊炬 4—乙炔发生器 5—回火保险器 6—氧气减压器 7—氧气橡胶管 8—乙炔橡胶管 9—氧气瓶

氧气瓶是储存高压氧气的容器；乙炔瓶是储存乙炔的容器；减压器是将高压气体降为低压气体的调节装置。回火保险器是防止火焰进入喷嘴内沿乙炔管道回烧（即回火）的安全装置。焊炬是用于控制氧气与乙炔的混合比例，调节气体流量及火焰并进行焊接的工具。

焊炬按气体的混合方式分为射吸式焊炬和等压式焊炬两类；按火焰的数目分为单焰和多焰两类；按可燃气体的种类分为乙炔用、氢用和汽油用等；按使用方法分为手工和机械两类。

射吸式焊炬也称为低压焊炬，它适用于低压及中压乙炔气（0.001～0.1MPa），目前国内应用较多，如图3-90所示。等压式焊炬仅适用于中压乙炔气。

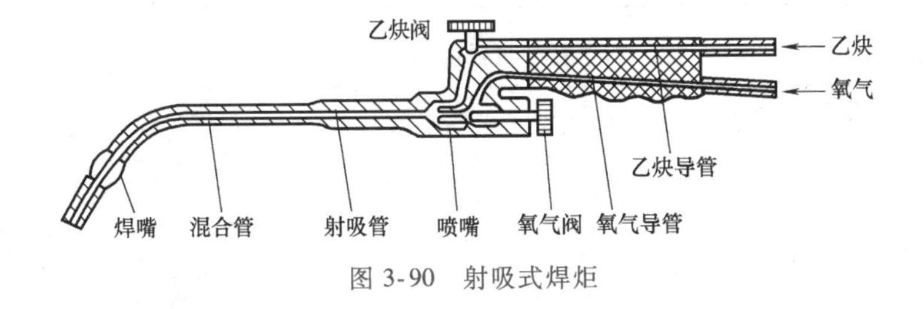

图3-90 射吸式焊炬

2) 焊条

① 焊条的种类。焊条分为电焊条与气焊条两种，用于电焊的接口材料是电焊条，用于气焊的接口材料是气焊条（也称为焊丝）。正确选用焊条，对焊接的质量和速度都十分

重要。

焊条电弧焊的电焊条种类很多。管道焊接常用的结构钢电焊条 J422 是以直径为 2~6mm 的碳素钢芯外涂钛钙药皮材料制成的，规格见表 3-9。管道焊接常采用直径为 3.2mm 的焊条。

表 3-9　结构钢电焊条 J422 规格　（单位：mm）

焊芯直径	2	2.3	3.2	4	5	6
焊芯长度	250、350	300	350	350	400	450

常用的气焊条由低碳钢制成，直径为 2~4mm，长度有 0.6m、1m 两种，使用时应根据工艺要求选用焊丝、焊剂，焊丝不允许有油污和铁锈。对无要求的，可根据焊件的材质和板厚选用。焊丝直径与焊件厚度的关系见表 3-10。

表 3-10　焊丝直径与焊件厚度的关系　（单位：mm）

焊件厚度	1.0~2.0	2.0~3.0	3.0~4.0	5.0~10	10~20
焊丝直径	1.0~2.0 或不加焊丝	2.0~3.0	3.0~4.0	3.0~4.0	5.0~6.0

② 焊条的选择

a. 焊缝金属与母材应等强度，化学成分应接近，低碳钢一般用 E4303、E5003。

b. 对塑性、韧性、抗裂性能要求较高的重要结构应选 E4315、E5015 焊条。

c. 焊缝表面要求美观、光滑的薄板构件最好选 E4313 焊条（E4303 也可）。

d. 焊条使用前的烘干管理：碱性低氢焊条在使用前需烘干，一般在 250~3500℃ 的烘箱中烘 1~2h，不可将焊条突然放入高温箱炉中，以免药皮开裂，应该缓慢加热，逐渐减温。酸性焊条要根据受潮的具体情况在 70~1500℃ 的烘箱中烘 1h。过期与变质的焊条在使用前应进行工艺性能试验，药皮无成块脱落，碱性焊条没有出现气孔，方可使用。

e. 焊条的直径及使用电流见表 3-11 和表 3-12。

表 3-11　焊条直径的选择　（单位：mm）

焊件厚度	焊条直径
<4	不超过焊件厚度
4~12	3.0~4.0
>12	≥4.0

表 3-12　各种直径电焊条的使用电流

焊件直径/mm	使用电流/A
1.6	25~40
2.0	40~65
2.5	50~80
3.2	100~130
4.0	160~210
5.0	200~270
5.8	260~300

(4) 焊接操作步骤　焊接工艺流程：钢管坡口加工→接头→定位焊定位→施焊（电焊、气焊）→焊口清理→探伤→试压。

1）坡口加工

① 坡口种类。根据设计或工艺需要，将焊件的待焊部位加工成一定几何形状的沟槽称为坡口。开坡口的目的是为了得到在焊件厚度上全部焊透的焊缝。

常用的坡口形式有I形坡口、Y形坡口、带钝边U形坡口、双Y形坡口、带钝边单边V形坡口等，如图3-91所示。

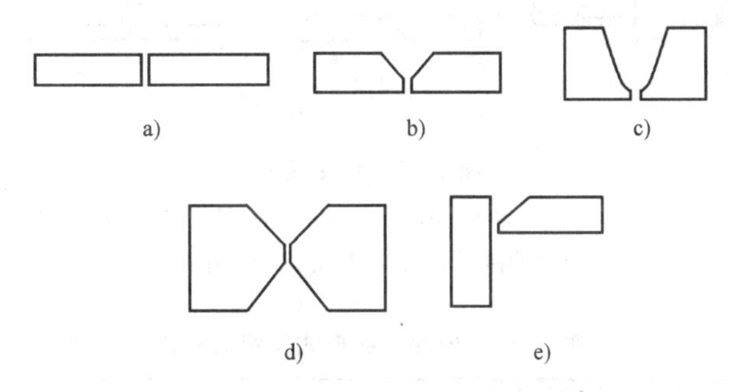

图3-91　常用的坡口形式
a）I形坡口　b）Y形坡口　c）带钝边U形坡口
d）双Y形坡口　e）带钝边单边V形坡口

② 焊接坡口的加工

a. 刨边：用刨边机对直边可加工任何形式的坡口。

b. 车削：无法移动的管子应采用可移式坡口机或手动砂轮加工坡口。

c. 铲削：用风铲铲坡口。

d. 氧气切割：是应用较广的焊件边缘坡口加工方法，有手工切割、半自动切割、自动切割三种。

e. 碳弧气刨：利用碳弧气刨枪加工坡口。

对加工好的坡口边缘还应进行清洁工作，要把坡口上的油、锈、水垢等杂物清除干净，这有利于获得质量合格的焊缝。清理时应根据杂物的种类及现场条件可选用钢丝刷、气焊火焰、铲刀、锉刀及除油剂清洗。

2）接头。用焊接方法连接的接头称为焊接接头（简称为接头），它由焊缝、熔合区、热影响区及其邻近的母材组成。在焊接结构中焊接接头起两方面的作用，第一是连接作用，即把两焊件连接成一个整体；第二是传力作用，即传递焊件所承受的荷载。

由于工件厚度及质量要求不同，其接头及坡口形式也不同，焊接接头可分为十种类型，即对接接头、T形接头、十字接头、搭接接头、角接接头、端接接头、套管接头、斜对接接头、卷边接头和锁底接头，如图3-92所示。其中，以对接接头和T形接头应用最为普遍。

一般管道的焊接接头形式及组对，如设计无要求，电焊应符合表3-13的规定，气焊应符合表3-14的规定。

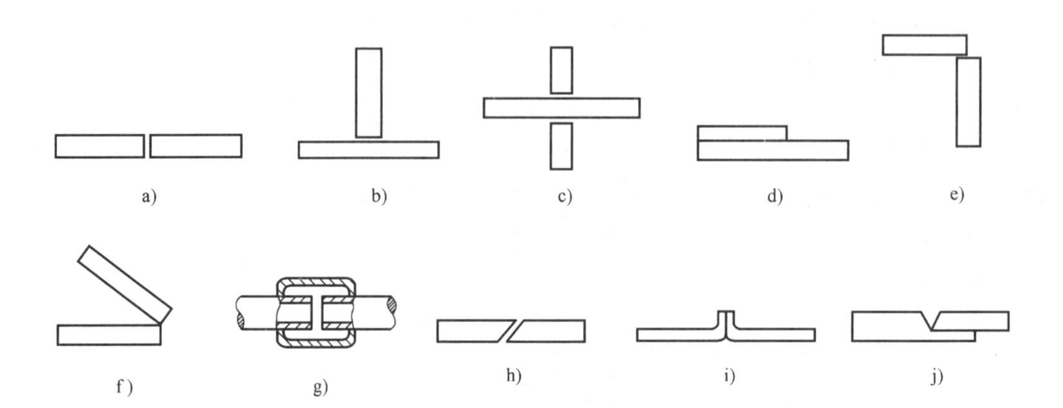

图 3-92　焊接接头

a）对接接头　b）T 形接头　c）十字接头　d）搭接接头　e）角接接头

f）端接接头　g）套管接头　h）斜对接接头　i）卷边接头　j）锁底接头

表 3-13　电焊接头形式及组对要求

接头名称	接头形式	接头尺寸/mm			坡口角度 α(″)
		壁厚	间隙	钝边	
		δ	C	P	
管子对接 V 形坡口		5~8 8~12	1.5~2.5 2~3	1~1.5 1~1.5	60~70 60~65

注：$\delta \leqslant$4mm 的管子，对接如能保证焊透，可不开坡口。

表 3-14　气焊接头形式及组对要求

接头名称	接头形式	接头尺寸/mm			坡口角度 α(″)
		壁厚	间隙	钝边	
		δ	C	P	
对接不开坡口		<3	1~2	—	—
对接 V 形坡口		3~6	2~3	0.5~1.5	70~90

水平固定管接头时，管子轴线必须对正，不得出现中心线偏斜。由于先焊管子下部，为了补偿这部分焊接所造成的收缩，除了按技术标准留出接头间隙外，还应将上部间隙稍放大 0.5~2.0mm。

为了保证根部第一层单面焊双面成型良好，对于薄壁小管无坡口的管子，接头间隙可为母材厚度的一半。带坡口的管子采用酸性焊条时，接头的间隙宜等于焊芯直径。采用碱性焊条不灭弧焊法时，接头间隙应等于焊芯直径的一半。

3）定位。对工件施焊前先定位，根据工件纵、横向焊缝收缩引起的变形，应预先选用夹紧工具、拉紧工具、压紧工具等进行固定。不同管径所选择定位焊的数目、位置也不相同，如图 3-93 所示。

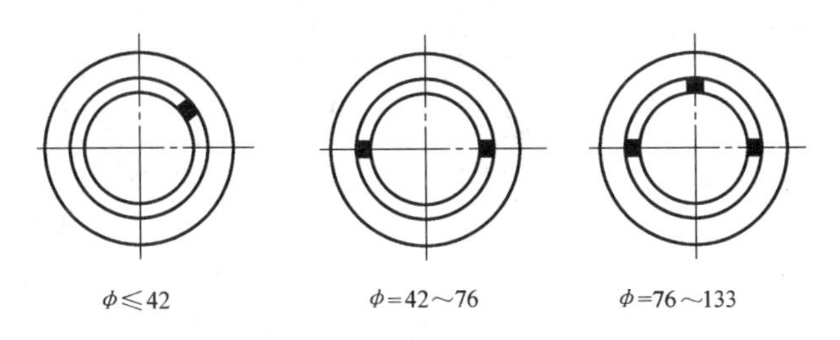

图 3-93　水平固定管的定位焊数目及位置

由于定位焊的焊点容易产生缺陷，故对于直径较大的管子尽量不在坡口根部进行定位焊，可将钢筋焊到管子外壁起定位作用，临时固定管子接头。

4）施焊

① 电焊工艺

a. 焊接中必须把握好引弧、运条、结尾三要素。无论何种位置的焊缝，在结尾操作时均应维持正常的熔池温度，做无直线移动的横定位焊动作，逐渐填满熔池，而后将电弧拉向一侧提起灭弧。

b. 水平管单面焊双面成型转动焊接技术。为保证接头质量，在焊前半圈时，应在水平最高点过去 5～15mm 处熄弧；后半圈的焊接，由于起焊时容易产生塌腰、未焊透、夹渣、气孔等缺陷，对于仰焊处的接头，可将先焊的焊缝端头用电弧割去一部分（大于 10mm），这样既可除去可能存在的缺陷，又可以形成缓坡形割槽。水平管单面焊双面成型转动焊接技术如图 3-94 所示。

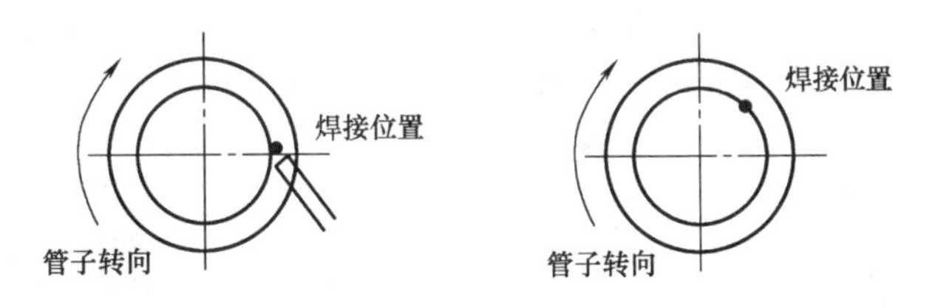

图 3-94　水平管单面焊双面成型转动焊接技术

注意：焊接管子的根部及表面时，运条与固定管焊接相同，但焊条无向前运条的动作，而是管子向后运动；每层焊缝必须仔细清理，以免造成层间夹渣、气孔等缺陷；焊接时，各段焊缝的接头应搭接好并相互错开，尤其是根部一层焊缝的起头和收尾更应注意；焊接时应两侧慢、中间快，使两侧坡口充分熔合；运条速度不宜过快，以保证焊道层间熔合良好，这对厚壁管子尤为重要。

② 气焊工艺

a. 定位焊。工件及管子的定位焊固定如图 3-95 所示，工件厚度与焊丝直径的关系见表 3-15，工件厚度与焊嘴倾角的关系见表 3-16。

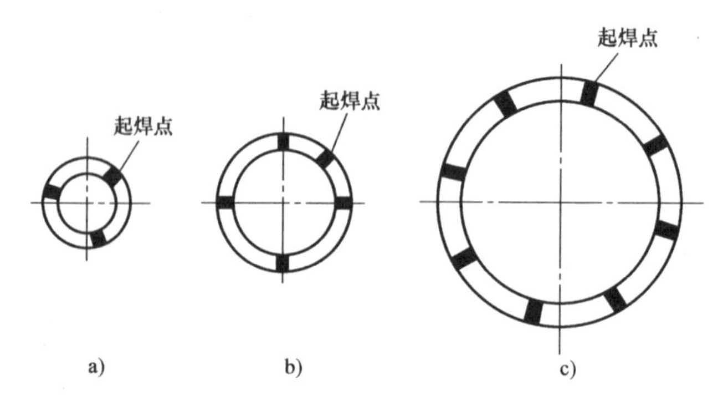

图 3-95　工件及管子的定位焊固定
a）直径小于 70mm 定位焊两处　b）直径 100~300mm 定位焊 3~5 处
c）直径 300~500mm 定位焊 5~7 处

表 3-15　工件厚度与焊丝直径的关系　（单位：mm）

工件厚度	1.0~2.0	2.0~3.0	3.0~5.0	5.0~10	10~15
焊丝直径	1.0~2.0	2.0~3.0	3.0~4.0	3.0~5.0	4.0~6.0

表 3-16　工件厚度与焊嘴倾角的关系

工件厚度/mm	≤1	1.0~3.0	3.0~5.0	5.0~7.0	7.0~15	10~15	≥15
焊嘴倾角/(°)	20	30	40	50	60	70	80

b. 气焊操作。气焊操作分为左焊法和右焊法两种。左焊法简单方便，容易掌握，适用于焊接较薄和熔点较低的工件，是应用最普遍的气焊方法。右焊法较难掌握，焊接过程中火焰始终笼罩着已焊的焊缝金属，使熔池冷却缓慢，有助于改善焊缝的金属组织，减少气孔和夹渣。

c. 管子的几种气焊形式。可转动管的气焊：分为左向爬坡焊和右向爬坡焊，其焊接方向和管子的转动方向都是相对运行的，如图 3-96 和图 3-97 所示。

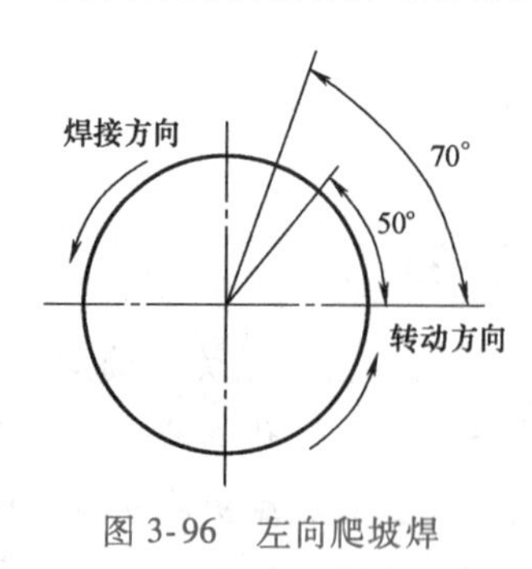

图 3-96　左向爬坡焊

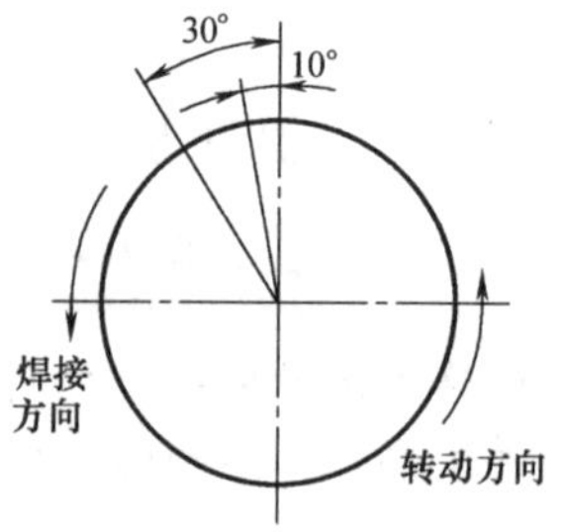

图 3-97　右向爬坡焊

垂直固定管的气焊：焊嘴、焊丝与管子的轴向夹角，以及与管子切线方向的夹角应保持不变。

水平固定管的气焊：水平固定管的焊接位置是全方位的，有平焊、立焊、仰焊、上爬焊及仰爬焊。

(5) 焊接连接的要求

1) 根据设计要求，工作压力在0.1MPa以上的蒸汽管道、一般管径在32mm以上的采暖管道，以及高层建筑的消防管道可采用电焊、气焊连接。

2) 管道焊接时应有防风、防雨、防雪措施。焊区的环境温度低于-20℃时，坡口应预热，预热温度为100~200℃，预热长度为200~250mm。

3) 焊接前要将两管轴线对中，先对两管端部进行定位焊，管径在100mm以下可定位焊三个点，管径在150mm以上以定位焊四个点为宜。

4) 管材壁厚在5mm以上的，应整理管端坡口部位的坡口。如用气焊加工管道坡口，必须除去坡口表面的氧化皮，并将影响焊接质量的凹凸不平处打磨平整。

5) 管材与法兰焊接，应先将管材插入法兰内，先定位焊2~3个点，再用角尺找正、找平后方可焊接。法兰应两面焊接，其内侧焊缝不得突出法兰的密封面，如图3-98所示。

(6) 焊缝的外观缺陷及检验　在焊接过程中，焊接的接头区域有时会产生不符合设计或工艺文件要求的各种焊接缺陷。焊接缺陷的存在，不但降低了焊接结构的承载能力，更严重的是导致焊接结构发生脆性断裂，影响焊接结构的使用安全，所以焊接时应尽量避免焊接缺陷的产生，或将焊接缺陷控制在允许范围内。常见焊接缺陷如图3-99所示。

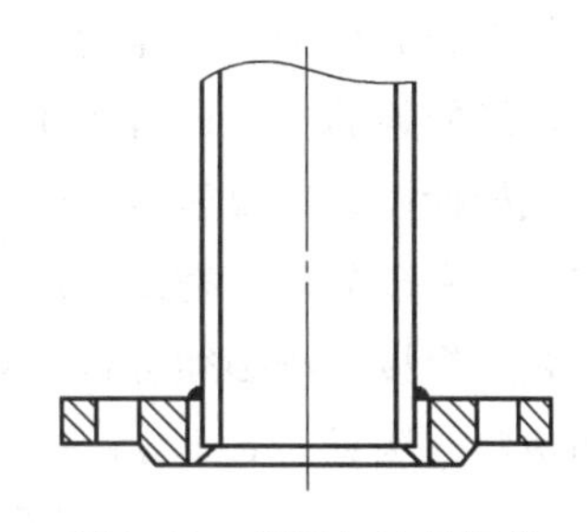

图3-98　管子与法兰焊接

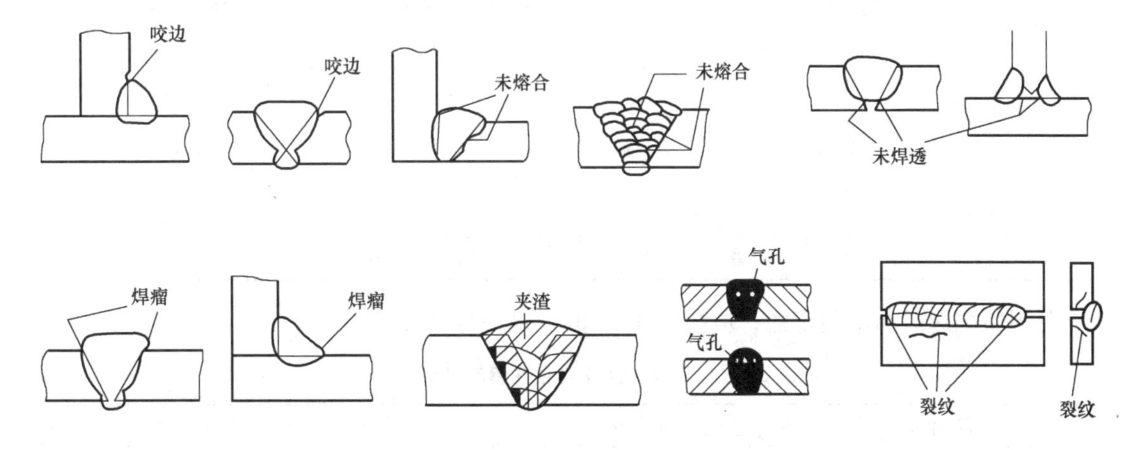

图3-99　常见焊接缺陷

1) 咬边。咬边是指在焊缝边缘的母材上出现被电弧烧熔的凹槽。产生的原因主要是电流过大、电弧过长及焊条角度不当。

2) 未熔合。未熔合是指焊条与母材之间没有熔合在一起，或焊层间未熔合在一起。产生的原因主要是电流过小，焊接速度过快，热量不够或焊条偏于坡口一侧，或母材的坡口处及底层表面有锈、氧化铁、熔渣等未清除干净。

3) 未焊透。未焊透主要是由于焊接电流较小，运条速度较快，接头不正确（坡口钝边厚，接头间隙小），电弧偏吹及运条角度不当造成的。

4）焊瘤。焊瘤是指在焊缝范围以外多余的焊条熔化金属。产生焊瘤的主要原因是熔池温度过高，液态金属凝固减慢，从而因自重下坠。管道焊接的焊瘤多存于管内，对介质的流动产生较明显的影响。

5）夹渣。夹渣是指熔池中的熔渣未浮出而存于焊缝中的缺陷。产生夹渣的主要原因是焊层间清理不净，焊接电流过小，运条方式不当使铁液和熔渣分离不清。

6）气孔。气孔是指焊接熔池中的气体来不及逸出，而停留在焊缝中的孔眼。低碳钢焊缝中的气孔主要是氢或一氧化碳。产生气孔的主要原因是熔化金属冷却太快，焊条药皮太薄或受潮，电弧长度不当或焊缝杂物清理不净。

7）裂纹。裂纹是焊缝最严重的缺陷，可能发生在焊缝的不同部位，具有不同的裂纹形状和宽度，甚至细微到难以发现。产生裂纹的主要原因有焊条的化学成分与母材材质不符、熔化金属冷却过快、焊接顺序不合理、焊缝交叉过多导致内应力过大等。

焊缝应表面平整，宽度和高度均匀一致，并无明显缺陷，这些都可以用肉眼进行外观检查。焊缝的检验方法还有水压、气压、渗油等密封性试验，抗拉试验、抗弯曲试验、压扁试验等机械检验，以及射线探伤、超声波探伤等，可根据工程的不同情况做具体的要求。管道安装工程常以外观检查及水压试验的方法，对管道焊缝进行检验。

管道焊接完毕必须进行外观检查，必要时可辅以放大镜仔细检查。钢管管道坡口允许偏差和检验方法见表3-17。

表3-17　钢管管道坡口允许偏差和检验方法

<table>
<tr><th colspan="3">项　目</th><th>允许偏差</th><th>检验方法</th></tr>
<tr><td>坡口平直度</td><td colspan="2">管壁厚10mm以内</td><td>管壁厚的1/4</td><td rowspan="3">焊接检验尺和游标卡尺检查</td></tr>
<tr><td rowspan="2">焊缝加强面</td><td colspan="2">高度</td><td>+1mm</td></tr>
<tr><td colspan="2">宽度</td><td></td></tr>
<tr><td rowspan="3">咬边</td><td colspan="2">深度</td><td>小于0.5mm</td><td rowspan="3">直尺检查</td></tr>
<tr><td rowspan="2">长度</td><td>连续长度</td><td>25mm</td></tr>
<tr><td>总长度(两侧)</td><td>小于焊缝长度的10%</td></tr>
</table>

外观缺陷超过标准规定的，应按表3-18的规定进行修整。

表3-18　管道焊缝缺陷允许程度及修整方法

缺陷种类	允许程度	修整方法
焊缝尺寸不符合规定	不允许	加强高度不足应补焊加强高度，过高、过宽应进行修整
焊瘤	严重不允许	铲除
咬边	深度不大于0.5mm 连续长度不大于25mm	清理后补焊
焊缝热影响区表面裂纹	不允许	铲除坡口重新焊接
焊缝表面弧坑夹渣、气孔	不允许	铲除坡口后补焊
管子中心线错开或弯折	超过规定的不允许	修整

4. 承插连接

(1) 石棉水泥接口

1) 填料准备。石棉水泥接口的填料有油麻和石棉水泥。油麻的制作方法是将线麻或亚麻放入5%的石油沥青（3号或4号）和95%的汽油混合液中浸透、晾干。在加工、存放、截断及填打过程中，油麻均应保持干净，不得随地乱放。石棉水泥是用32.5级以上的硅酸盐水泥和4级以上的石棉绒按3∶7（质量比）的比例均匀混合后，加入10%~15%的水拌和而成。混合前，应用木棍将石棉绒敲打松散。水的用量通常凭经验确定。拌和好的填料可用手捏成团，但用手轻轻一碰即可松开，说明水量适宜。另外，加水量还与施工季节有关，夏季可多些，冬季可少些。需特别注意：石棉水泥应随用随拌，混合后的干石棉水泥最长存放时间不得超过48h，拌和后的湿石棉水泥的存放时间不能超过水泥的初凝时间，一般应在0.5~1h内用完。

2) 打麻。将插口插入承口中（排水管道插到底，给水管道或煤气管道插口与承口的档口间应留3~9mm的间隙），然后将两管对正找平，调匀间隙。将油麻拧成管口间隙的1.5倍左右，由接口下方逐渐向上塞入缝隙中；然后用捻凿填打，直至锤击时发出金属声，捻凿被弹回，说明油麻已被打实。打实后的油麻应占间隙深度的1/3左右。所用油麻可以是整根的，其长度至少应能在管子上盘绕三圈；也可以是若干根短的，每根的长度应比管子的周长长100~150mm，而且各根油麻的接头应相互错开，否则在填打时其深度将会不一致。打麻的常用方法有平打、挑打等多种，其具体顺序见表3-19。

表3-19 油麻的填打顺序及打法

圈次	第一圈		第二圈			第三圈		
遍次	第一遍	第二遍	第一遍	第二遍	第三遍	第一遍	第二遍	第三遍
击数	2	1	2	2	1	2	2	1
打法	挑打	挑打	挑打	平打	平打	贴外口	贴里口	平打

3) 填塞石棉水泥。用捻凿将拌和好的石棉水泥由下而上地填入打好油麻的承插口内，填满后用捻凿和锤子将其打实（打到表面呈灰黑色，锤击时感到有较明显的反弹力时说明已打实）。打实后再填入石棉水泥，再打实一般需打4~6层，每层至少要打两遍，直至填料的凹入深度符合要求：给水管道的填料表面凹入承口边缘≤2mm，排水管道≤5mm。每个接口要求一次打完，不能中途间断。

4) 养护与修补。捻口结束后，应进行养护，养护时间一般为3d。室外施工时，用湿泥糊在接口外面，然后用疏松的湿土或草袋盖在接口上。春、秋季每天浇水2次；夏季每天浇水4次；冬期施工时还应注意保温防冻，并将管道两端的敞口封严，环境温度<-5℃时，不宜进行上述施工。室内施工时，冬季应采用草帘包扎，进行保温防冻；其他季节可直接浇水养护。

捻口完成后，应进行试压，若发现漏水，要及时修补。修补时，可用捻凿将渗漏部位剔除，然后用水冲洗干净，等水流净后，再按以上方法重新打实、养护。剔除范围应稍大于渗漏范围，并注意避免振动其他部位。剔除深度以见到油麻为准。若漏水部位超过一半，则必须全部剔除，重新接口。

（2）膨胀水泥接口

1）填料准备。膨胀水泥接口是利用膨胀水泥的膨胀性使水泥砂浆和管壁牢固地结合在一起，所用的填料是由砂粒、膨胀水泥（又称自应力水泥）和水，按1∶1∶（0.28~0.32）的质量比拌和而成的砂浆，其中砂粒的直径应为0.5~2.5mm，并洗净晾干。由于膨胀水泥对承口会产生内压力，因此用在管壁较薄的铸铁管时，应适当降低水泥所占的比例。另外，拌和后的砂浆应在1h内用完，以免因超过水泥的初凝时间而失效；夏季因环境温度高，拌和后应立即使用。

2）填塞砂浆。膨胀水泥接口的打麻方法与石棉水泥接口基本相同。打麻后，将砂填满承插间隙，用捻凿沿管腔均匀捣实（无需用锤子敲打），直到表面捣出稀浆。捣实后，若砂浆不能与承口平齐，则应再填砂浆，再捣实。然后将砂浆抹平。

3）养护。膨胀水泥接口完毕，有强烈日光照射时，接口处应用草袋覆盖，2h内不准在接口上浇水，常温下4h后可允许地下水淹没，12h后可充水养护（但水压不能超过0.1~0.2MPa），1d内不得受较大碰撞。其他养护方法与石棉水泥接口基本相同。

膨胀水泥接口与石棉水泥接口相比，操作简便，劳动强度和工程成本均较低，但其抗震性能差些。土质松软或管道穿越铁路和公路时，一般不使用膨胀水泥接口，平均环境温度低于5℃时，一般不采用膨胀水泥接口。

（3）青铅接口　一般用于工业厂房室内铸铁给水管敷设，设计有特殊要求或室外铸铁给水管紧急抢修，管道连接急于通水的情况下可采用青铅接口。

1）按石棉水泥接口的操作要求，打紧油麻。

2）将承插口的外部用密封卡或包有黏性泥浆的麻绳密封，上部留出浇铅口。

3）将铅锭截成几块，然后投入铅锅内加热熔化，铅熔至紫红色（500℃左右）时，用加热的铅勺（防止铅在灌口时冷却）除去液面的杂质，盛起铅液灌入承插口内，灌铅时速度要慢，以使管内气体逸出，灌至高出灌口为止。灌铅应一次灌完，以保证接口的严密性。对于大口径管道，灌铅速度可适当加快，防止熔铅中途凝固。

4）铅灌入后，立即将泥浆或密封卡拆除。

5）管径在350mm以下的用捻凿一人打；管径在400mm以上的，用带把捻凿两人同时从两边打。从管的下方打起，至上方结束。上面的铅头不可剁掉，只能用铅塞刀边打紧边挤掉。第一遍用剁子，然后用小号塞刀开始打；逐渐增大塞刀号，应打实、打紧、打平，直到打光为止。

6）熔化铅与灌铅口时，如遇水会发生爆炸（又称放炮）伤人，可在接口内灌入少量机油（或蜡）。

（4）橡胶圈接口　橡胶圈连接时，首先要清理承插口端部（图3-100），并涂上润滑剂。在无水操作时，可用皂化油、肥皂水等作为润滑剂；在有水操作时，则必须用不溶于水的润滑油作为润滑剂。涂润滑剂前应擦干橡胶圈和承插口。

橡胶圈接口的操作方法是：将橡胶圈压成心形（图3-101），放入承口槽内（图3-102），再用力一推即可；然后检查并调整橡胶圈的位置使其符合要求，将插口推入承口内。

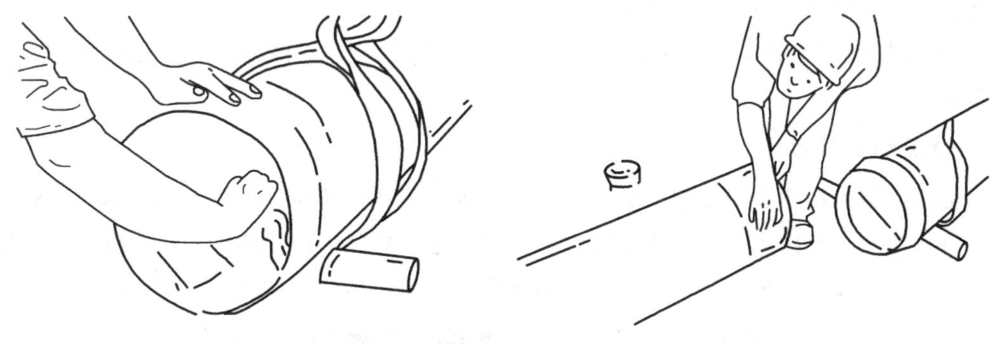

图 3-100　清理承插口端部

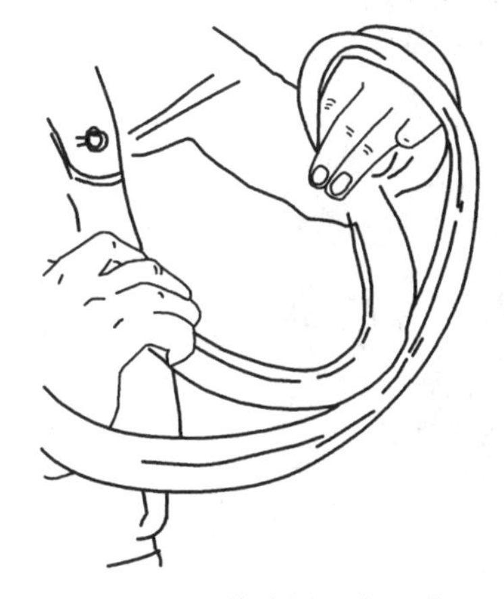

图 3-101　橡胶圈压成心形

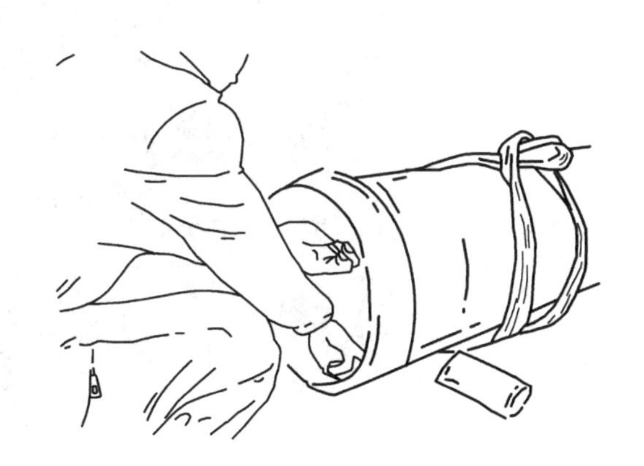

图 3-102　放入承口槽内

安装完毕后，应保证橡胶圈距承口外侧的距离一致，否则应重新安装。

5. 管道粘接连接

粘接连接是在需要连接的两管端结合处涂以合适的胶粘剂，使其依靠胶粘剂的黏结力牢固而紧密地结合在一起的连接方法。粘接连接具有施工简便、价格低廉、自重小、耐腐蚀、密封等优点，一般适用于塑料管、玻璃管等非金属管道的连接。

粘接连接方法有冷态粘接和热态粘接两种。

1）管道粘接不宜在高湿度环境中进行，操作场所应远离火源，防止撞击，在-20℃以下的环境中不得操作。

2）管子和管件在粘接前应采用洁净的棉纱或干布将承插口的内侧和插口外侧擦拭干净，并保持粘接面洁净。若表面有油污，应采用棉纱蘸丙酮等清洁剂擦净。

3）用油刷涂抹胶粘剂时，应先涂承口内侧，后涂插口外侧。涂抹承口时应顺轴向由里向外涂抹均匀、适量，不得漏涂或涂抹过厚。

4）承插口涂刷胶粘剂后，宜在20s内对准轴线一次连续用力插入。管端插入承口的深度应根据实测值确定。实测出承口深度后，在插入的管端表面做出标记，插入后将管旋转90°。

5）插接完毕，应即刻将接头外部挤出的胶粘剂擦揩干净。应避免受力，静置至接口固化为止，待接头牢固后方可继续安装。

6）粘接接头不宜在0℃以下操作，应防止胶粘剂结冻。不得采用明火或电炉等设施加热胶粘剂。

6. 管道热熔连接

热熔连接是由相同热塑性塑料制作的管材与管件互相连接时，采用专用热熔机具将连接部位的表面加热，连接接触面处的本体材料互相熔合，冷却后连接成为一个整体。热熔连接有对接式热熔连接、承插式热熔连接和电熔连接。管道热熔连接如图3-103所示。

图3-103 管道热熔连接

电熔连接是在连接时，将相同的热塑性塑料管道，先插入特制的电熔管件，由电熔连接机具对电熔管件通电，依靠电熔管件内部预先埋设的电阻丝产生所需要的热量进行熔接，冷却后管道与电熔管件连接成为一个整体。

热熔连接多用于室内生活给水PP—R管、PB管的安装。热熔连接后，管材与管件形成一个整体，连接部位强度高、可靠性好，施工速度快。

（1）切割管材（图3-104） 必须使端面垂直于管轴线。管材切割一般使用管子剪或管道切割机，必要时可使用锋利的钢锯，但切割后管材断面应去除飞边。管材与管件的连接端面必须清洁、干燥、无油污。

（2）测量 用专用标尺和适合的笔在管端测量并绘出熔接深度。熔接弯头或三通时，按设计图纸要求，应注意方向，在管件和管材的直线方向上，用辅助标志标出其位置。

（3）加热管材、管件 当热熔焊接器加热到260℃（指示灯亮以后）时，将管材和

图3-104 切割管材

管件同时推进热熔焊接器的模头内，加热时间不可少于5s。

（4）连接 将已加热的管材与管件同时取下，迅速无旋转地直插到所标深度，使接头处形成均匀的突缘直至冷却。管材插入不能太浅或太深，否则会造成缩径或不牢固。

（5）检验与验收 管道安装结束后，必须进行水压试验，以确认其熔接状态是否良好，否则严禁进行管道隐蔽安装。步骤如下：

1）将试压管道的末端封堵，缓慢注水，同时将管道内的气体排出。充满水后，进行水密封检查。

2）加压宜采用手动泵缓慢升压，升压时间不得小于10min。

3）升压至规定的试验压力（一般为1.0MPa以上）后，停止加压。稳压1h，观察接头部位是否有漏水现象。

4）稳压后，补压至规定的试验压力值，15min内的压力下降不超过0.05MPa为合格。

3.6 管道支架

1. 支架制作

（1）支架形式 管道支架（图3-105）按材料分，可分为钢支架和混凝土支架等；按形状分，可分为悬臂支架、三角支架、门形支架、弹簧支架、独柱支架等；按支架的力学特点，可分为刚性支架和柔性支架。

图3-105 管道支架

1）在管道上不允许有任何位移的地方，应设置固定托架，其一般做法如图3-106所示。

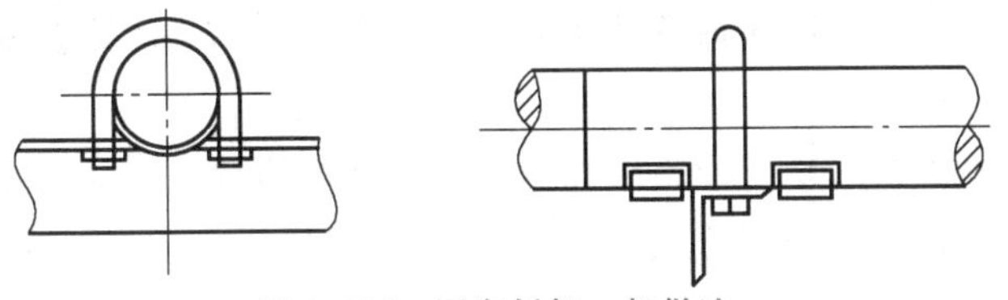

图3-106 固定托架一般做法

2）允许管道沿轴线方向自由移动时，可设置活动支架，有托架和吊架两种形式。托架可做成简易的形式，U形卡只固定一个螺帽，管道在U形卡内可自由伸缩，如图3-107所示。支托架示意图如图3-108所示。

3）托钩与管卡：托钩（图3-109）一般用于室内横支管、支管等的固定；管卡（图3-110）用来固定立管，一般多采用成品。

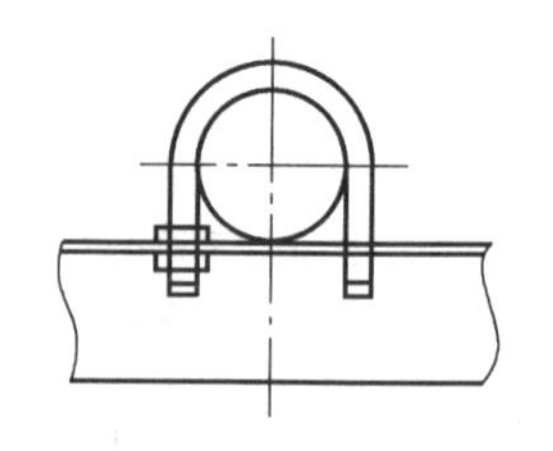

图3-107 简易式托架

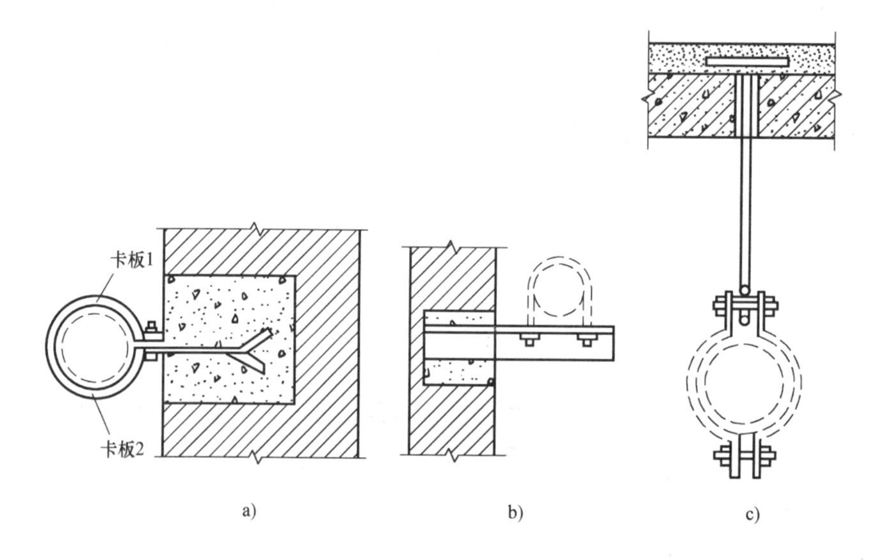

图3-108 支托架示意图

a）管卡 b）托架 c）吊环

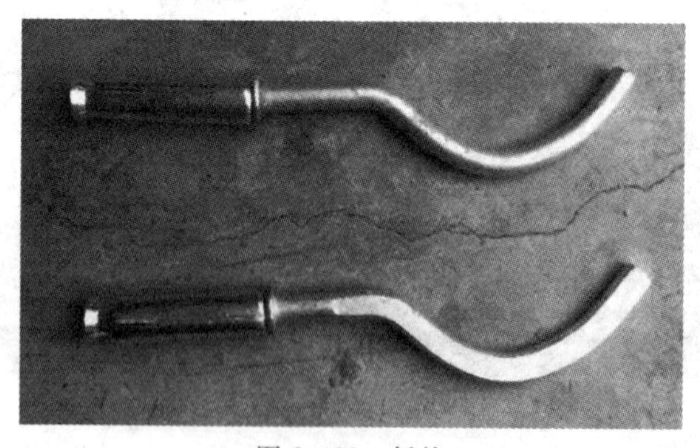

图3-109 托钩

（2）支架制作方法 首先根据选定的形式和规格计算每个支架组合结构中各部分的料长。

1）型钢架下料、画线后切断，若用气割时，应及时凿掉飞边以便进行螺栓孔钻眼，不得气割成孔。型钢三脚架，水平单臂型钢支架的栽入部分应用气割形成劈叉，栽入部分不小于120mm，型钢下料、切断，煨成设计角度后用电焊焊接。

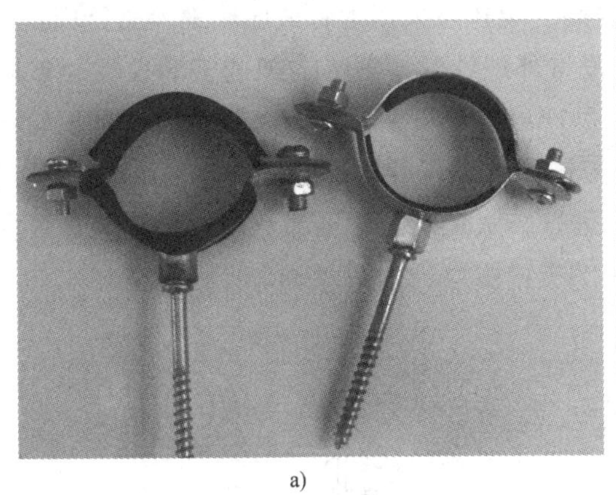
a)

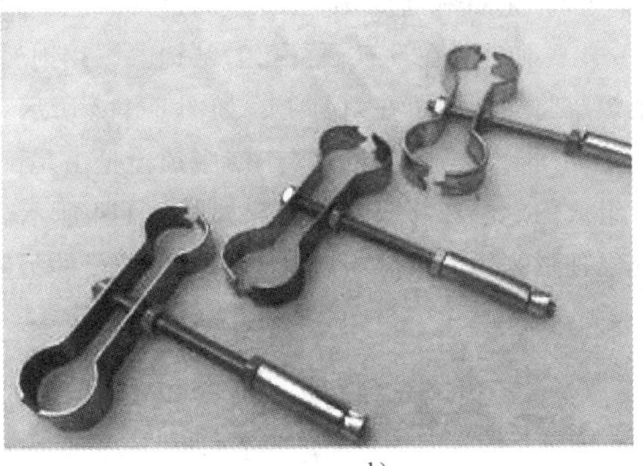
b)

图 3-110 管卡

a）单立管卡 b）双立管卡

2）U 形卡用圆钢制作。将圆钢调直、量尺、下料后切断，用圆板牙扳手将圆钢的两端套出螺纹，活动支架上的 U 形卡可套一头螺纹，螺纹的长度以套上固定螺栓后留出 2~3 扣为宜。

3）吊架卡环制作。用圆钢或扁钢制作卡环时，穿螺栓棍的两个小圆环应保持圆、光、平，且两小环中心相对，并与大圆环相垂直。小圆比所穿螺栓外圆稍大一点。各类吊架中各种吊环的内圆必须适合钢管的外圆，其对口部分应留出吊棍的空隙。

4）吊架中吊杆的长度按实际确定。上螺杆加工成右螺纹，下螺杆加工成左螺纹，都和松紧螺栓相连接。

2. 支架安装

（1）沿墙栽埋法固定　沿墙栽埋法固定是将管道支架埋入墙内（栽埋孔在土建施工时预留），一般埋入部分不得少于 150mm，并应开脚。栽埋支架后，用高于 C20 的细石混凝土填实抹平。栽埋时，应注意使支架横梁保持水平，顶面应与管子中心线平行，如图 3-111 所示。

（2）预埋钢板焊接固定　如果是钢筋混凝土构件上的支架，应在土建浇筑时预埋钢板，待土建拆掉模板后找出预埋件并将表面清理干净，然后将支架横梁或固定吊架焊接在预埋钢板上，如图 3-112 所示。

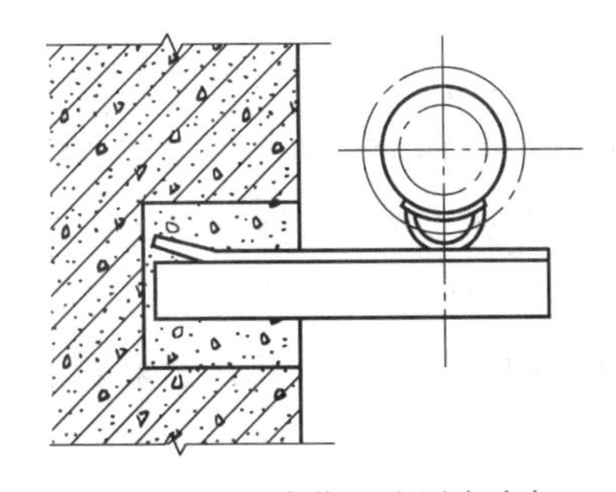
图 3-111　沿墙栽埋法固定支架

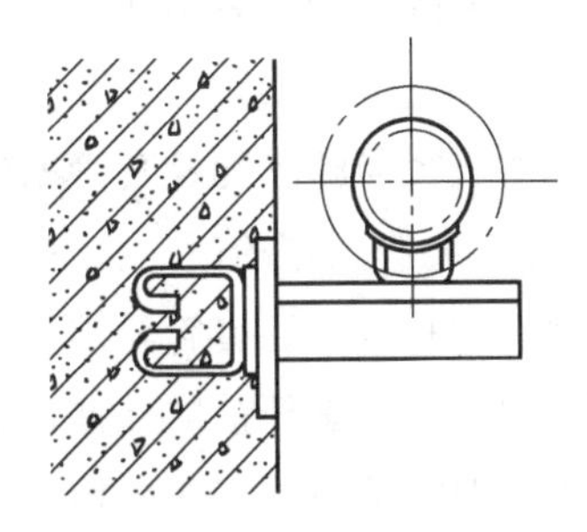
图 3-112　预埋钢板焊接固定支架

（3）射钉和膨胀螺栓固定　往建筑结构上安装支架还可采用射钉或膨胀螺栓进行固定。

1）射钉。在没有预留孔的结构上，用射钉枪将外螺纹射钉射入支架的安装位置，然后用螺母将支架固定在射钉上，如图3-113所示。国产射钉枪可发射直径为8~12mm的射钉。

2）国产膨胀螺栓。国产膨胀螺栓是由尾部带锥形的螺杆、尾部开口的套管和螺母三部分组成的。国产膨胀螺栓固定如图3-114所示。进口膨胀螺栓是由尾部开口的套管和套管内的锥柱形胀子两部分组成的，在套管开口的另一端有内螺纹，如图3-115所示。

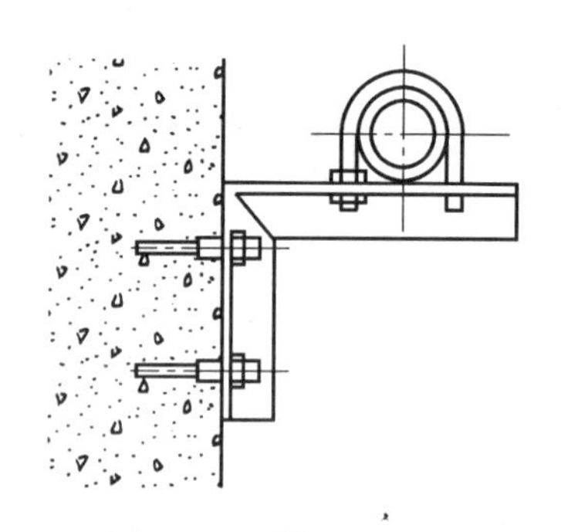

图3-113　射钉固定支架

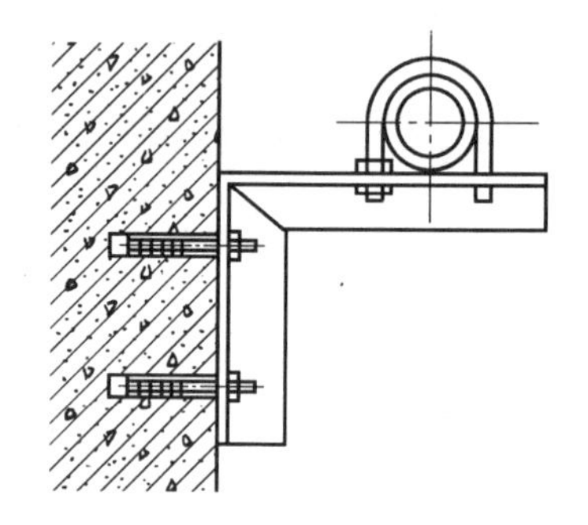

图3-114　国产膨胀螺栓固定

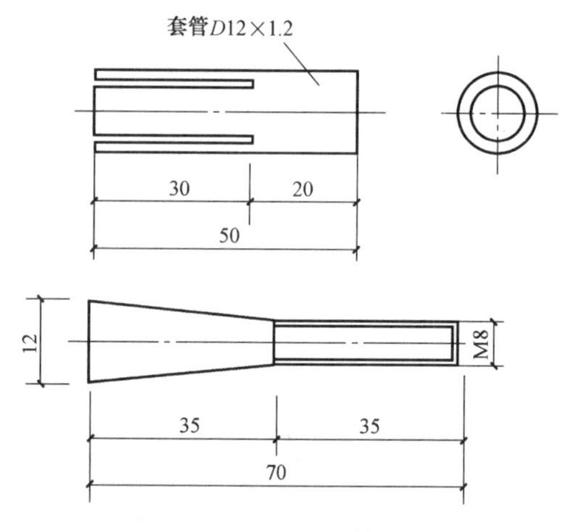

图3-115　进口膨胀螺栓

3）螺栓。螺栓的常用规格有M8、M10、M12三种。用膨胀螺栓固定支架时，必须先在结构上安装螺栓的位置钻孔。

4）钻孔。可用装有合金钻头的冲击电钻或电锤进行钻孔。钻成的孔必须与结构表面垂直，孔的直径与膨胀螺栓套管的外径相等，深度为套管长度加10~15mm（进口膨胀螺栓不需外加）。装膨胀螺栓时，把套管套在螺杆上，套管的开口端朝向螺杆的锥形尾部；然后打入已钻好的孔内，到套管与结构表面齐平时，装上支架，垫上垫圈，用扳手将螺母拧紧。随着螺母的拧紧，螺杆被向外抽拉，螺杆的锥形尾部就把开口的套管尾部胀开并紧紧地卡在孔壁，将支架牢牢地固定在结构上。

5）进口膨胀螺栓安装方法。将螺栓打进直径、深度都与本体相等的孔内，然后用冲子使劲冲，使尾部开口胀开。随后则可用螺钉将支架固定在有内螺纹的套管上。

（4）抱箍式固定　沿柱子安装管道可以采用抱箍式固定支架，结构如图3-116所示。

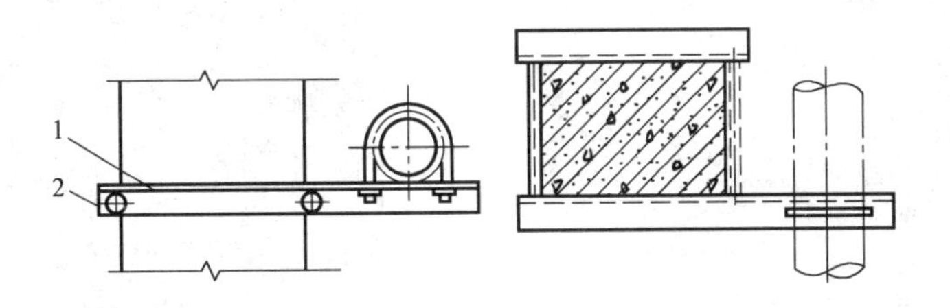

图3-116　抱箍式固定支架

1—支架横梁　2—双头螺栓

3.7　管道的保温和防腐

1. 管道的保温（图3-117）

绝热包括保温和保冷。它是减少系统热量向外传递或外部热量传入系统而采取的一种工艺措施。其目的是减少热量、冷量的损失，节约能源，提高系统运行的经济性。同时，对于热水或蒸汽设备和管道，保温后能改善劳动环境、避免烫伤，实现安全生产；对于低温管道和设备（如制冷系统），保冷后避免结露或结霜，也可防止人的皮肤与之接触受冻。

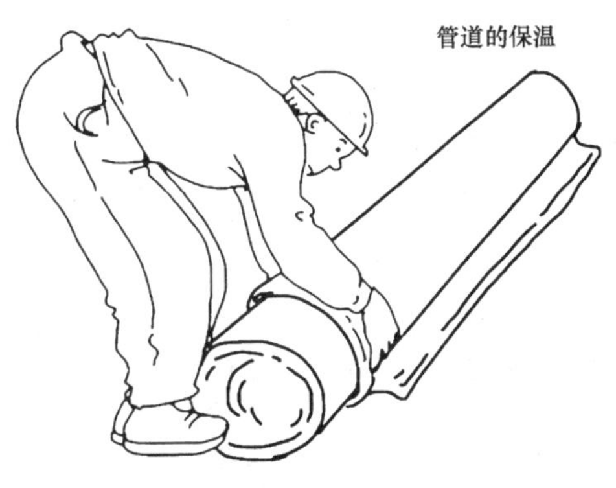

图3-117　管道的保温

保温和保冷是有区别的，保温结构一般情况下不设防潮层，而保冷结构的绝热层外要设防潮层。虽然保温与保冷有所区别，但往往不严格区分，统称为保温。

室内给水排水管道一般只有防结露的要求。

保温材料应具有：导热系数小，密度在400kg/m^{3}以下；有一定强度和耐温性能；对潮湿、水分有一定抵抗力；不含有腐蚀性物质、不易燃；造价低和便于施工等性质。

目前，保温材料的种类较多，比较常用的有岩棉（图3-118）、矿渣棉、玻璃棉、珍珠岩（图3-119）、硅藻土以及聚氨酯泡沫塑料、聚苯乙烯泡沫塑料、橡塑等。具体选材应根据设计确定，使用时要依据厂家产品说明书中的要求操作。

（1）一般规定

1）保温施工应在除锈、防腐和系统试压合格后进行，注意并保持管道和设备外表的清洁干燥。冬雨期施工应有防冻、防雨措施。

图 3-118　岩棉

图 3-119　珍珠岩

2）保温结构层应符合设计要求。一般保温结构由绝热层、防潮层和保护层组成。有的要求外表面涂不同颜色和识别标志等。

3）保温层的环缝和纵缝接头不得有空隙，其捆扎铁丝或箍带间距为 150~200mm，并应扎牢。防潮层、保护层搭接宽度为 30~50mm。

4）防潮层应严密，厚度均匀，无气孔、鼓泡和开裂等缺陷。

5）石棉水泥保护层，应有镀锌铁丝网，抹面分两次进行，要求平整、圆滑、无显著裂缝。

6）缠绕式保护层，重叠部分为带宽的 1/2。应裹紧、不得有皱褶、松脱和鼓包。起点和终点扎牢并密封。

7）阀件或法兰处的保温结构应便于拆装，法兰一侧应留有螺栓的空隙。法兰两侧空隙可用散状保温材料填满。再用管壳或毡类材料绑扎好，再做保护层。

（2）管道保温施工方法

1）保温层施工。保温层的施工方法与使用的保温材料有关，常用的方法有以下几种。

① 涂抹式结构（图 3-120）

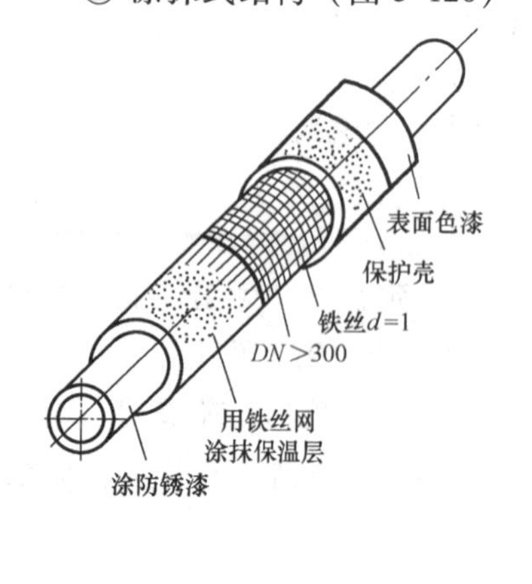

a)

设备外壳
保稳钉
防锈漆两道
保温层
表面色漆
铁丝网保护壳

b)

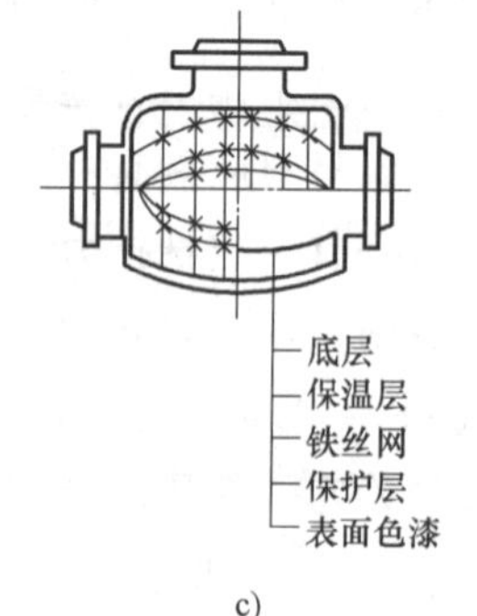

c)

图 3-120　涂抹式结构

a）管道保温　b）设备保温　c）阀门保温

a. 主要材料：石棉硅藻土或碳酸镁石棉粉，加辅料石棉纤维。

b. 配制与涂抹：先将选用的保温材料按比例称量，然后混合均匀，加水调成胶泥状，准备使用。当管径≤40mm 时，保温层厚度较薄，可一次抹好。管径>40mm 时，可分层涂抹，每层涂抹厚度为 10~15mm。等前一层干燥后再涂抹后一层，直到满足保温厚度为止。表面抹光，外面按要求再做保护层。

c. 在立管保温时，自下往上进行，为防止保温层下坠，可分段在管道上焊上支承环。然后再涂抹保温材料。支承环可由 2~4 块扁钢组成。

d. 此方法整体性好、无接缝，适用于任何形状。但它应在环境温度高于 0℃ 的条件下操作，施工周期长、效率低。

② 预制装配式结构（图 3-121）

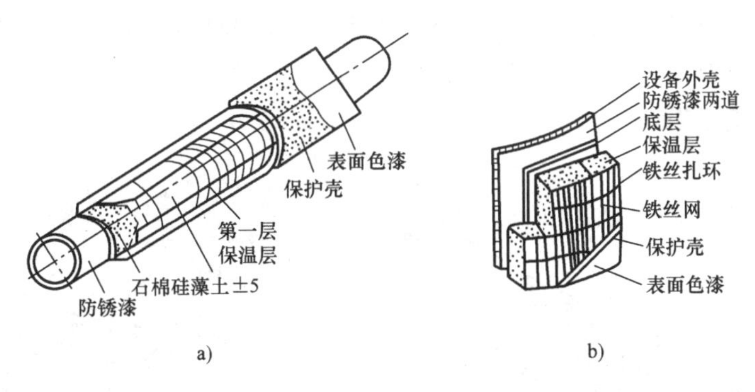

图 3-121 预制装配式结构

a）管道保温 b）设备保温

a. 主要材料：泡沫混凝土、硅藻土、矿渣棉、岩棉、玻璃棉、石棉蛭石、可发性聚苯乙烯塑料等管壳形型材。

b. 操作方法：先将保温材料预制成扇形块状，围抱管道圆周，块数取偶数，最多取 8 块，以便使槽的接缝错开。也可用泡沫塑料、矿渣棉和玻璃棉制成管壳形进行保温。

c. 在预制块装配前，先用石棉硅藻土或碳酸镁石棉粉胶泥涂一层底层，厚度为 5mm。如用矿渣棉或玻璃棉管壳保温，可不抹胶泥。

d. 预制块铺装时，接缝相互错开，接缝用石棉硅藻土胶泥填实。用直径为 1~2mm 的镀锌铁丝捆扎，间距≤300mm，每块预制品至少绑扎 2 处，每处不少于 2 圈，禁止以螺旋式缠绕。

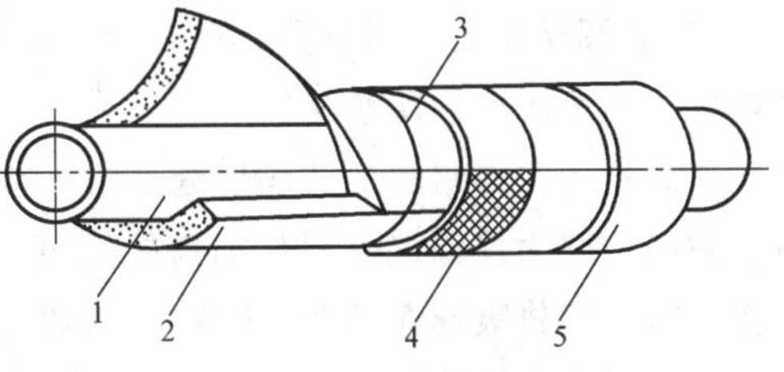

图 3-122 缠包式结构

1—管道 2—保温毡或布 3—镀锌铁丝 4—镀锌铁丝网 5—保护层

③ 缠包式结构（图 3-122）

a. 主要材料：沥青矿渣棉毡、岩棉保温毡和玻璃棉毡等制作成片状或带状。

b. 操作方法：先按管径大小，将棉毡剪裁成适当宽度的条块，再把这种条块缠包在已做好防腐层的管子上。包缠时应将棉毡压紧，边缠、边压、边抽紧，使保温后的密度达到设计要求。如果一层棉毡的厚度达不到保温层厚度时，可用多层分别缠包，要注意两层接缝错开。每层纵横向接缝处用同样的保温材料填充，纵向接缝应放置在管顶上部。

c. 当保温层外径小于500mm时，保温层外面用直径为1.0~1.2mm的镀锌铁丝绑扎，间距为150~200mm。每处绑扎的铁丝不少于两圈，禁止使用螺旋状缠绕。当保温层外径大于500mm时，除用镀锌铁丝绑扎外，还应用网孔为30mm×30mm的镀锌铁丝网包扎。缠包的材料要平整、无皱、压缝均匀。始末端接头要处理牢固。

④ 填充式保温结构（图3-123）

a. 主要材料：玻璃棉、矿渣棉和泡沫混凝土等，填充在管壁周围和设备外包的特制套子或铁丝网内。

b. 操作方法：施工时，先焊上支承环，然后套上铁丝网或特制套子，用铁丝与支承环扎牢。再用保温材料填充管子周围和设备外壳。这种方式在施工时，保温材料有较多粉末飞扬，影响施工环境卫生。

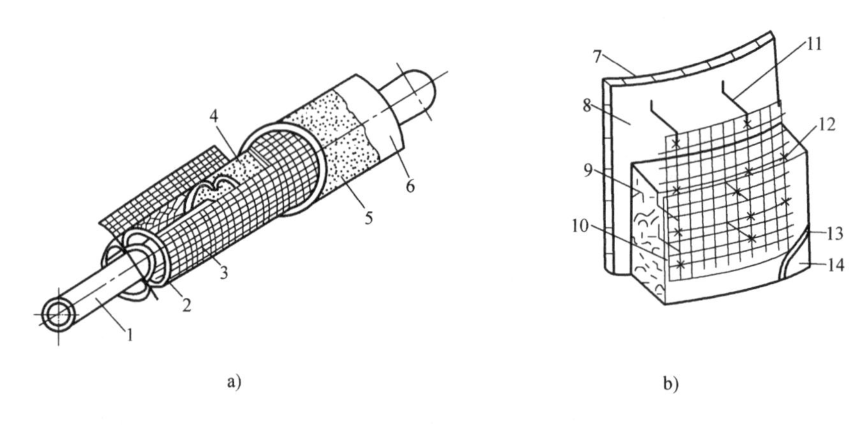

图3-123　填充式保温结构

a）管道保温　b）设备保温

1—表面色漆　2—保护壳　3—第一层保护层　4—硅藻土±5mm　5—石棉
6—防锈漆　7—设备外壳　8—防锈漆两道　9—底层　10—保温层
11—铁丝扎环　12—铁丝网　13—保护壳　14—表面色漆

2）防潮层施工。目前用作防潮层的材料有两种，一种是以沥青为主的防潮材料，另一种以聚乙烯薄膜作为防潮材料。

以沥青为主体材料的防潮层施工时，首先剪裁下料，对于用油毡进行包裹法操作时，油毡剪裁的长度为保温层外周长加搭接宽度（一般为30~50mm）。对于用玻璃丝布进行包缠法操作时，应将玻璃布剪成条带状，其宽度视管子保温层外径大小而定。开始包缠防潮层之前，先在保温层上涂刷一层1.5~2.0mm厚的沥青或沥青玛蹄脂，然后即可将油毡或玻璃丝布包缠在保温层上。纵向接缝应放在管子侧面，接头向下，接缝用沥青或玛蹄脂封口，外面再用镀锌铁丝捆扎，铁丝接头不得刺破防潮层。油毡或玻璃丝布包缠好以后，再刷一层沥青或玛蹄脂。

3）保护层施工。保护层常用的材料和形式有：单独用玻璃丝布缠包的保护层；石棉石膏或石棉水泥保护层；沥青油毡和玻璃丝布构成的保护层及金属薄板加工的保护层等。

① 单独用玻璃丝布包缠的保护层。单独用玻璃丝布缠包于保温层或防潮层外面，其操作和要求与防潮层做法相同，多用于室内不易碰撞的管道。对于没设防潮层而又处于渐潮湿环境中的管道，为防止保温材料受潮，可先在保温层上涂刷一层沥青或沥青玛蹄脂，再将玻璃丝布缠包在保温层上。

② 石棉石膏及石棉水泥保护层。首先按一定配比，将石棉石膏或石棉水泥加水调制成胶泥待用。如保温层外径小于200mm，用胶泥直接涂抹在保温层或防潮层上；如外径≥200mm，先用镀锌铁丝网包裹加强后，再涂抹胶泥。当保温层或防潮层的外径小于或等于500mm时，保护层厚度为10mm时，否则厚度为15mm。

涂抹保护层一般分两次进行（图3-124）。待第一层稍干后，再进行第二遍涂抹，其表面光滑平整，不得有明显的裂纹。

③ 金属薄板保护壳。作为保护壳的金属板一般采用薄铝板、镀锌铁皮和黑铁皮，板厚根据保护层直径而定。

金属薄板保护壳预先根据使用对象和形状、连接方式用手工或机械加工成型，再到现场安装到保温层或防潮层表面上。

安装金属保护壳，应紧贴在保温层或防潮层上，纵横向接口缝连接有利于排水，纵向接缝放置在背视一侧，接缝常用自攻螺钉固定，其间距为200mm左右。安装有防潮层的金属保护壳时，防止用自攻螺钉刺破防潮层，可改用镀锌铁皮包扎固定。

2. 管道的防腐

（1）防腐作业的准备工作

1）一般应在系统试压合格后，再进行管道和设备的防腐。

2）主要材料底漆（图3-125）、面漆及沥青等应有产品合格证或分析检验报告，并符合设计要求。

图3-124 涂抹保护层

图3-125 底漆

3）现场进行防腐操作应有足够的场地，环境温度应在5℃以上进行，否则应采取冬期施工措施。

4）备齐防腐操作所需机具，如钢丝刷、除锈机、砂轮机、空压机、喷枪等。

（2）防腐作业

1）管道的清理和除锈。若管道和设备表面锈蚀，应采用人工、机械或化学方法去掉表面的氧化皮和污垢，直到露出金属本色，再用棉丝擦净。

2）防腐层涂刷

① 人工涂刷：先将漆搅拌均匀，一般应添加10%~20%稀释剂。开始先试刷，检验其颜色、稠度，合格后再开始涂刷，涂刷时应注意表面不得有流淌、堆积或漏刷等现象。

② 机械喷涂：稀释剂的添加量略多于人工操作涂刷。喷涂时，漆流要与被涂面垂直，喷枪的移动要均匀平稳。

3）涂料防腐一般要求

① 明装管道及设备：刷一道防锈漆、两道面漆。对保温及防结露管道与设备刷两道防锈漆。

② 暗装管道：刷两道防锈漆，等第一道防锈漆干透后再刷第二道。

③ 直埋管道：镀锌钢管、钢管的直埋管道防腐应根据设计要求决定，如设计无规定时，可按表3-20的规定选择防腐层。卷材与管材间应贴牢固，无空鼓、滑移、接口不严等缺陷。

表3-20 管道防腐层种类

防腐层层次	正常防腐层	加强防腐层	特加强防腐层
（从金属表面起）1	冷底子油	冷底子油	冷底子油
2	沥青涂层	沥青涂层	沥青涂层
3	外包保护层	加强包扎层（封闭层）	加强保护层
			（封闭层）
4		沥青涂层	沥青涂层
5		外保护层	加强包扎层
			（封闭层）
6			沥青涂层
7			外包保护层
防腐层厚度不小于/mm	3	6	9

本章小结及综述

1. 塑料管道除特有的物理性能和优良的化学性能外，还具有良好的卫生性能。在饮用给水工程中，塑料管道取代传统镀锌钢管后，能有效地大幅较少镀锌废液的产生，起到抑制污染的作用，而且减少了人们在饮用水工程中二次污染对身体健康的危害，提高了生活质量。

2. 由于搬运装卸过程中的挤压、碰撞，管子往往产生弯曲变形，这就给装配管道带来困难，因此在使用前必须进行调直。

3. 管道连接是指按照设计图的要求，将已经加工预制好的管段连接成一个完整的系统，以保证其使用功能正常。施工中，根据所用管子的材质选择不同的连接方法。铸铁管一般采用承插连接；焊接钢管主要采用螺纹连接、焊接和法兰连接；无缝钢管、有色金属以及不锈钢管只能采用焊接和法兰连接；而塑料管可采用粘接、热熔连接等。

4. 为了正确支承管道，满足管道补偿、热位移和防止管道振动，防止管道对设备产生推力等要求，管道敷设应正确设计和施工管道的支架和吊架。

第4章 采暖工程

本章重点难点提示

1. 熟悉室内采暖系统的分类及组成。
2. 掌握干管安装、立管安装、支管安装及法兰安装的施工工艺。
3. 掌握直埋敷设、地沟敷设、架空敷设的施工工艺。
4. 熟悉管道煨弯、管道配件安装的具体方法。

4.1 室内采暖系统安装

1. 室内采暖系统分类与组成

冬季比较寒冷的地区，室外气温低于室内温度，室内的热量不断地传向室外，若室内无采暖设备，室内温度就会降到人们所要求的温度以下。

采暖就是将热量以某种方式供给建筑物，以保持一定的室内温度。图4-1为集中供热系统。

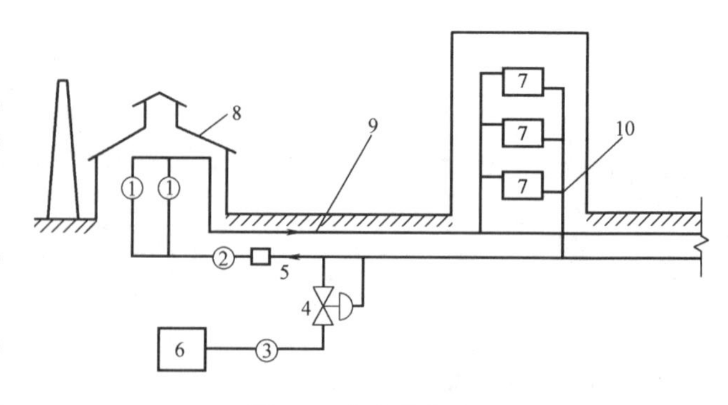

图4-1 集中供热系统

1—热水锅炉 2—循环水泵 3—补给水泵 4—压力调节阀 5—除污器 6—补充水处理装置 7—采暖散热器 8—集中采暖锅炉房 9—室外输热管道 10—室内采暖系统

（1）热水采暖系统 热水采暖系统（图4-2）是目前广泛使用

的一种采暖系统，适用于民用建筑与工业建筑；按照系统循环的动力可分为自然循环热水采暖系统和机械循环热水采暖系统。

图 4-2 热水采暖系统

1）自然循环热水采暖系统。如图 4-3 所示，自然循环热水采暖系统由加热中心（锅炉）、散热设备、供水管道（图中实线所示）、回水管道（图中虚线所示）和膨胀水箱等组成。膨胀水箱设于系统最高处，以容纳水受热膨胀而增加的体积，同时兼有排气作用。系统充满水后，水在加热设备中逐渐被加热，水温升高而相对密度变小，同时受自散热设备回来密度较大的回水驱动，热水在供水干管内上升流入散热设备，在散热设备中热水放出热量，温度降低，水的相对密度增加，沿回水管内流回加热设备，再次被加热。水被连续不断地加热、散热、流动循环。这种循环被称为自然循环（或重力循环）。仅依靠自然循环作用压力作为动力的热水采暖系统称为自然循环热水采暖系统。自然循环热水采暖系统主要分为单管和双管两类。

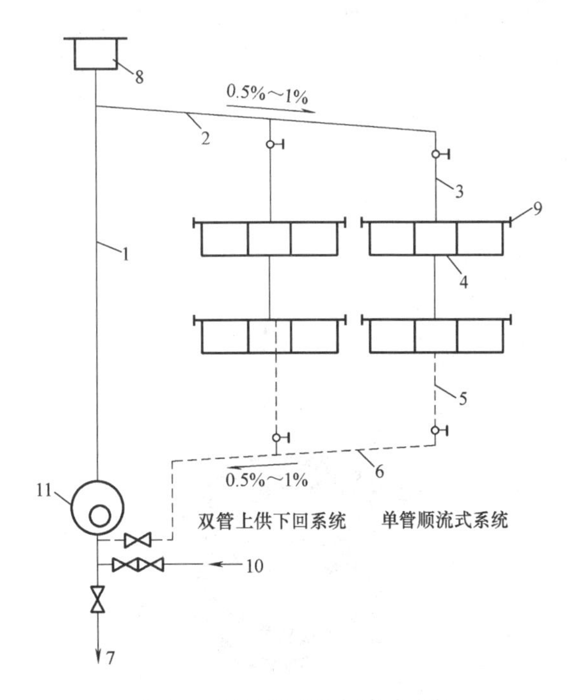

图 4-3 自然循环热水采暖系统

1—总立管 2—供水干管 3—供水立管 4—散热器支管 5—回水立管 6—回水干管 7—泄水管 8—膨胀水箱 9—散热器放风阀 10—充水管 11—锅炉

在没有设置集中采暖系统的住宅建筑中，居民往往采用较为实用的简易散热器采暖系统。图 4-4 为一简易散热器采暖系统：高于膨胀水箱的透气管解决了水平管排气问题；置于炉口的再加热器加大了循环动力。加热设备如图 4-5 和图 4-6 所示，是在普通的燃煤取暖炉内加设水套或盘管，这样既能达到采暖的目的，又不误烧水做饭。

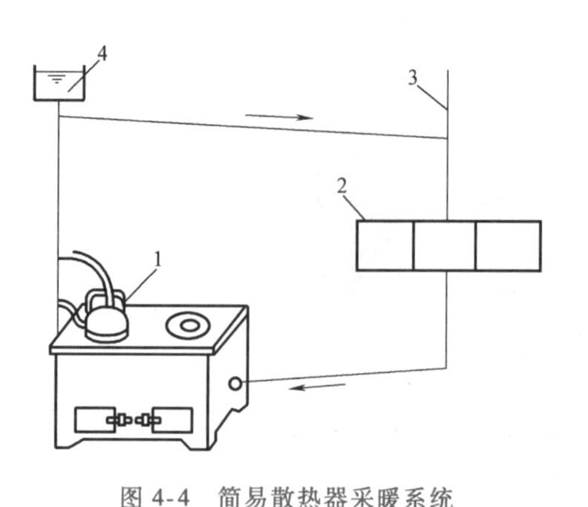

图 4-4 简易散热器采暖系统

1—再加热器 2—散热器 3—通气管 4—膨胀水箱

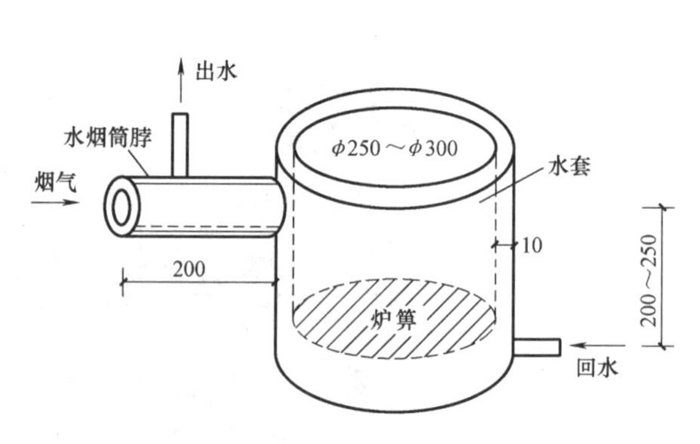

图 4-5 水套式加热设备

2）机械循环热水采暖系统。机械循环热水采暖系统是依靠水泵提供的动力克服流动阻力使热水流动循环的系统。它的循环作用压力比自然循环系统大得多，且种类多，应用范围也更广泛。

图 4-7 为机械循环热水采暖系统。这种系统是由热水锅炉、供水管路、散热器、回水管路、循环水泵、膨胀水箱、集气罐（排气装置）、控制附件等组成的。机械循环系统与自然循环系统相比，最为明显的不同是增设了循环水泵和集气罐，另外膨胀水箱的安装位置也有所不同。循环水泵是驱动系统循环的动力所在，通常位于回水干管上；膨胀水箱的设置地点仍是采暖系统的最高点，但只起着容纳系统中多余膨胀水的作用。膨胀水箱的连接管连接在循环水泵的吸入口处，这样可以使整个采暖系统均处于正压工作状态，从而避免系统中热水因汽化影响其正常的循环。为保证系统运行正常，需要及时顺利地排除系统中的空气。所有

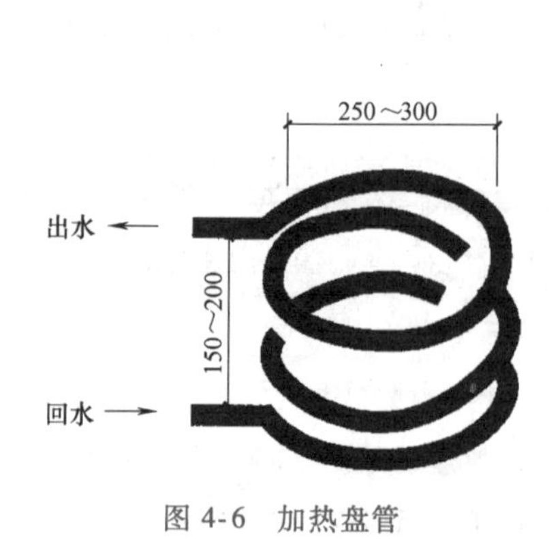

图 4-6 加热盘管

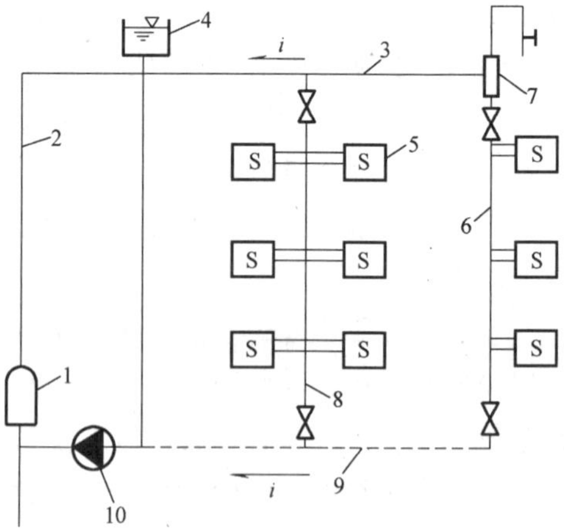

图 4-7 机械循环热水采暖系统（单管式）

1—热水锅炉 2—供水总立管 3—供水干管 4—膨胀水箱 5—散热器 6—供水立管 7—集气罐 8—回水立管 9—回水干管 10—循环水泵（回水泵）

采暖管网的布置与敷设应有利于将空气排入管网的最高点——集气罐中，如图4-7所示。在这种机械循环上供下回式采暖系统中，供水干管沿着水流方向应有向上的坡度，便于将系统中的空气聚集在干管末端的集气罐内。

机械循环热水采暖系统的作用压力比自然循环热水采暖系统的作用压力大得多。所以，热水在管路中的流速较大，管径较小，起动容易，采暖方式较多，应用范围较广。

（2）蒸汽采暖系统　蒸汽采暖系统是以水蒸气作为热媒的，饱和水蒸气凝结时，可以放出数量很大的汽化潜热，这个热量可通过散热器传给房间。

图4-8为蒸汽采暖系统工作原理图。水在蒸汽锅炉里被加热，产生一定压力的饱和蒸汽，蒸汽靠本身压力在管道内流动，在散热器内冷却放出汽化潜热，变成冷凝水，经凝结水管回到锅炉，继续加热产生新的蒸汽，连续不断地工作。

蒸汽压力（表压）低于0.7MPa的称为低压蒸汽，高于0.7MPa的称为高压蒸汽。低压蒸汽多用于民用建筑供暖，高压蒸汽多用于工业建筑供暖。

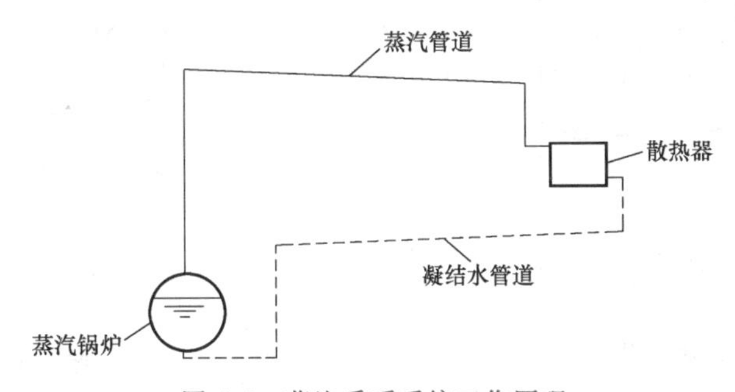

图4-8　蒸汽采暖系统工作原理

2. 干管安装

室内采暖系统中，采暖干管是指采暖管与回水管及数根采暖立管相连接的水平管道部分，分为供水干管（或蒸汽干管）及回水干管（或凝结水管）两类。当采暖干管安装在地沟、管廊、设备层、屋顶内时，应做保温层；而明装于顶层板下和地面时可不做保温。

不同位置的采暖干管安装时机不同：位于地沟的采暖干管，在已砌筑完清理好的地沟、未盖沟盖板前进行；位于顶层的采暖干管，在结构封顶后安装；位于顶棚内的采暖干管，应在封闭前进行；位于楼板下的采暖干管，在楼板安装后进行。

（1）施工工艺流程　画线定位→支吊架安装→管段加工预制→管道安装→试压。

（2）施工工艺

1）画线定位。根据施工图所要求的干管走向、位置、标高和坡度，检查预留孔洞，挂通线弹出管子安装的坡度线；取管沟标高作为管道坡度线的基准，以便于管道支架的制作和安装。挂通线时如干管过长，挂线不能保证平直度时，中间应加铁钎支承，以保证弹画坡度线符合要求。

2）支吊架安装。根据管道坡度确定好支架位置后，将已预制好的支架用1：3水泥砂浆固定在墙上或焊在预埋的铁件上。

3）管段加工预制

① 画线下料。首先绘制施工草图（图 4-9），再按施工草图上标明的实际尺寸，划分出加工管段，分段下料、加工，按环路分组编号，码放整齐。若需焊接，应加工好坡口。

② 变径管加工。变径管用于热水管和蒸汽管时，应加工成偏心大小头，安装时分别为上直或下直；用于凝结水管或回水管一般加工成同心大小头。安装时，大小头的中心线处于同一轴线上，如图 4-10 所示。

图 4-9 绘制施工草图

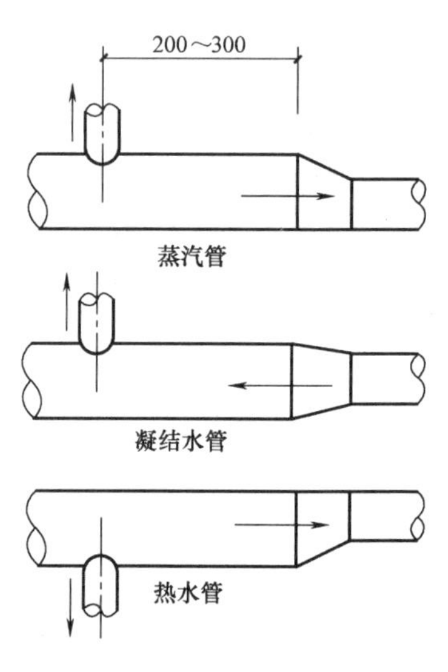

图 4-10 干管变径

③ 羊角弯加工。制作羊角弯时，应煨两个 75°左右的弯头，在连接处锯出坡口，主管锯成鸭嘴形，拼好后首先点焊，找平、找正、找直后，再施焊。羊角弯接合部位的口径必须与主管口径相等，其弯曲半径应为管径的 2.5 倍左右。

4）管道安装

① 检查：管道就位前进行检查、调直、除锈、刷底漆。检查组合管段各部件组装的位置是否与施工草图一致，组装后的管段是否在一条直线上，管端面是否与管子轴线相垂直，应有坡口的管端其坡口质量是否达到要求；检查支架安装位置及强度是否符合设计要求。

② 就位：用人工或机械将组装合格的管道部件依次放置在支架上并做临时固定，依所用支吊架形式不同，操作方法有所不同。干管若为吊卡形式，安装管子前，先把吊棍按坡向、顺序依次穿在型钢上，吊环按间距位置套在管上，再把管抬起穿上螺栓拧上螺母，将管固定。安装托架上的管道时，先将管就位在托架上，在第一节管上装好 U 形卡，然后安装第二节管，以后各节管均照此进行，紧固好螺栓。

③ 管道连接：干管连接应从进户或分支管路开始，连接前应检查管内有无杂物。

a. 管道在地上明设时，可在底层地面上沿墙敷设，过门时设地沟或绕行，如图 4-11 所示。

b. 干管过墙安装分路时，应按图 4-12 所示的方法进行。

c. 干管与分支干管连接时，应避免使用 T 形连接，否则，当干管伸缩时有可能将直径

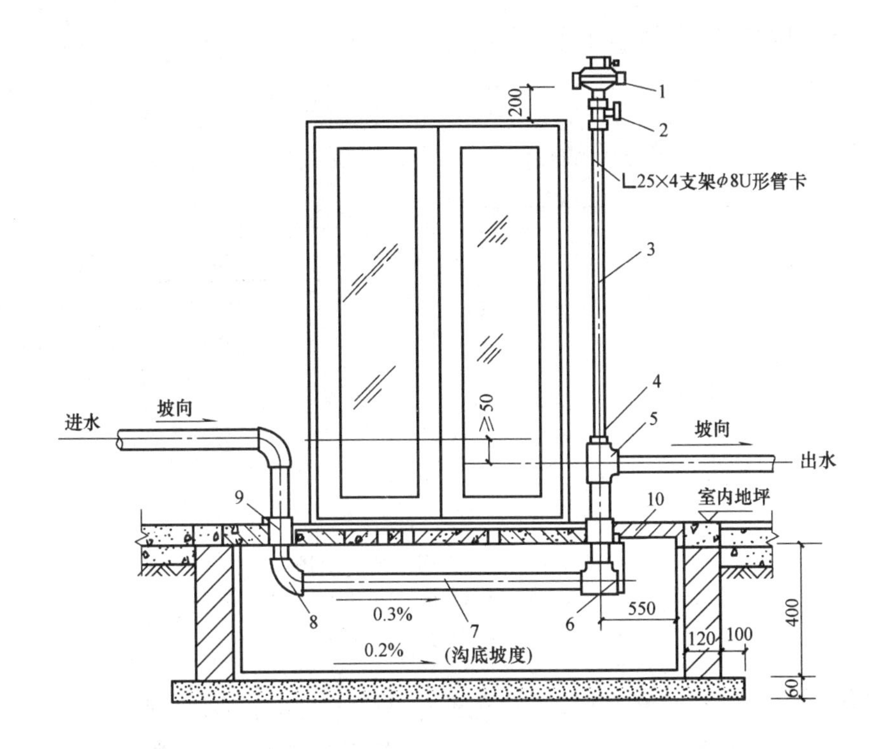

图 4-11 采暖管道过门处理

1—排气阀 2—闸板阀 3—空气管 4—补芯 5—三通
6—螺塞 7—回水管 8—弯头 9—套管 10—盖板

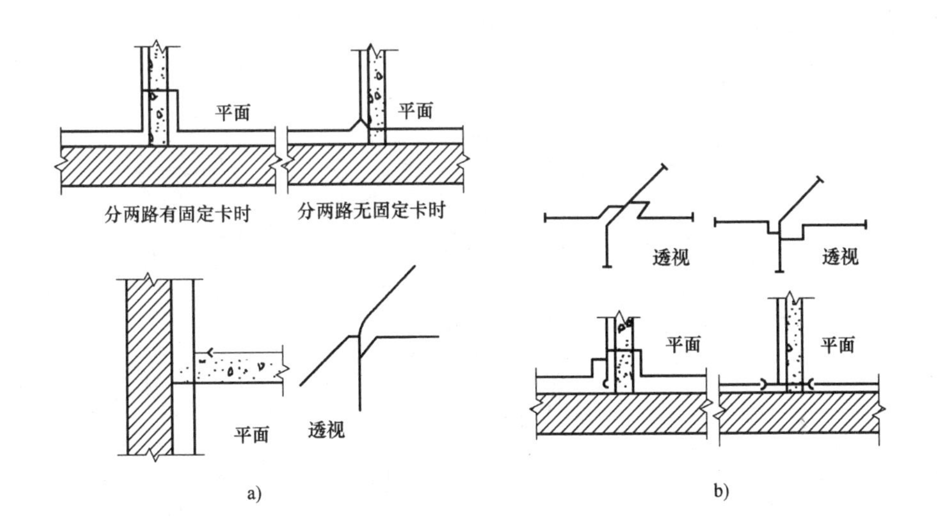

图 4-12 干管过墙安装分路作法

a）分三路无固定卡 b）分三路有固定卡

较小的分支干管连接焊口拉断，正确的连接如图 4-13 所示。当干管与分支干管处在同一平面上的水平连接时，其水平分支干管应用羊角弯管及弯管连接。当分支干管与干管有高差时，分支干管应用弯管从干管上部或下部接出。

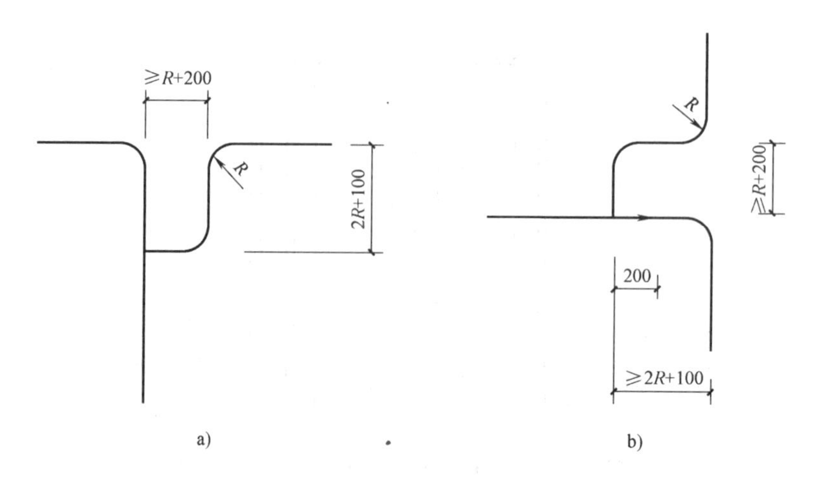

图 4-13　干管与分支干管连接
a）水平连接　b）垂直连接
R—分支管半径

d. 管道螺纹连接时，在丝头处涂好铅油缠好麻，一人在末端扶平管道，另一人在接口处将管相对固定。对准螺扣，慢慢转动入扣，用一把管钳咬住前节管件，用另一把管钳转动管至松紧适度，对准调直时的标记，要求螺扣外露 2~3 扣，并清掉麻头，依此方法装完为止（管道穿过伸缩缝或过沟处，必须先穿好钢套管）。

e. 管道焊接连接时（图 4-14），从第一节开始，管子就位找正，对准管口使预留口方向准确；找直后用点焊固定，校正、调直后施焊，焊完后保证管道正直。

图 4-14　管道焊接连接

f. 遇有补偿器，应在预制时按规范要求做好预拉伸，并做好纪录；按位置固定，与管道连接好。波形补偿器应按要求位置安装好导向支架和固定支架，并分别安装阀门、集气罐等附属设备。

g. 支架固定。管道安装完，检查坐标、标高、预留口位置和管道变径等是否正确，然后找直，用水平尺校对复核坡度。合格后，调整吊卡螺栓 U 形卡，使其松紧适度，平正一致，最后焊牢固定卡处的止动板。

h. 套管固定。穿墙套管如图 4-15 所示，注意调整干管与套管同心，且二者管径相差 1~2号，填堵管洞，预留口处应加好临时管堵。

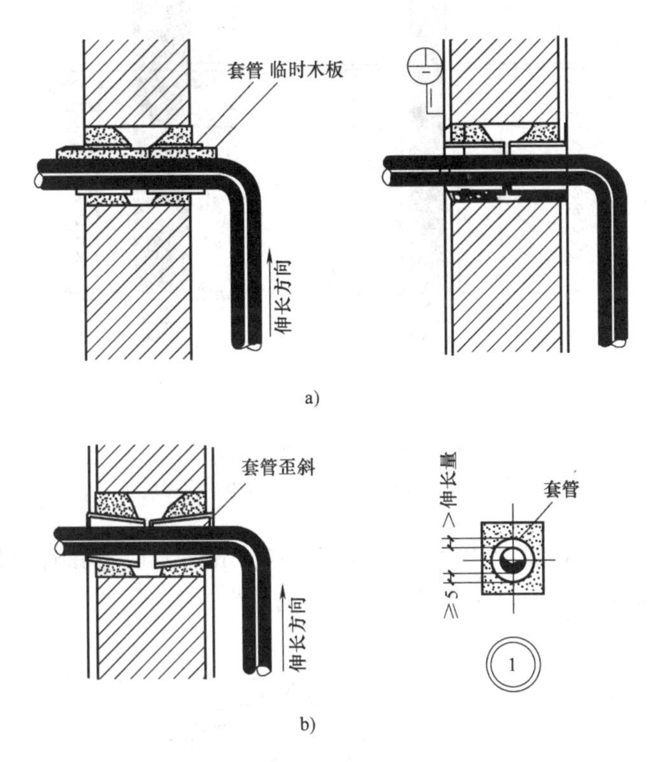

图 4-15 穿墙套管的做法

a）正确做法 b）错误做法

5）试压。干管安装完毕后，应进行阶段性的管道试压，以便进行该管段的涂装和保温工作。室内采暖系统的压力试验通常采用水压试验。

3. 立管安装

立管安装一般在抹灰后散热器安装完毕后进行，如需在抹地板前安装，要求土建的地面标高必须准确。

（1）施工工艺流程 预留孔洞检查→管道安装。

（2）施工工艺

1）预留孔洞检查。检查和复核各层预留孔洞是否在垂直线上。

2）管道安装

① 穿越楼板套管。立管穿过楼板套管的做法如图 4-16 所示，其上部同心收口的套管用于普通房间的采暖立管；下部端面收口的套管用于厨房或卫生间的立管。

② 管道连接。按编号从第一节开始安装，一般两人操作为宜（图 4-17）。先在立管甩口，经测定吊直后，卸下管道抹油缠麻（或石棉绳），将立管对准接口的螺扣扶正角度慢慢转动入扣，直到手拧不动为止。用管钳咬住管件，另一把管钳拧管，拧到松紧适度并对准调

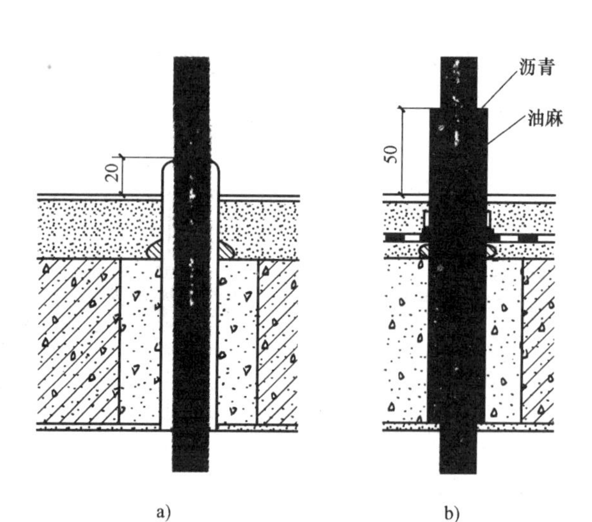

图 4-16　穿越楼板套管做法
a）普通房间做法　b）厨房或卫生间做法

直时的标记要求，螺扣外露 2~3 扣为好。预留口应平正，及时清除管口外露麻丝头。依此顺序向上或向下安装到终点，直至全部立管安装完。

图 4-17　管道连接

③ 立管与干管连接。采暖干管一般布置离墙面较远，需要通过干管、立管间的连接短管使立管能沿墙边而下，少占建筑面积，还可减少干管膨胀对支管的影响，这些连接管的连接形式如图 4-18 所示。

④ 立管与支管垂直交叉处置。当立管与支管垂直交叉时，立管应设半圆形让弯绕过支管，具体做法如图 4-19 所示。

⑤ 立管与预制楼板承重部位相碰做法。此时，应将钢管弯制绕过，可在安装楼板时，把立管弯成乙字弯（又称来回弯）；也可以采用图 4-20 所示的方法，将立管缩进墙内。

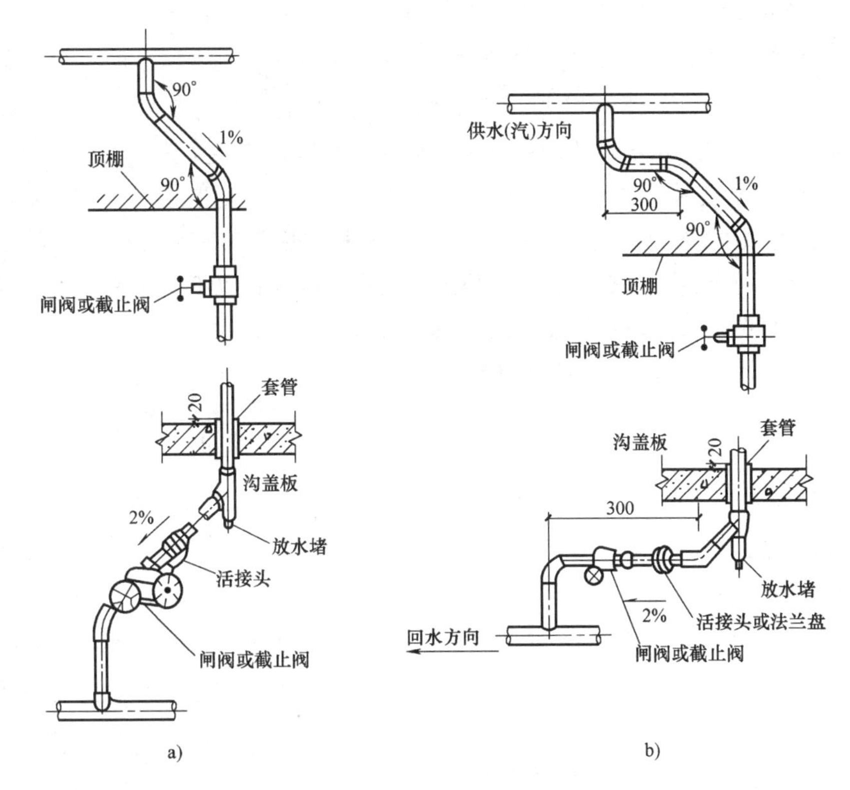

图 4-18　干管、立管连接形式

a）两弯头连接　b）三弯头连接

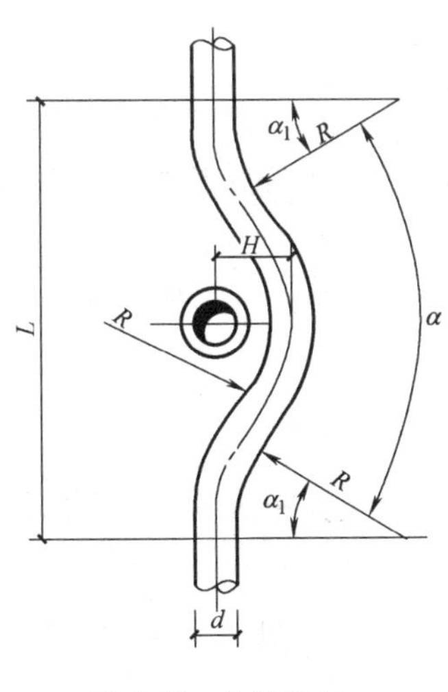

图 4-19　让弯加工

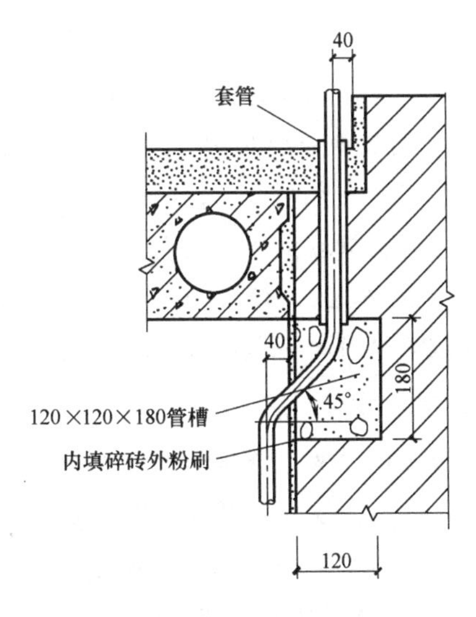

图 4-20　立管缩墙安装

⑥ 立管固定。检查立管的每个预留口标高、方向、半圆弯等是否准确、平正。将事先栽好的管卡子松开，把管放入卡内拧紧螺栓，用吊杆、线锤从第一节管开始找好垂直度，扶

正钢套管，填塞套管与楼板间的缝隙，加好预留口的临时封堵。

4. 支管安装

支管与散热器的连接如图 4-21 所示，支管从散热器上单侧或双侧接入，回水支管从散热器下部接出，同时在底层散热器的支管上装设阀门，以调节该立管的流量。散热器支管安装应有坡度，单侧连接时，供回水支管的坡降值为 5mm；双侧连接时为 10mm；对蒸汽采暖，可按 1%安装坡度施工。支管安装应在做完墙面和散热器安装后进行，注意支管与散热器之间不应强制进行连接，以免因受力造成渗漏或配件损坏；也不应用调整散热器位置的方法，来满足与支架的连接，以免散热器的安装偏差过大。

（1）施工工艺流程　散热器与立管检查→管道安装→试压与冲洗。

（2）施工工艺

1）散热器与立管检查。用量尺检查散热器安装位置及立管预留口是否准确。

2）管道安装

① 管段预制：测量支管尺寸和灯叉弯的大小（散热器中心距墙与立管预留口中心距墙之差），按量出支管的尺寸，减去灯叉弯量，然后断管、套螺纹、煨灯叉弯和调直。若遇立支管变径，不宜使用铸铁补芯，应使用变径管箍或焊接法。

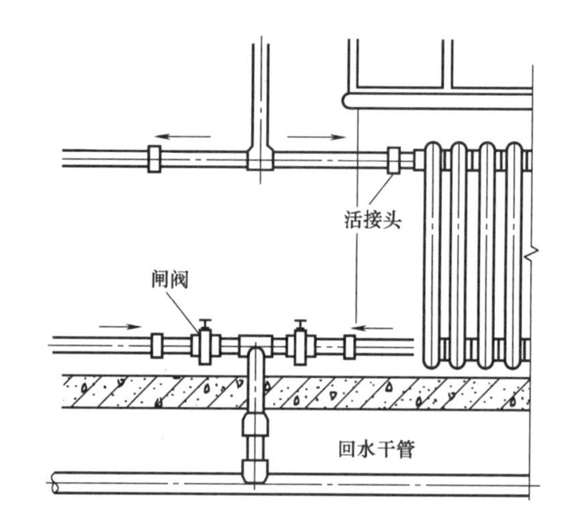

图 4-21　支管与散热器的连接

② 试安装：将预制好的管子在散热器补芯和立管预留口上试安装，若不合适，可用气焊烘烤或用煨管器调整，但必须在丝头 50mm 以外见弯。

③ 支管安装：将预制好的灯叉弯两头抹铅油缠麻，上好活接头。安装活接头时，注意子口一头安装在来水方向，母口一头安装在去水方向，不得安反。连接好散热器与立管间的管段，将麻头清理干净。

④ 支管固定：用钢卷尺、水平尺、线锤校正支管的坡度和平行方向距墙尺寸，并复查立管及散热器有无移动，合格后固定套管和堵抹墙洞缝隙。

5. 法兰安装

采暖管道安装，管径小于或等于 32mm 宜采用螺纹联接；管径大于 32mm 宜采用焊接或法兰连接（图 4-22）。所用法兰一般为平焊钢法兰。

平焊钢法兰一般适用于温度不超过 300℃，公称压力不超过 2.5MPa，通过介质为水、蒸汽、空气、煤气等中低压管道。一般用 Q235 或 20 号钢制作。

管道压力为 0.25～1MPa 时，可采用普通焊接法兰（图 4-23a）；压力为 1.6～2.5MPa 时，应采用加强焊接法兰（图 4-23b）。加强焊接是在法兰端面靠近管孔周边开坡口焊接。焊接法兰时，必须使管子与法兰端面垂直，可用法兰靠尺度量（图 4-24），也可用角尺代用。检查时需从相隔90°的两个方向进行。点焊后，还需用靠尺再次检查法兰的垂直度，可用锤子敲打找正。另外，插入法兰的管子端部，距法兰内端面应为管壁厚度的1.3~1.5倍，以便于焊接。焊完后，如焊缝有高出法兰内端面的部分，必须将高出部分锉平，以保证法兰连接的严密性。

图4-22　法兰

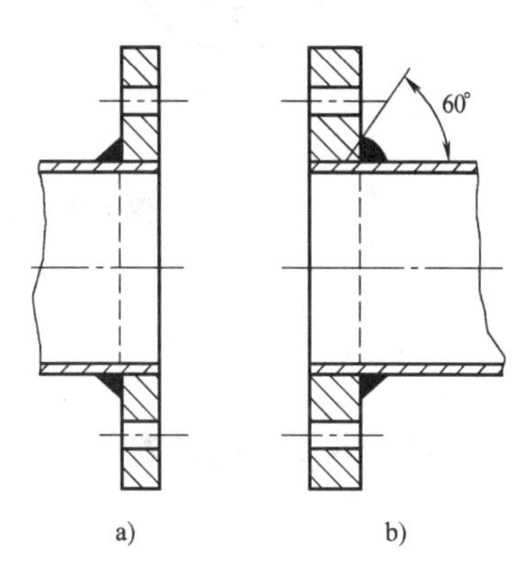

图4-23　平焊法兰

a）普通焊接　b）加强焊接

安装法兰时，应将两法兰对平找正，先在法兰螺孔中预穿几根螺栓（如四孔法兰可先穿三根，如六孔法兰可先穿四根），将制备好的衬垫插入两法兰之间后，再穿好余下的螺栓。把衬垫找正后，即可用扳手拧紧螺栓。拧紧顺序应按对角顺序进行（图4-25 a），不应将某一螺栓一次拧到底，而应是分成3~4次拧到底。这样可使法兰衬垫受力均匀，保证法兰的严密性。

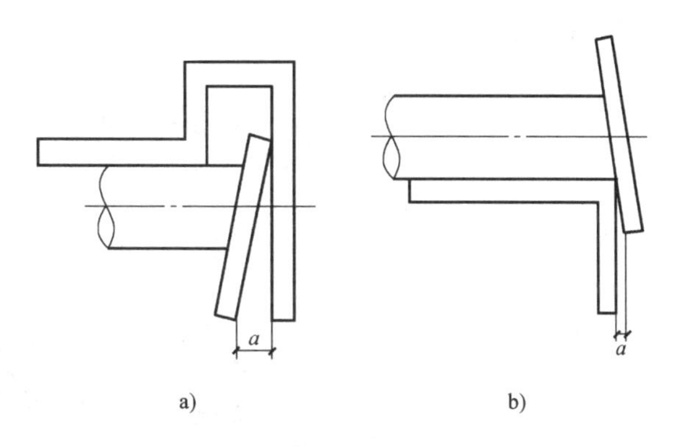

图4-24　检查法兰垂直度

a）用法兰靠尺检查　b）用角尺检查

采暖和热水供应管道的法兰衬垫，宜采用橡胶石棉垫。

法兰中间不得放置斜面衬垫或几个衬垫。连接法兰的螺栓，螺杆伸出螺母的长度不宜大于螺杆直径的1/2。

蒸汽管道绝不允许使用橡胶垫。垫的内径不应小于管子直径，以免增加管道的局部阻力，垫的外径不应妨碍螺栓穿入法兰孔。

法兰衬垫应带“柄”（图4-25 b），“柄”可用于调整衬垫在法兰中间的位置，另外，也与不带“柄”的“死垫”相区别。

“死垫”是一块不开口的圈形垫料，它和形状相同的钢板（约3mm厚）叠在一起，夹在法兰中间，用法兰压紧后能起堵板作用。但须注意：“死垫”的钢板要加在垫圈后方（从被隔离的方向算起），如果把两者的位置搞颠倒了，容易发生事故。

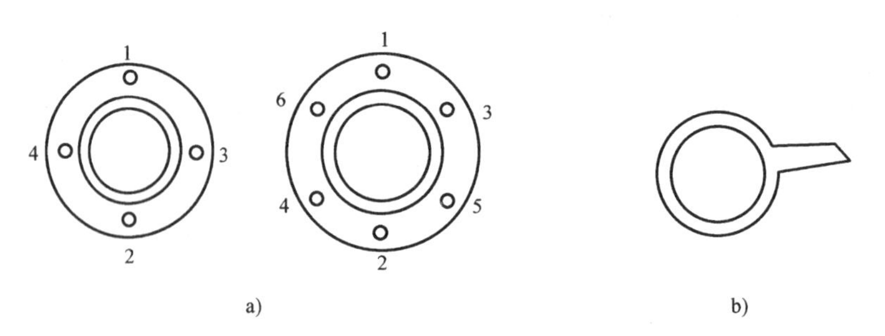

图 4-25 法兰螺栓拧紧顺序与带“柄”垫圈

a）螺栓拧紧顺序 b）带“柄”垫圈

4.2 室外供热管网安装

1. 直埋敷设

直埋敷设是将供热管道直接埋设于土壤中的一种方式。目前采用最多的结构形式为整体式预制保温管，即将采暖管道、保温层和保护外壳三者紧密地粘接在一起，形成一个整体，如图 4-26 所示。

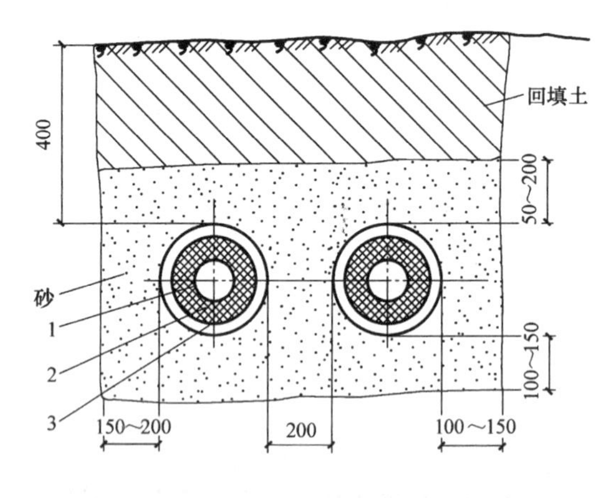

图 4-26 预制保温管直埋敷设

1—钢管 2—保温层 3—保温外壳

预制保温管多采用硬质聚氨酯泡沫塑料作为保温材料，用高密度聚乙烯或玻璃钢作为保温外壳，在工厂或现场制作均可。从国外引进的直埋保温预制结构均设有报警线，用于检测管道泄漏。报警线共有两根，一根是裸铜线，另一根是镀锌铜线。报警线和报警显示器相连，当热力管网中某段直埋管发生泄漏时，立即在报警显示器上显示出故障点。若无报警系统，也可采用超声检漏仪等设备进行检漏。在预制保温管的两端，留有约 200mm 长的裸露钢管，以便焊接连接。

(1) 施工工艺流程　管沟开挖→管道敷设→水压试验→接口保温→回填土夯实。

(2) 施工工艺

1) 管沟开挖（图4-27）。根据设计图纸的位置，进行测量、打桩、放线、挖土、地沟垫层处理等。为便于管道安装，挖沟时将取出的土堆放在沟边侧，土堆底边应与沟边保持0.6~1.0m的距离，沟底要求是自然土壤（即坚实土壤），如果是松土回填或沟底是砾石，要求找平夯实，以防止管道弯曲受力不均。

图4-27　管沟开挖

2) 管道敷设（图4-28）

图4-28　管道敷设

① 管沟检查。管道下沟前，应检查沟底标高、沟宽尺寸是否符合设计要求，保温管应检查保温层是否有损伤，如局部有损伤时，应将损伤部位放在上面，并做好标记，便于统一修理。

② 下管。钢管应先在沟边进行分段焊接以减少固定焊口，每段长度一般以25~35m为宜。在保温管外面包一层塑料薄膜，同时在沟内管道的接口处，挖出工作坑，坑深为管底以下200mm，坑内沟壁距保温管外壁不小于500mm。吊管时，不得以绳索直接接触保温管外

壳，应用宽度为150mm的编织带托住管子。

常用下管方法如图4-29所示。若管径较小、重量较轻时，采用滚动下管、四角塔架下管、三角塔架下管、高凳下管和手拉葫芦下管等人工下管方法；管径较大、重量较重时，一般采用机械下管。

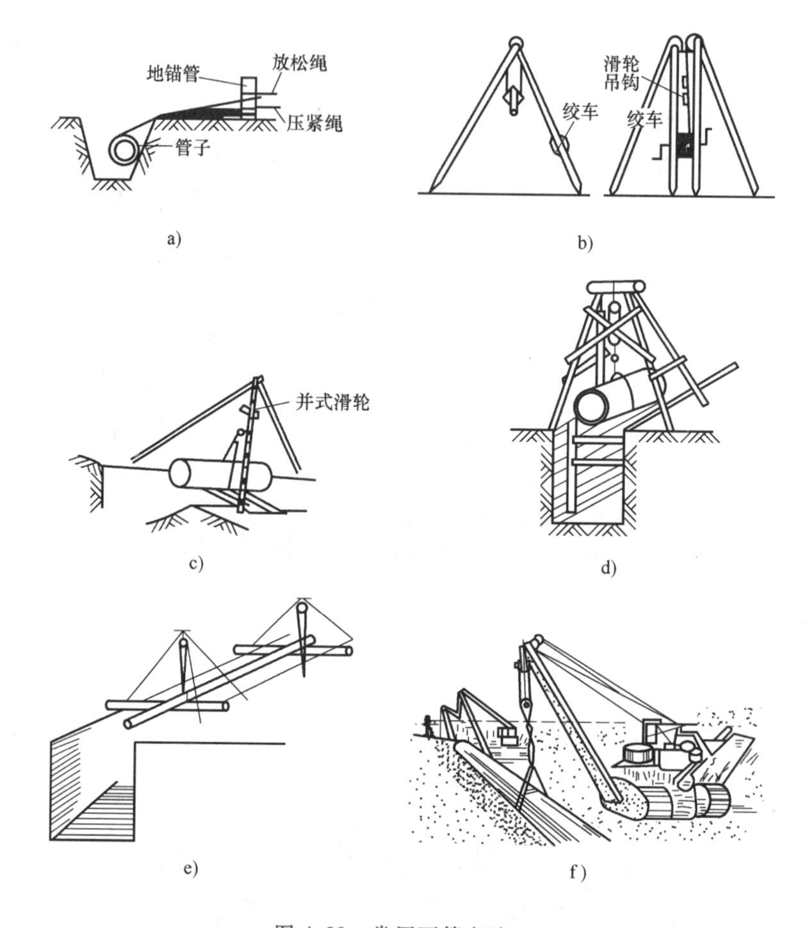

图4-29　常用下管方法

a）滚动下管　b）四角塔架下管　c）三角塔架下管　d）高凳下管　e）手拉葫芦下管　f）机械下管

③ 管子连接。管子就位后，清理管腔找平找直后进行焊接。有报警线的预制保温管，安装前应测试报警线的通断状况和电阻值，合格后再下管进行对口焊接。报警线应装在管道上方。若报警线受潮，应采取预热、烘烤等方式干燥。

④ 管道配附件安装阀门、配件、补偿器支架等，应在施工前按施工要求预先放在沟边沿线，并在试压前安装完毕。

3）接口保温（图4-30）

① 套袖安装接口保温前，首先将接口需要保温的地方用钢丝刷和砂布打净，将套袖套在接口上，套袖与外壳保护管间用塑料热空气焊连接，也可采用热收缩套。两者间的搭接长度每端不小于30mm，安装前须做好标记，保持两端搭接均匀。在套袖两端各钻一个圆锥形孔，以备试验和发泡时使用。

② 接头气密性试验。套袖安装完毕后，发泡前应进行气密性试验。将压力表和充气管接头分别装在两个圆孔上，通入压缩空气，充气压力为0.02MPa。接缝处用肥皂水检查接口是否严密，检查合格后，拆除压力表和充气管接头。

③ 发泡。从套袖一端的圆孔注入配制好的发泡液，另一端的圆孔则用作排气，灌注温度保持在15~35℃之间；操作不能太快，以提供足够的发泡时间，确保保温材料发泡膨胀后能充满整个接头的环形空间。发泡完毕，即用与外壳相同材料注塑堵死两个圆孔。

图4-30 接口保温

4）回填土夯实。回填土时要在保温管四周填100mm细砂，再填300mm素土，用人工分层夯实。管道穿越马路处埋深少于800mm时，应做套管或做成简易管沟加盖混凝土盖板，沟内填砂处理。

2. 地沟敷设

根据地沟尺寸是否适于维修人员通行分为不通行、半通行和通行地沟。

不通行地沟的结构形式如图4-31所示，适用于管道数量少、管径小的采暖系统敷设。

在半通行地沟内，操作人员可以进行管道检查并完成小型修理工作，但更换管道等大修工作仍需挖开地面进行，其结构形式如图4-32所示。

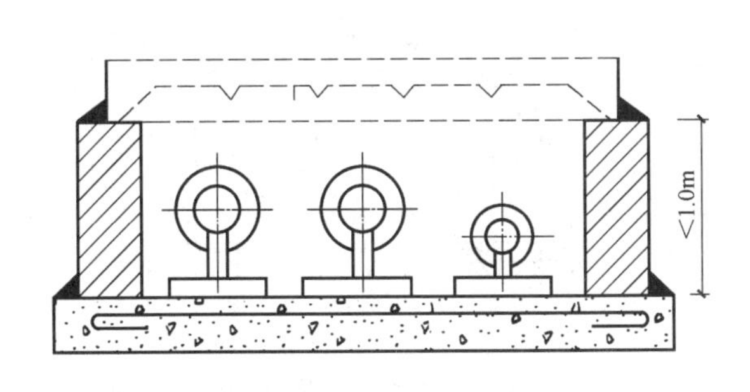

图4-31 不通行地沟

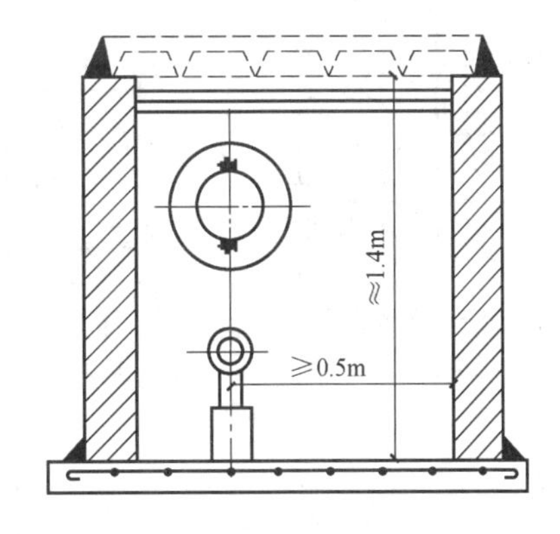

图4-32 半通行地沟

当管道数量多，需要经常检修，或与主要管道、公路或铁路交叉，不允许开挖路面时采用通行地沟，其结构形式如图4-33所示。

地沟的底板与盖板均为钢筋混凝土，沟壁用砖砌筑。也可采用整体式钢筋混凝土综合管沟（图4-34）和预制钢筋混凝土椭圆拱形地沟（图4-35）。

（1）施工工艺流程 管沟砌筑→卡架安装→管道安装→水压试验→防腐保温→加地沟盖板。

（2）施工工艺

1）管沟砌筑。依放线定位→挖土方→砌管沟的工序完成管沟砌筑。各种地沟均应做到严密不透水，沟壁内表面应做防水水泥砂浆抹面。沟底应做不小于 0.02 的坡度，且与管道坡度一致。如果地下水位高于沟底，则应在地沟外表面做沥青油毡防水层或在地沟底部铺设一层砂砾和排水管以降低地下水位。处理好后，应浇筑混凝土支墩，便于安装支架。

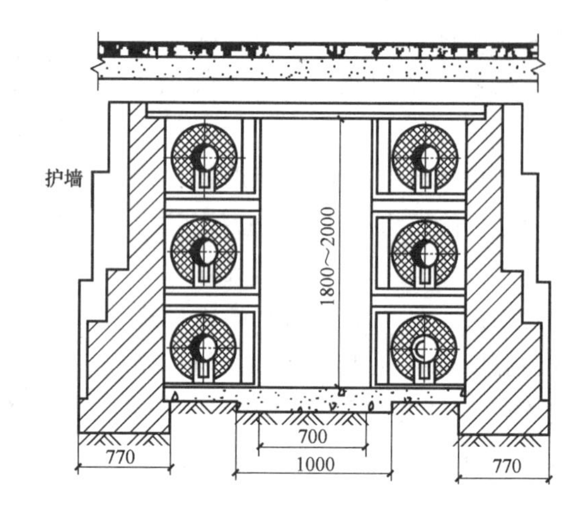

图 4-33　通行地沟

2）地沟支、托、吊架安装

① 检查地沟的宽度、标高和沟底坡度，应与工艺要求一致。

② 在砌筑好的地沟内壁上，先测出相对水平基准线，根据设计要求找好标高，拉上坡度线，按设计的支架间距在沟壁上定位，并打眼。

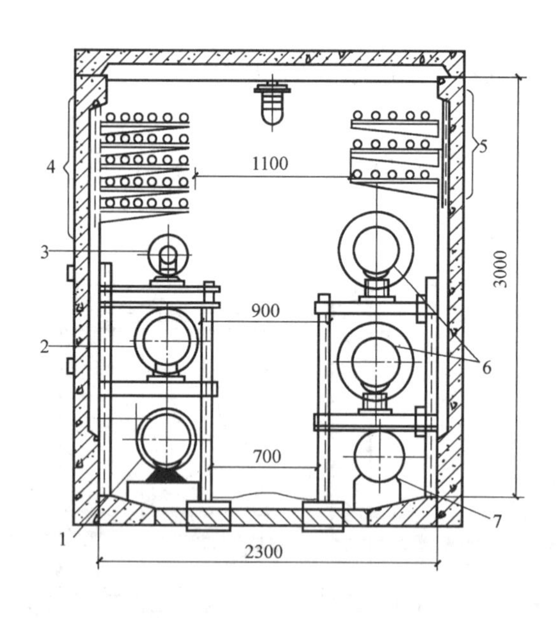

图 4-34　整体式钢筋混凝土综合管沟

1,2—供水管与回水管　3—凝结水管　4—电话电缆　5—动力电缆　6—蒸汽管道　7—自来水管

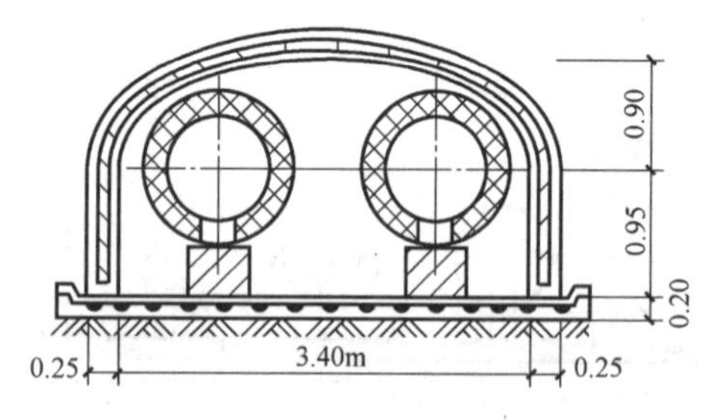

图 4-35　预制钢筋混凝土椭圆拱形地沟

③ 用水浇湿已打好的洞，灌入 1∶2 水泥砂浆，将预制好的刷完底漆的型钢支架栽进洞时，用碎砖或石块塞紧。

④ 若支架一端固定在沟垫层上，则应在垫层施工时预埋铁件，将此端支架焊在铁件上。多根管道共同的支架，应按最小管径确定其最大的间距，坡度坡向相同的管道可以共架，个

别坡度不同的管子，可考虑用悬吊的方法安装。当给水管道和采暖管道同沟时，给水管可用支墩敷设于沟底。支架安装要平直牢固。

3）管道安装

① 管道测绘。管道可根据各种情况先在沟边进行直线测量、排尺，以便下管前进行分段预制焊接和固定口的焊接。尽量减少沟内固定口的焊接。

② 下管。不通行地沟的管道少、管较小、重量轻，地沟及支架结构简单，可以由人力借助绳索直接下沟，落放在支架上，然后进行组对焊接；半通行地沟和通行地沟的构造比较复杂，管道多、直径大、支架数量多，下管时，可采用起重机、卷扬机、手拉葫芦等。同一地沟内有几层管道时，可按图4-36所示的方法安装，按从下至上的顺序完成。

③ 管道焊接。管子上架后，经吹扫清除管内污物，再进行焊接。每根管子的对口、点焊、校正、焊接等应尽量采用转动的活口焊接。

④ 管道调整。使管子与管沟之间的距离以及两管中的间距能保证管子可以横向移动。在同一条管道两个固定支架之间的中心线应成直线，每10m偏差不应超过5mm；整个管段在水平方向的偏差不应超过50mm；垂直方向的偏差不应超过10mm。管道安装时，坐标、标高、坡度、甩口位置、变径等复核无误后，再把吊卡架螺栓紧好，最后焊牢固定处的止动板，管道与支架间不能有空隙，焊口不准放在支架上。

⑤ 管道配附件安装。安装好各种阀门，遇有伸缩器时，应在预制时按规范要求做好预拉伸并做好记录，按设计位置安装。

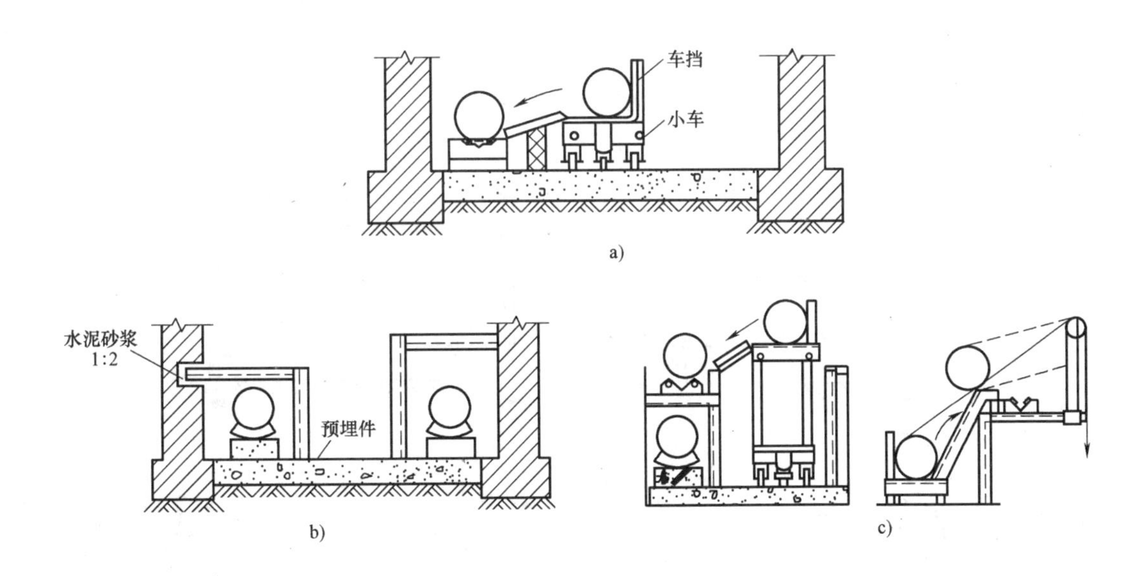

图4-36　地沟采暖管道安装

a）管道置于小车　b）管道置于混凝土垫块　c）管道上架

4）防腐保温。应符合设计要求和施工规范规定，最后将管沟清理干净。

5）加地沟盖板。防腐保温完成后应加盖地沟盖板。地沟盖板应做0.01~0.02的横向坡度，上面覆土层不小于300mm，盖板间、盖板与沟壁间用水泥砂浆或热沥青封缝，防止地面水渗入。

3. 架空敷设

架空敷设是在地面上或附墙支架上的敷设方式。它不受地下水位和土质的影响，便于运行管理，易于发现的消除故障，但占地面积较多，管道热损失大。

架空敷设多采用如图 4-37 所示的独立支架，分为低、中、高三种。低支架设立在不妨碍交通和厂区、街道扩建的地段；中支架设立在人行频繁和非机动车辆通行地段；高支架在跨越公路、铁路或其他障碍物时采用。为了加大支架间距，有时也采用一些辅助结构，如在相邻的支架间附加纵梁、桁架、悬索、桅缆等，构成组合式支架，其中梁式和桁架式适合于较大管径，悬索式和桅缆式适合于较小的管径（图 4-38）。

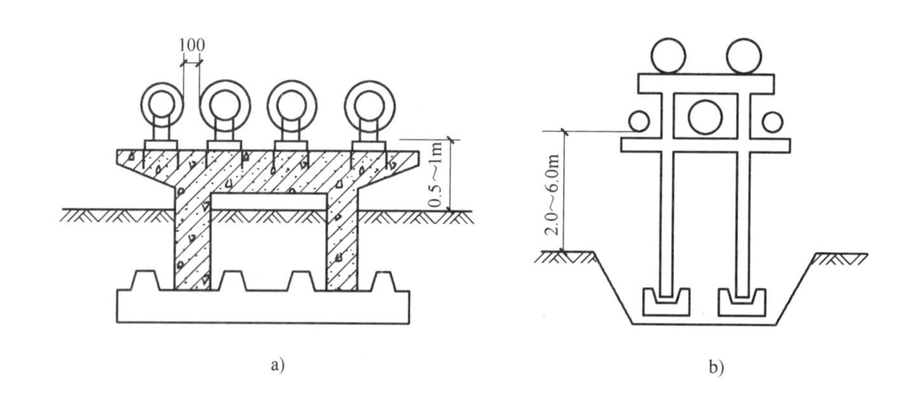

图 4-37　独立支架

a）低支架　b）中、高支架

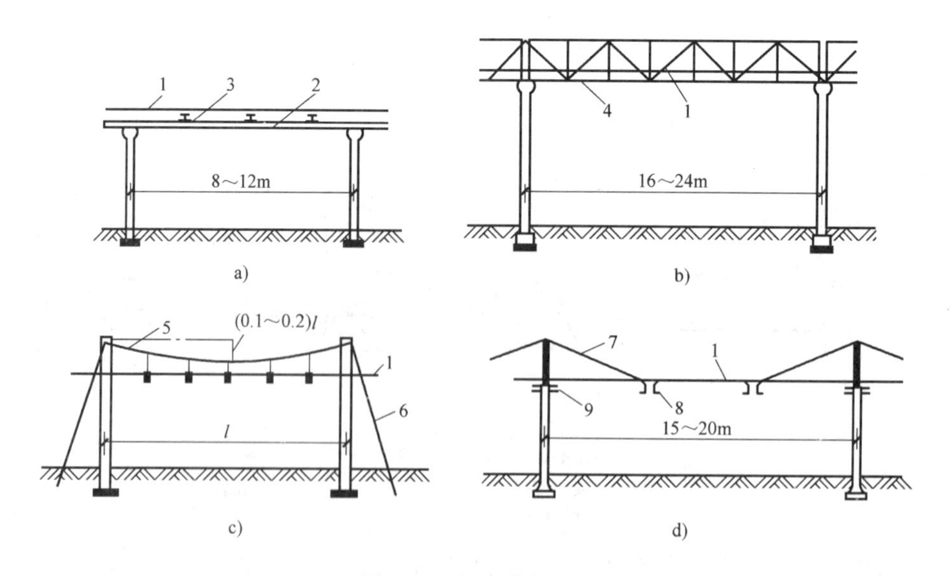

图 4-38　组合支架

a）梁式　b）桁架式　c）悬索式　d）桅缆式

1—管道　2—纵梁　3—横梁　4—桁架　5—钢索　6—钢拉杆　7—斜拉杆　8—吊架　9—支架

（1）施工工艺流程　管架基础施工→管架制作→管架安装→管道安装→水压试验→防腐保温。

（2）施工工艺

1）管架基础施工

① 测量放线。根据施工图纸进行测量，在每个管架位置上打进中心桩，然后用白灰放出管架基础坑位置线。

② 挖土。沿灰线直边切出坑槽边的轮廓线，再分层逐步开挖。出土堆放先向远处甩，挖土距坑槽底约15~20cm处，先预留不挖，在下道工序进行前，再按中心控制桩找平。

③ 混凝土基础施工。按照支承模板检验合格→标志混凝土上皮线→模板浇水湿润→混凝土拌制→混凝土浇筑捣实并找平→养护的流程进行，与土建各个工序和工种要密切配合。基础施工时要注意预留孔洞和预埋铁件的施工。若为预埋地脚螺栓，要注意找直、找正，并注意保护螺扣。

2）管架制作

① 放样。根据设计图纸编制加工草图，按程序进行放样。放样前，将钢平台清理干净，校核画线工具，注意留出焊接收缩量和切割加工余量。然后进行号料。号料时，注意合理排版，节约使用钢材。

② 切割。先对切割区域的钢材表面进行除锈和油污清除，再进行切割。切口上不允许有裂纹、夹层和大于1.0mm的缺陷。

③ 组对焊接。焊接时，根据管架具体结构形式，采取反变形法、刚性固定法、临时固定法、焊接工艺控制变形法等手段，尽量减小焊接变形。焊后须进行检查、复核，有偏差时可以使用火焰加热矫正、纠偏。

3）管架安装

① 管架运输。将预制好的并标有中心标记的管架运至施工现场，按序号放置在基础边。

② 管架就位调整。管架基础达到强度后，根据管架的外形尺寸、重量，采用起重机、卷扬机、三木搭等方法将管架立起，在基础上就位。并随时找正、找直，用事先准备好的楔铁进行调整。

③ 管架固定。管架一般用预埋铁件或地脚螺栓固定。如果采用预埋铁件固定，要严格保证焊接质量；若用地脚螺栓进行连接时，要从四个方向，对称、均匀地拧紧。只有在管架固定牢固后，方允许离开吊杆或临时支撑物。

4）管道安装

① 管架检查和管段组装。在地面进行管道和管件的组装，长度以便于吊装为宜。管道上架前，应对管架的垂直度、标高进行检查。

② 脚手架搭设。高空作业的管架旁应搭设脚手架。其高度以低于管道标高1m为宜，脚手架的宽度为1m左右，考虑到高空保温作业，可适当加宽以便于堆料。

③ 管道吊装。管道吊装如图4-39所示，采用机械或人工起吊均可。管道在吊装过程中，一方面要防止绳索在起重中脱扣或松结，另一方面又要在起吊后容易解开绳扣。绳索绑扎位置要使管子少受弯曲。绑扎管道的绳索吊点位置，应使管道不产生弯曲为宜。一般先吊

装有阀门、三通和弯管的预组装管段，使三通、阀门、弯管中心线处于设计位置上，从而使整体管道定位。已吊装尚未连接的管段，要用支架上的卡子固定好，避免管段从支架上滚落。

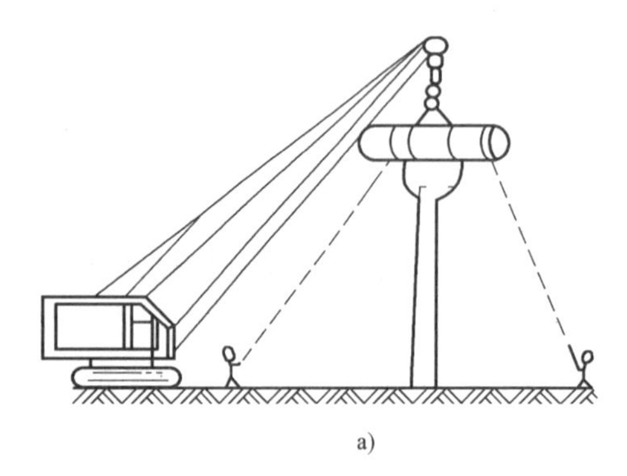

a)

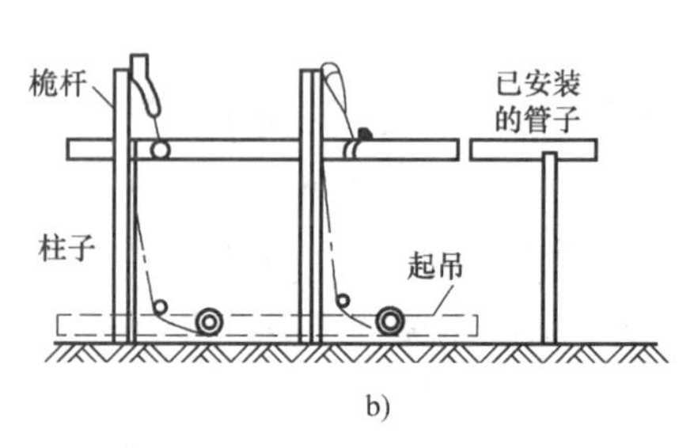

b)

图 4-39　架空管道吊装

a）机械吊装　b）桅杆吊装

④ 管道对口。管道对口时，要防止在接口处塌腰。为此，可在接口处临时设置搭接板，用以辅助对口。管子直径低于 300mm 时，采用弧形托板；其余情况下，可在一根管端点焊角钢搭接板，如图 4-40 所示。

⑤ 管道连接。采用螺纹联接的管道，吊装后随即连接；采用焊接连接时，应在管道全部吊装完毕后再进行，焊缝不许设在托架和支座上，管道间的连接焊缝与支架间的距离应大于 150~200mm。

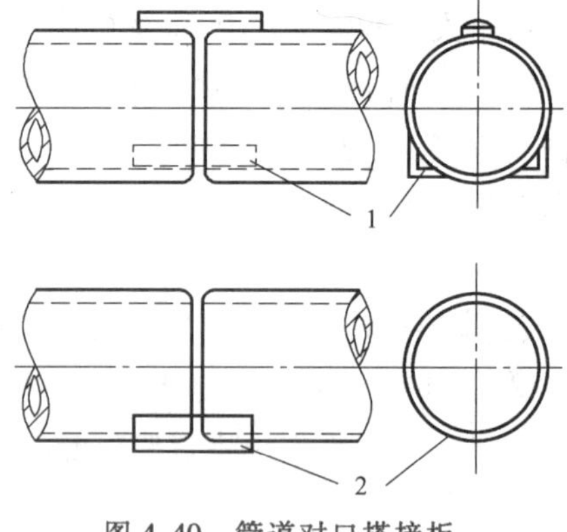

图 4-40　管道对口搭接板

1—搭接板　2—弧形托板

⑥ 管道配附件安装。按设计和施工规范规定位置，分别安装阀门、集气罐、补偿器等附属设备并与管道连接好。

⑦ 管道调整。管道安装完毕，要用水平尺在每段管上进行一次复核，找正调直，使管道在一条直线上。摆正或安装好管道穿结构处的套管，填堵管洞，预留口处应加好临时管堵。

5）管道防腐保温。按设计要求和施工规范规定完成管道防腐保温，注意做好保温层外的防雨、防潮等保护措施。

4. 管道煨弯（图 4-41）

1）在煨制不同弯曲角度的弯管时，可根据弯管的弯曲角度及曲率半径计算下料长度。

2）煨弯前，管内应放好砂子。砂内不允许含有泥土和可燃物，并将砂子放在钢板上加热烘干。

3）将烘干后的砂子灌到钢管内，并随灌随用锤子击打管壁，以使砂粒能均匀地压实。砂子灌满钢管后要用木塞将管口堵严。

4）对钢管煨弯时需要加热的部位，用白铅油做出标记，最小弯曲半径不得小于管子外径的3.5倍（一般选用管径的4倍）。

图4-41 管道煨弯

5）将钢管加热部位放在地炉上，在被加热管段的四周堆放燃烧的焦炭，其上部用薄钢板盖住，一直加热到钢管表面呈金红色脱皮为止（750~1000℃）。加热过程中，随时翻转钢管。

6）钢管加热达到所要求的温度后，用白棕绳绑结钢管的一端，用人力把钢管拉到煨管平台上（也可用卷扬机、滑轮等拖动）。由一人持冷水壶浇注钢管不需要煨弯的部位，同时由几个人推动绞磨拖拉钢管的一端，使钢管热煨形成所需要的角度。煨弯平台是用水泥浇筑的平台，也可用钢板、角钢等拼焊制成。

7）弯曲后的钢管管壁外侧减薄了，但不得小于所连接的管道壁厚的10%。当用焊接钢管煨弯时，应将焊缝安装在受力小、安装后又容易观察和检修的部位。一般焊缝与受弯面形成45°夹角。“Ⅱ”型张力弯（补偿器）应尽量使用一根管子煨制。当张力弯本身必须接口时，接口部位应在两侧臂的中部。

8）煨弯完毕，待钢管冷却后，将木塞打开，砂子清除干净，并除锈刷油。

9）煨弯时应注意以下几点：

① 装砂石填料应预先加热干燥，在粗砂及豆石中应掺入30%的细砂，使其组配均匀适度，以加强其密实度：灌砂石应边灌边敲击。为了保证管道煨弯部位的椭圆度要求，一定要振实。在弯管量多和条件允许的情况下，可组装一常用的打砂台。

② 管子加热应均匀，避免加热不匀而产生表面不平现象，一般温度保持在800~900℃左右，不宜超过1000℃。

③ 煨弯时，管子应放平，拉管时拉力应均匀平直，不宜向上用力。

④ 为了控制管子弯曲程度和弯曲范围，可采用浇洒冷水的方法，弯曲度已满足的部位，可用冷水浇洒，使其定位。

⑤ 弯管时随时用样板检查，一般考虑煨弯后管身还会回弹一些，可比煨制的要求角度大3°~5°。

⑥ 冷却后将管子内的砂子清理干净，防止砂子粘贴于管壁上。

5. 管道配件安装

（1）管道变向角度测定　管道在敷设时，常遇到不同角度的变向，钢管如不受配件的限制，安装时就需对变向的任意角测定后才能预制出合适的管件。

测定方法可将两根不同方向管道，取其中心，用线绳拉直，相交于 A 点（图 4-42），以 A 点为中心向两边量出等距离长度 Aa、Ab，用尺量出 ab 点的长度并做好记录。

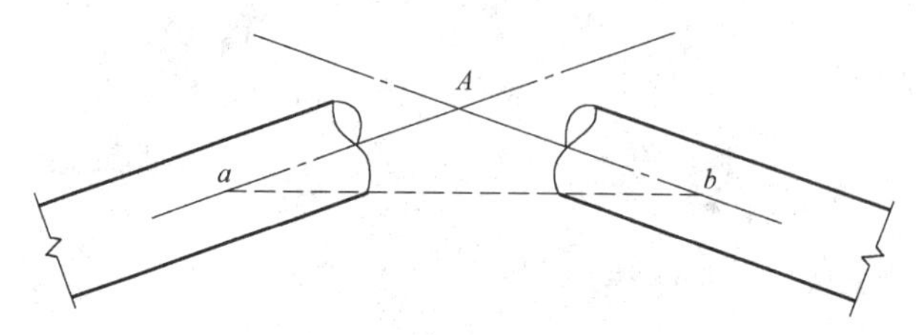

图 4-42　任意角度放样

在画样板的厚纸板上，画出一条直线，其长度为 ab，分别以 a、b 两点为圆心，aA、bA 为半径，画弧相交于 A 点，$\angle aAb$ 就是实际角度。可用细钢筋做出样板，按样板煨制加工。

当管道遇到高差时，常采用灯叉弯进行连接。测定灯叉弯角度和斜边长，是用线绳贴着两根管子的上管皮，拉直并要求水平，用尺量出变坡两点的水平长度 ab 与下面管子的管皮高度 bc（图 4-43），并做好记录。

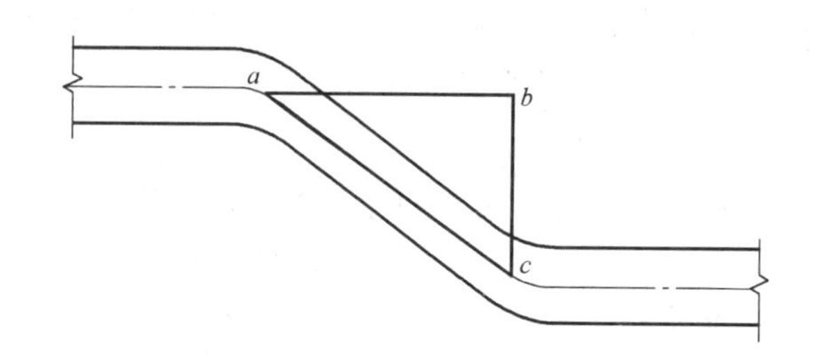

图 4-43　灯叉弯测定与放样

在样板纸板上画出一直角，两边分别为 ab 及 bc，连接 ac 点，$\angle bac$ 是灯叉弯的角度。ac 是斜边长度。按此图即可煨制灯叉弯，但要注意选用弯曲半径。

（2）疏水器安装　室外供热管网的输送介质无论是蒸汽还是热水，都必须解决管网的排水和放气问题，才能达到正常的供热目的。疏水器安装应在管道和设备的排水线以下；如凝结水管高于蒸汽管道和设备排水线，应安装止回阀；或在垂直升高的管段之前，或在能积集凝结水的蒸汽管道的闭塞端，以及每隔 50m 左右长的直管段上。蒸汽管道安装时，要高于凝结水管道，其高差应大于或等于安装疏水装置时所需要的尺寸。因为蒸汽管道内所产生的凝结水，需要通过疏水装置排入凝结水管中去。图 4-44 为室外低压蒸汽管路的布置。

（3）排气阀安装　热水管网中，也要设置排气和放水装置。排气点应放置在管网中的高位点。一般排气阀门直径为 15~25mm。在管网的低位点设置放水装置，放水阀门的直径一般选用热水管直径的 1/10 左右，但最小不应小于 20mm。

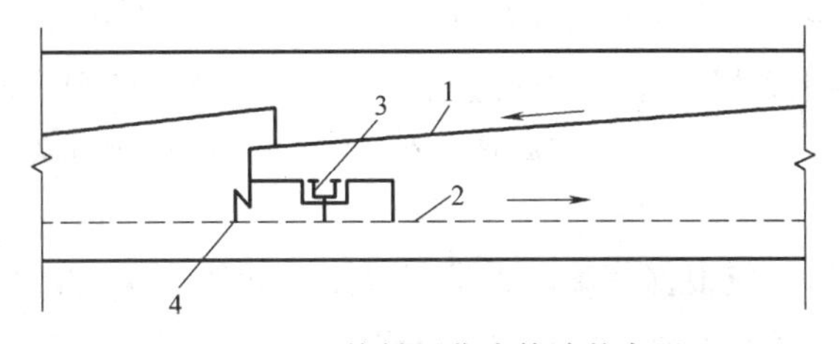

图 4-44　室外低压蒸汽管路的布置

1—蒸汽管　2—冷凝水管　3—疏水器　4—排污阀

(4) 伸缩器（胀力弯）安装　方形伸缩器（胀力弯）水平安装，应与管道坡度一致；垂直安装，应有排气装置。

伸缩器安装前应做预拉。方形伸缩器预拉方法一般常用的是以千斤顶将伸缩器的两臂撑开。方形伸缩器预拉伸长度等于1/2的管道热伸长，预拉伸长的允许偏差为+10mm。

(5) 除污器安装　热介质应从管板孔的网格外进入。除污器一般用法兰与干管连接，以便于拆装检修。安装时应设专门支架，但所设支架不能妨碍排污，同时需注意水流方向与除污器要求方向相同，不得装反。系统试压与清洗后，应清扫除污器。

(6) 蒸汽喷射器安装

1) 蒸汽喷射器的组装。喷嘴与混合室、扩压管的中心必须一致。试运行时，应调整喷嘴与混合室的距离。

2) 蒸汽喷射器出口后的直管段，一般不小于2~3m。喷射器并联安装，在每个喷射器后宜安装止回阀。

(7) 减压阀安装

1) 减压阀的阀体应垂直安装在水平管道上，前后应装法兰截止阀。一般未经减压前的管径与减压阀的公称直径相同。而安装在减压阀后的管径比减压阀的公称直径大两个号码，减压阀安装应注意方向，不得装反；薄膜式减压阀的均压管应安装在管道的低压侧。检修更换减压阀应打开旁通管。

2) 减压阀安装组成部分有减压阀、压力表、安全阀、旁通管、泄水管、均压管及阀门，如图4-45所示。

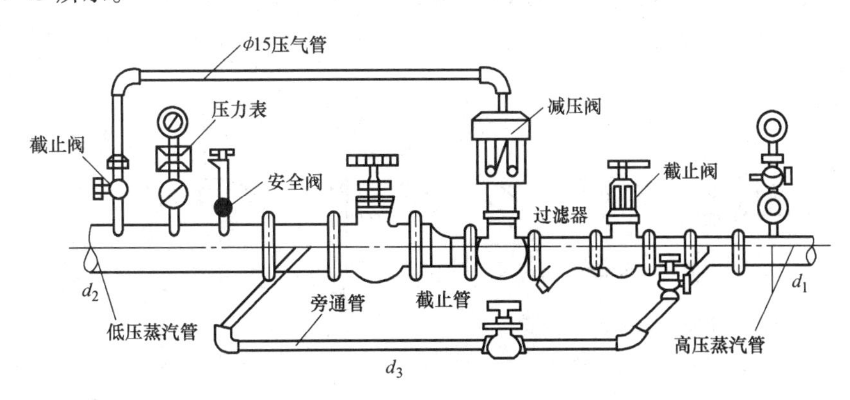

图 4-45　减压阀安装

3）在较小的系统中，两个截止阀串联在一起也可以起减压作用。主要是通过两个串联阀门加大管道内介质的局部阻力，介质通过阀门时，由于能量的损失使压力降低。尤其是两个阀门串联在一起安装时，一个阀门起减压作用，另一个可作为开关用，但这种减压方法调节范围有限。

4）减压阀安装完后，应根据使用压力进行调试，并做出调试后的标志。调压时，先开启阀门 2（图 4-46），关闭旁通阀 3，慢慢打开阀门 1，当蒸汽通过减压阀，压力下降，那时就必须注意减压后的数值。当室内管道及设备都充满蒸汽后，继续开大阀门 1，及时调整减压阀的调节装置，使低压端的压力达到要求时为止。

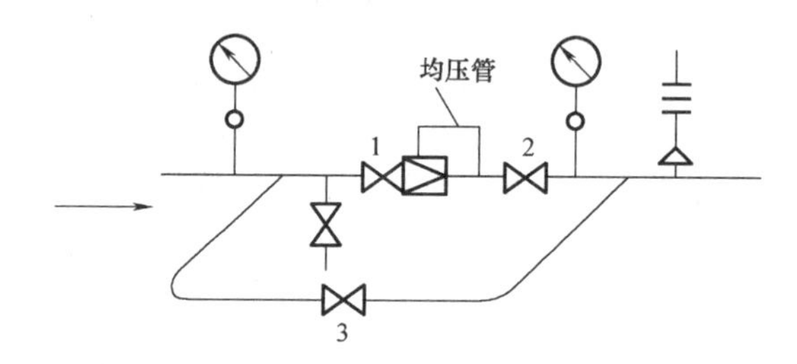

图 4-46　减压阀调试

带有均压管的减压阀，则均压管在压力波动时自动调节减压阀的启闭大小。但它只能在小范围内波动时起作用，不能仅靠它来代替调压工序。

旁通管是维修减压阀时，为不使整个系统停止运行而用，同时还可起临时减压作用，因而使用旁通阀更要谨慎，开启阀门的动作要缓慢，注意观察减压的数值，不使其超过规定值。

安全阀要预先调整好，当减压阀失灵时，安全阀可达到自动开启，以保护采暖设备。

（8）调压孔板安装　采暖管道安装调压孔板的目的是为了减压。高压热水采暖往往在入口处安装调压孔板进行减压。调压孔板是用不锈钢或铝合金制作的圆板，开孔的位置及直径由设计决定。介质通过不同孔径的孔板进行节流，增加阻力损失而起到减压作用。安装时夹在两片法兰的中间，两侧加垫石棉垫片，调压孔板应待整个系统冲洗干净后方可安装。蒸汽系统调压孔板采用不锈钢制作，热水系统可用不锈钢或铝合金做调压孔板。

1）调压孔板安装如图 4-47 所示。

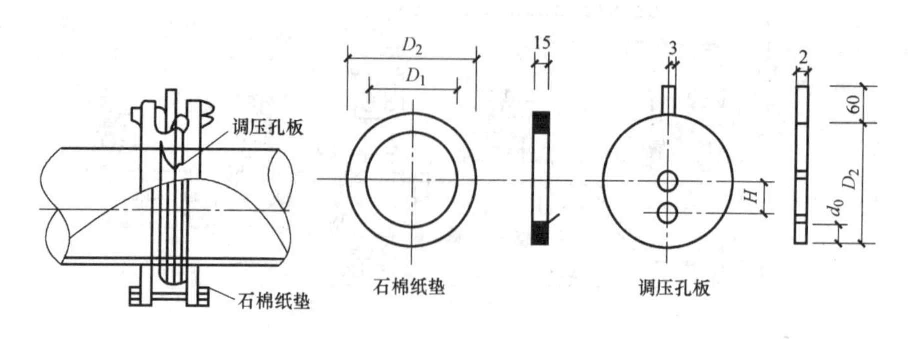

图 4-47　调压孔板安装

2）调压孔板的孔径 d_0 由设计决定（包括孔的位置）。

3）调压孔板只允许在整个采暖系统经过冲洗洁净后再行安装。

本章小结及综述

1. 室内采暖系统是由热源、管道系统和散热设备组成的。热源主要指锅炉；管道系统主要指由室外室内管网组成的热媒输配系统（室外管道、建筑采暖入口小室、采暖干管、采暖立管、采暖支管、采暖附件等）；散热设备主要指散热器、风机盘管等。

2. 室外热力管道是连接热电站或锅炉房到用热建筑物或用户的管道，有时往往要通过几公里甚至更长的距离进行热输送，而且其管道的管径一般较大，热媒的压力较大，热媒的温度较高。当供热方案已经确定，合理地设计供热管道的走向、位置和敷设形式十分重要。

为了保证供热系统安全运行和有利于区域规划，应尽量使各种不同的管道相互配合集中敷设。地下管线应保持一定的距离，并要利于正常运行和平时检修。

第5章

给水排水工程

本章重点难点提示

1. 熟悉室内给水系统的分类及组成。
2. 掌握室内给水系统管道安装的方法。
3. 熟悉室内热水供应系统的分类及组成。
4. 掌握室内热水系统供应方式及管道安装方法。
5. 掌握各种卫生器具的安装方法。
6. 熟悉室内排水系统的分类及组成。
7. 掌握室内排水管道、污水排水管道及雨水管道的安装方法。
8. 掌握室外给水管道、排水管道的安装方法。

5.1 室内给水系统安装

1. 给水系统的分类及组成

(1) 系统分类

1) 生产给水系统：主要是解决生产车间内部的用水，对象范围比较广，如设备的冷却、产品及包装器皿的洗涤或产品本身所需的用水（如饮料、锅炉、造纸等）。

2) 消防给水系统：指城镇的民用建筑、厂房以及用水进行灭火的仓库，按国家对有关建筑物的防火规定所设置的消防给水系统，它是提供扑救火灾用水的主要设施。

3) 生活给水系统：以民用住宅、饭店、宾馆、公共浴室等为主，提供日常饮用、盥洗、冲刷等的用水。

实际上，并不是每一幢建筑物都必须设置三种独立的给水系统，而应根据使用要求可以设置生活—消防给水系统或生产—消防给水系统以及生活—生产—消防给水系统。只有大型的建筑或重要物资仓库，才需要单独的消防给水系统。

（2）系统组成（图5-1）

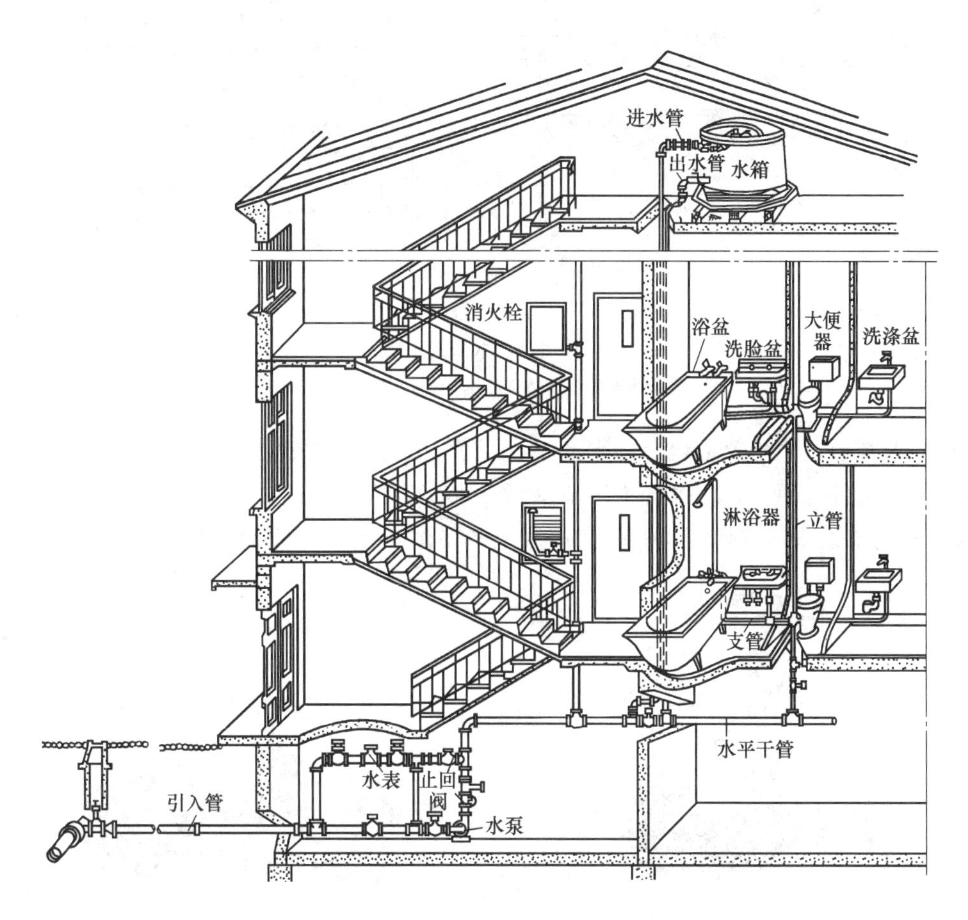

图5-1 室内给水系统

1）引入管。对一幢单独建筑物而言，引入管是穿过建筑物承重墙或基础，自室外给水管网将水引入室内给水管网的管段，也称进户管。对于一个工厂、一个建筑群体、一个学校区，引入管是指总进水管。

2）水表节点。水表节点是指引入管上装设的水表（图5-2）及其前后设置的阀门、泄水装置的总称。阀门用以修理和拆换水表时关闭管网；泄水装置主要用于系统检修时放空管网、检测水表精度及测定进户点压力值。为了使水流平稳流经水表，确保其计量准确，在水表前后应有符合产品标准规定的直线管

图5-2 水表

段。水表及其前后的附件一般设在水表井中，如图 5-3 所示。温暖地区的水表井一般设在室外，寒冷地区为避免水表冻裂，可将水表设在采暖房间内。在建筑内部的给水系统中，除了在引入管上安装水表外，在需计量水量的某些部位和设备的配水管上也要安装水表。为利于节约用水，住宅建筑每户的进户管上均应安装分户水表。

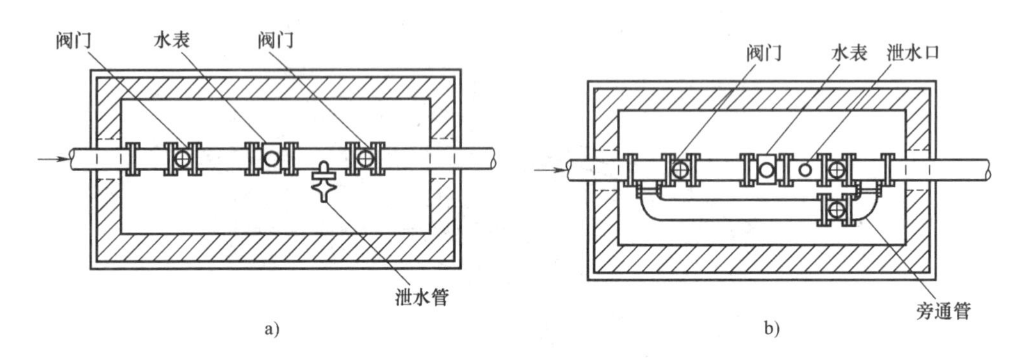

图 5-3　水表节点

a）无旁通管的水表节点　b）有旁通管的水表节点

3）给水管道。给水管道包括水平或垂直干管、立管、横支管等。

4）给水附件。用于管道系统中调节水量、水压，控制水流方向以及关断水流，便于管道、仪表和调节设备检修的各类阀门，如截止阀（图 5-4）、止回阀（图 5-5）、闸阀等。

图 5-4　截止阀

图 5-5　止回阀

5）加压和贮水设备。在室外给水管网水量、压力不足或室内对安全供水、水压稳定有要求时，需在给水系统中设置水泵、气压给水设备和水池、水箱等各种加压、贮水设备。

2. 管道安装

（1）管道的布置　管道的布置首先应确定管位，然后分别布置引入管和给水管。

1）管位确定。先了解和确定干管的标高、位置、坡度、管径等，正确地按图纸（或标准图）要求几何尺寸制作并埋好支架或挖好地沟。待支架牢固（或地沟开挖合格）后，就可以安装。立管用线锤吊挂在立管的位置上，用“粉囊”（灰线包）在墙面上弹出垂直线，依次埋好立管卡。凡正式建筑物的管道支架和固定不准使用钩钉。

2）引入管的布置。建筑物给水引入管应从靠近用水量最大或不允许间断供水的地方引入，这样可使大口径管道最短，供水较可靠。如室内用水点分布较均匀，则从建筑物的中部引入，以利于水压平衡。布置引入管时，应考虑水表的安装位置，如水表设在室外，需设置水表井。在寒冷地区还需考虑引入管和水表的防冻措施。且要考虑不受污染，不易受损坏。引入管与其他管道应保持一定的距离，如与室内污水排出管平行敷设，其外壁水平间距不小于 1.0m；如与电缆平行敷设，其间距不小于 0.75m。如建筑物内不允许中断供水，可设两根引入管，而且应由室外环形管网的不同侧引入（图 5-6）。若不可能，也可由同侧引入，但两根引入管的间距应在 10m 以上，并在两接点间安装一个闸门，以便当一面管道损坏时，关闭闸门后，另一面仍可继续供水（图 5-7）。

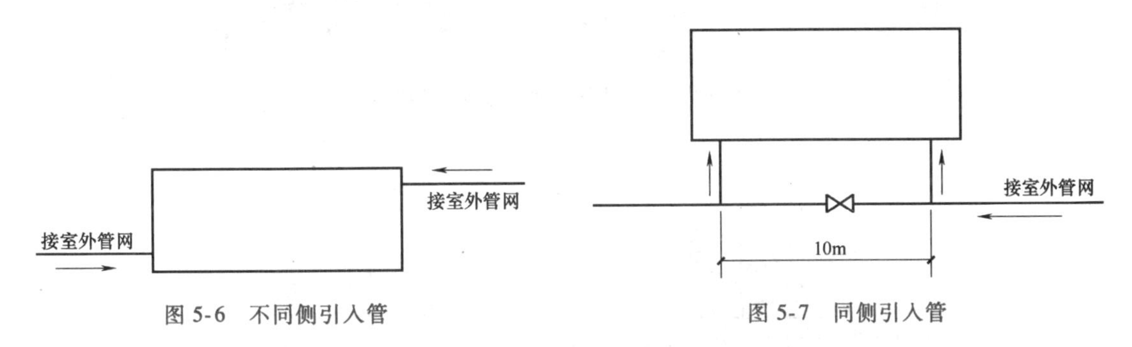

图 5-6　不同侧引入管　　　　图 5-7　同侧引入管

引入管穿过承重墙或基础时，应预留孔洞。管顶上部净空不得小于建筑物的沉降量，一般不小于 0.1m；当沉降量较大时，应由结构设计人员提交资料决定。图 5-8 为引入管穿过条形基础剖面图。当引入管穿过地下室或地下构筑物的墙壁时，应采取防水措施，如图 5-9 所示。

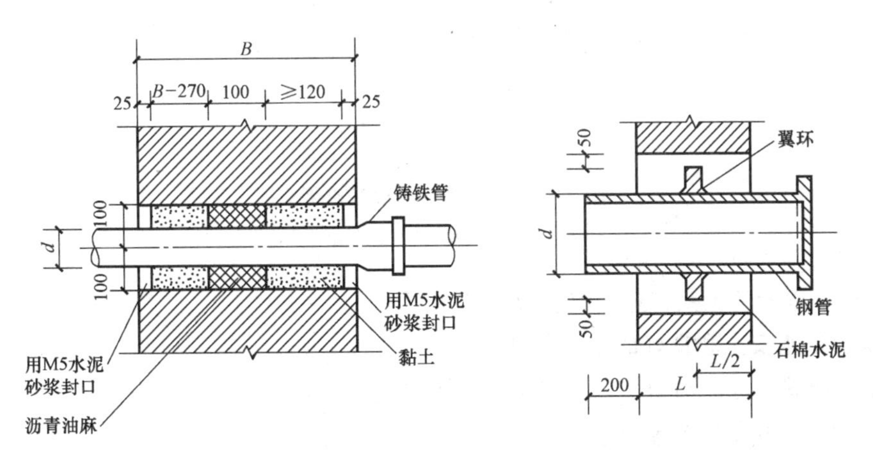

图 5-8　引入管穿过条形基础剖面图

引入管的敷设深度要根据土层冰冻土深度及地面负荷情况决定。通常敷设在冰冻线以下 20cm，覆土深度不小于 0.7~1.0m。

图 5-10 为引入管穿越砖墙基础的剖面图，孔洞与管道的空隙应用油麻、黏土填实，外抹 M5 号水泥砂浆，以防雨水渗入。

3）室内给水管道的布置。给水管道的布置受建筑结构、用水要求、配水点和室外给水管道的位置以及其他设备工程管线位置等因素的影响。进行管道布置时，不但要处理和协调

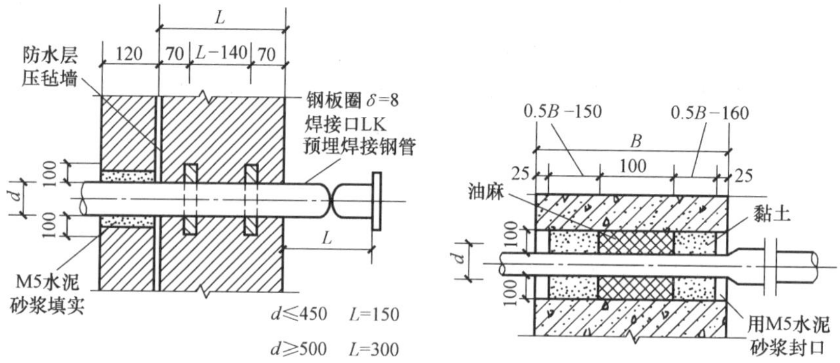

图 5-9　引入管穿过地下室防水措施

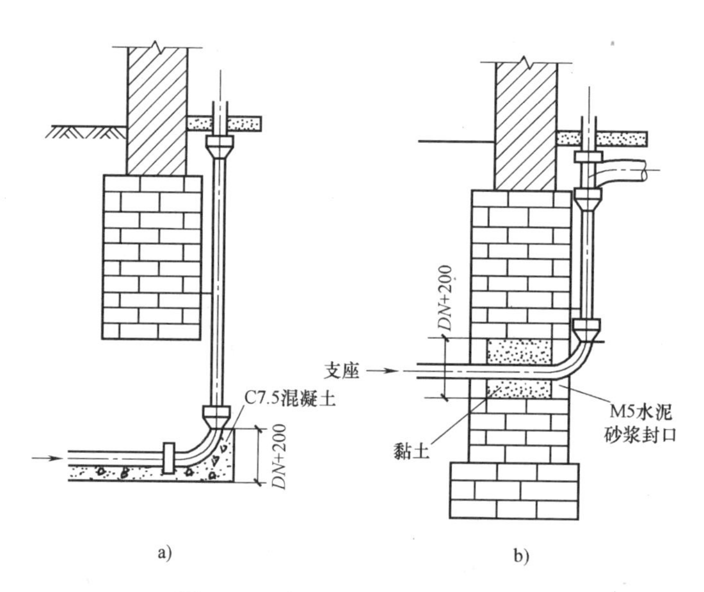

图 5-10　引入管穿越墙基础剖面图

a）浅基础　b）深基础

好与各种相关因素的关系，还应符合以下基本要求。

① 确保供水安全和良好的水力条件，力求经济合理。管道尽可能与墙、梁、柱平行，呈直线走向，宜采用枝状布置力求管线简短，以减小工程量，降低造价。不允许间断供水的建筑，应从室外环状管网不同管段设 2 条或 2 条以上引入管，在室内将管道连成环状或贯通树枝状进行双向供水，如图 5-11 所示，若无可能，可采取设贮水池或增设第二水源等安全供水措施。

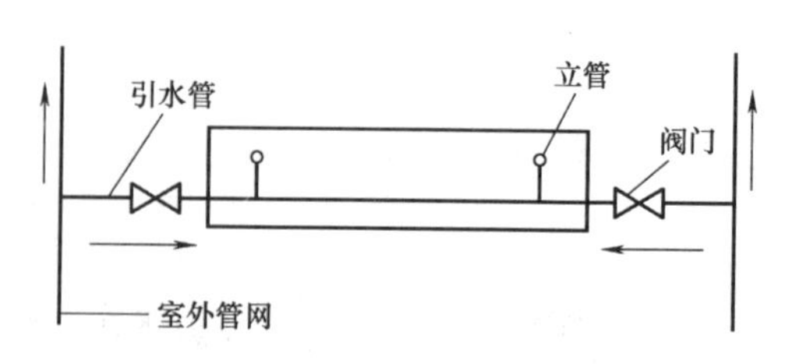

图 5-11　引入管从建筑物不同侧引入

② 保护管道不受损坏。给水埋地管应避免布置在可能受重物压坏处，如穿过生产设备基础、伸缩缝、沉降缝等处。当遇特殊情况必须穿越时，应采取保护措施。为防止管道腐

蚀，给水管不允许布置在烟道、风道内，不允许穿大小便槽，当干管与小便槽端部净距小于0.5m时，在小便槽端部应有建筑隔断措施。生活给水管道不能敷设在排水沟内。

③ 不影响生产安全和建筑物的使用。管道不要布置在妨碍生产操作和交通运输处，也不要布置在遇水易引起燃烧、爆炸或损坏的原料设备和产品之上，不得穿过配电间，不宜穿过橱窗壁柜、吊柜等设施和从机械设备上通过，以免影响各种设施的功能和设备的起吊维修。

④ 利于安装、维修。管道周围应留有一定的空间，管道井当需进入维修时，其通道宽度不宜小于0.6m，维修门应开向走廊。

管线布置主要有两种形式：水平干管沿建筑内高层（各区高层）顶棚布置，由上向下供水的称为上行下给式；水平干管埋地或布置在建筑内地下室中，底层（各区底层）走廊内由下往上供水的称为下行上给式。同一栋建筑其管线布置也可兼有以上两种形式。

给水管道可与其他管道同沟或共架敷设，但给水管应布置在排水管、冷冻管的上面，热水管或蒸气管的下面。给水管道不宜与输送易燃易爆或有害气体及液体的管道同沟敷设。

（2）管道的敷设

1）管道敷设方式。根据建筑物性质和卫生标准要求，室内给水管道敷设有明装和暗装两种形式。

① 明装（图5-12）是指管道在建筑物内沿墙、梁、柱、地板暴露敷设。这种敷设方式造价低，安装维修方便，但由于管道表面积灰、产生凝结水而影响环境卫生，也有碍室内美观。一般的民用建筑和大部分生产车间内的给水管道均采用明装。

② 暗装（图5-13）是指管道敷设在地下室的天花板下或吊顶中，以及管沟、管道井、管槽和管廊内。这种敷设方式的优点是：室内整洁、美观。但其施工复杂，维护管理不便，工程造价高。标准较高的民用建筑、宾馆及工艺要求较高的生产车间（如精密仪器车间、电子元件车间）内的给水管道，一般采用暗装。管道暗装时，必须考虑便于安装和检修。给水横干管宜敷设在地下室、技术层、吊顶或管沟内，立管和支管可敷设在管井或管槽内。管井尺寸应根据管道的数量、管径、排列方式、维修条件，结合建筑平面的结构形式等合理确定。当需进入检修时，其通道宽度不宜小于0.6m。管井应每层设检修门，暗装在顶棚或管槽内的管道在阀门处应留有检修门，且应开向走廊。

图5-12 管道明装

图5-13 管道暗装

为了便于安装和检修，管沟内的管道应尽可能单层布置。当采取双层或多层布置时，一般将管径较小、阀门较多的管道放在上层。管沟应有与管道相同的坡度和防水、排水设施。

2）管道穿墙。管道布置时一般采用穿过楼板的方式，但在特殊情况下也可通过沉降缝及伸缩缝。

① 穿过楼板。管道穿过楼板时，应预先留孔，避免在施工安装时凿穿楼板面。管道通过楼板段应设套管，尤其是热水管道。对于现浇楼板，可以采用预埋套管。

② 通过沉降缝。管道一般不应通过沉降缝，若无法避免时，可采用以下几种办法处理。

a. 连接橡胶软管。用橡胶软管连接沉降缝两边的管道。但橡胶软管不能承受太高的温度，故此法只适用于冷水管道，如图 5-14 所示。

b. 连接螺纹弯头。在建筑物沉降过程中，两边的沉降差可用螺纹弯头的旋转来补偿。此法适用于管径较小的冷热水管道，如图 5-15 所示。

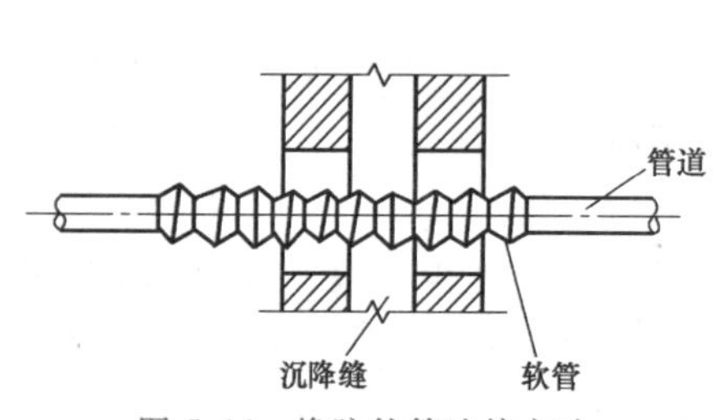

图 5-14　橡胶软管连接方法

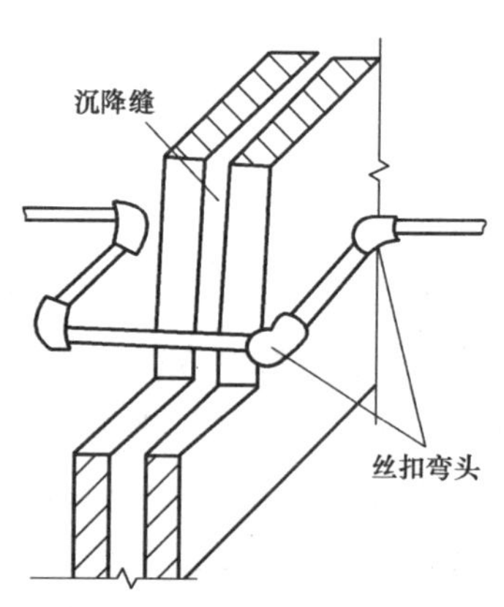

图 5-15　螺纹弯头连接方法

c. 安装滑动支架。把靠近沉降缝两侧的支架做成如图 5-16 所示的只能使管道垂直位移而不能水平横向位移。

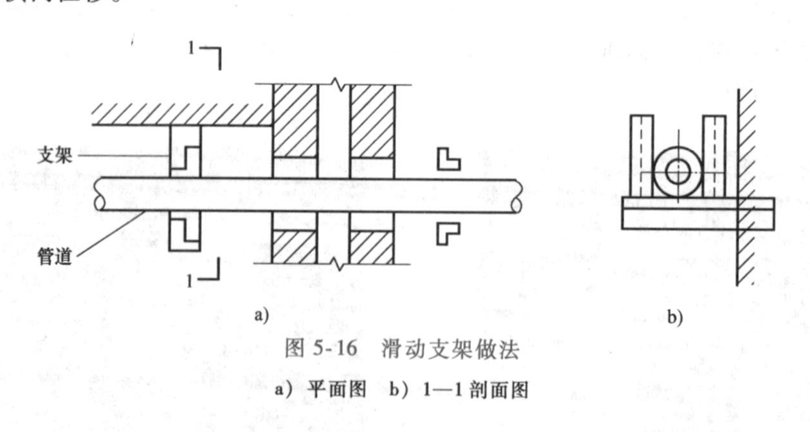

图 5-16　滑动支架做法

a）平面图　b）1—1 剖面图

③ 通过伸缩缝。室内地面以上的管道应尽量不通过伸缩缝，必须通过时，应采取措施使管道不直接承受拉伸与挤压。室内地面以下的管道，在通过有伸缩缝的基础时，可借鉴通过沉降缝的做法处理。

3）管道连接。为了保证管道畅通，必须使之连接严密。

（3）管道安装

1）管道安装顺序（图5-17）。管道安装一般应先地下、后地上；先大管、后小管；先主管、后支管。当管道交叉中发生矛盾时，应按下列原则避让：

① 小管让大管。

② 无压力管道让有压力管道，低压管让高压管。

③ 一般管道让高温管道或低温管道。

④ 辅助管道让物料管道，一般管道让易结晶、易沉淀管道。

⑤ 支管道让主管道。

2）干管安装。室内给水管一般分为下供埋地式（由室外进到室内各立管）和上供架空式（由顶层水箱引至室内各立管）两种。

① 埋地式（下供）干管安装。首先确定干管的位置、标高、管径等，正确地按设计图纸规定的位置开挖土（石）方至所需深度，若未留墙洞，则需要按图纸的标高和位置在工作面上划好打眼位置的十字线，然后打洞；十字线的长度应大于孔径，以便打洞后按剩余线迹来检验所定管道的位置正确与否。埋地总管一般应坡向室外，以保证检查维修时能排尽管内余水。对埋地镀锌钢管被破坏的镀锌表层及管螺纹露出部分的防腐，可采用涂铅油或防锈漆的方法；镀锌钢管大面积表面破损时，则应调换管子，或与非镀锌钢管一样，按三油两布的方法进行防腐处理。

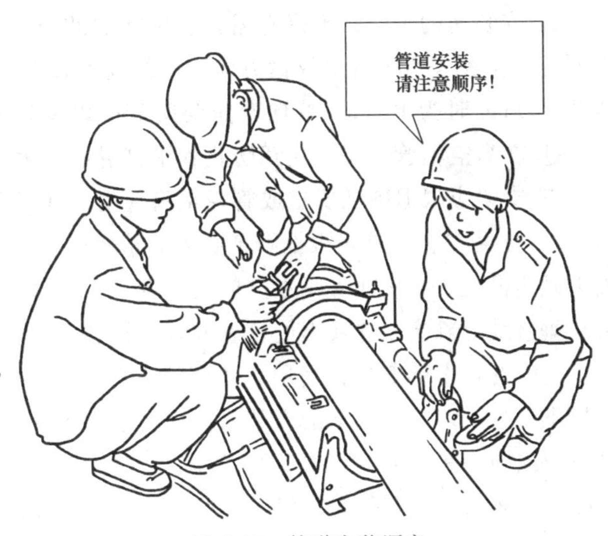

图5-17　管道安装顺序

埋地管道安装好后，在回填土之前，要填写“隐蔽工程记录单”。

② 架空式干管安装。首先确定干管的位置、标高、管径、坡度、坡向等，正确地按图示位置、间距和标高确定支架的安装位置，在应栽支架的部位画出长度大于孔径的十字线，然后打洞栽支架。也可以采用膨胀螺栓或射钉枪固定支架。

水平支架位置的确定和分配，可先按图纸要求测出一端的标高，并根据管段长度和坡度定出另一端的标高；两端标高确定之后，再用拉线的方法确定出管道中心线（或管底线）的位置，然后按图纸要求或“隐蔽工程记录单”的规定来确定和分配管道支架。

栽支架的孔洞不宜过大，深度不得小于120mm。支架的安装应牢固可靠，成排支架的安装应保证其支架台面处在同一水平面上，且垂直于墙面。管道支架一般在地面预制，支架上的孔眼宜用钻床钻得，若钻孔有困难而采用氧割时，必须将孔洞上的氧化物清除干净，以保证支架的洁净美观和安装质量。支架的断料宜采用锯断的方法，如用氧割则应保证美观和质量。栽好的支架应使埋固砂浆充分牢固后方可安装管道。一般在支架安装完毕后进行干管安装。可先在主干管中心线上定出各分支主管的位置，标出主管的中心线，然后将各主管间的管段长度测量记录并在地面进行预制和预组装（组装长度应以方便吊装为宜），预制时同一方向的主管头子应保证在同一直线上，且管道的变径应在分出支管之后进行。组装好的管子，应在地面进行检查，若有歪斜曲扭，则应进行调直。上管时，应将管道滚落在支架上，随即用预先准备好的U形卡将管子固定，防止管道滚落伤人。干管安装后，还应进行最后的校正调直，保证整根管子水平方向和垂直方向都在同一直线上并最后固定牢。

干管安装注意事项如下：

① 地下干管在上管前，应将各分支口堵好，防止泥沙进入管内；在上主管时，要将各管口清理干净，保证管路的畅通。

② 预制好的管子要小心保护好螺纹，上管时不得碰撞。可用加装临时管件方法来保护。

③ 安装完的干管，不得有塌腰、拱起的波浪现象及左右扭曲的蛇弯现象。管道安装应横平竖直。关于水平管道纵横方向弯曲的允许偏差，当管径小于100mm时为5mm，当管径大于100mm时为10mm，横向弯曲全长25m以上为25mm。

④ 在高空上管时，要注意防止管钳打滑而发生安全事故。

⑤ 支架应根据图纸要求或管径正确选用，其承重能力必须达到设计要求。

3）立管安装。首先根据图纸要求或给水配件及卫生器具的种类确定支管的高度，在墙面上画出横线；再用线锤吊在立管的位置上，在墙上弹出或画出垂直线，并根据立管卡的高度在垂直线上确定出立管卡的位置并画好横线，然后再根据所画横线和垂直线的交点打洞栽卡。立管的管卡的安装，当层高小于或等于5m时，每层须安装一个；当层高大于5m时，每层不得少于两个；管卡的安装高度应距地面1.5~1.8m；两个以上的管卡应均匀安装，成排管道或同一房间的立管卡和阀门等的安装高度应保持一致。管卡栽好后，再根据干管和支管横线，测出各立管的实际尺寸进行编号记录，在地面统一进行预制和组装，在检查和调直后方可进行安装。上立管时，应两人配合，一人在下端托管，一人在上端上管，上到一定程度时，要注意下面支管头方向，以防支管头偏差或过头。上好的立管要进行最后检查，保证垂直度（允许偏差：每米4mm，10m以上不大于30mm）和离墙距离，使其正面和侧面都在同一垂直线上。最后把管卡收紧，或用螺栓固定于立管上。

立管安装注意事项如下（图5-18）：

① 调直后的管道上的零件如有松动，必须重新上紧。

② 立管上的阀门要考虑便于开启和检修。下供式立管上的阀门，当设计未标明高度时，应安装在地坪面上300mm处，且阀柄应朝向操作者的右侧并与墙面形成45°夹角处，阀门后侧必须安装可拆装的连接件（油任）。

③ 当使用膨胀螺栓时，应先在安装支架的位置用冲击电钻钻孔，孔的直径与套管外径相等，深度与螺栓长度相等。然后将套管套在螺栓上，带上螺母一起打入孔内，到螺母接触孔口时，用扳手拧紧螺母，使螺栓的锥形尾部将开口的套管尾部张开，螺栓便和套管一起固定在孔内。这样就可在螺栓上固定支架或管卡。

④ 上管要注意安全，且应保护好末端的螺纹，不得碰坏。

⑤ 多层及高层建筑，每隔一层在立管上要安装一个活接头（油任）。

4）支管安装。安装支管前，先按立管上预留的管口在墙面上画出（或弹出）水平支管安装位置的横线，并在横线上按图纸要求画出各分支线或给水配件的位置中心线，再根据横线中心线测出各支管的实际尺寸进行编号记录，根据记录尺寸进行预制和组装（组装长度以方便上管为宜），检查调直后进行安装。支管支架宜采用管卡作支架。为保证美观，其支架宜设置于管段中间位置（即管件之间的中间位置）。给水立管和装有3个或3个以上配水点的支管始端，给水闸阀后面按水流方向均应设置可装拆的连接件（油任）。

图5-18 立管安装注意事项

5）支吊架的安装。为了固定室内管道的位置，避免管道在自重、温度和外力影响下产生位移，水平管道和垂直管道都应每隔一定距离装设支吊架。常用的支吊架有立管管卡、托架和吊环等，管卡和托架固定在墙梁柱上，吊环吊于楼板下。托架、吊架栽入墙体或顶棚后，在混凝土未达到强度要求前严禁受外力，更不准蹬、踏、摇动，不准安装管道。各类支架安装前应完成防腐工序。

楼层高度不超过4m时，立管只需设一个管卡，通常设在1.5~1.8m高度处。水平钢管的支架、吊架间距视管径大小而定。

3. 阀门安装

（1）截止阀　由于截止阀的阀体内腔左右两侧不对称，安装时必须注意流体的流动方向。应使管道中流体由下向上流经阀盘，因为这样流动的流体阻力小，开启省力，关闭后填料不与介质接触，易于检修。

（2）闸阀　闸阀不宜倒装，倒装时，使介质长期存于阀体提升空间，检修也不方便。闸门吊装时，绳索应拴在法兰上，切勿拴在手轮或阀件上，以防折断阀杆。明杆阀门不能装在地下，以防阀杆锈蚀。

（3）止回阀　止回阀有严格的方向性，安装时除注意阀体所标介质流动方向外，还须注意以下两点：

1）升降式止回阀（图5-19 a）安装时应水平安装，以保证阀盘升降灵活与工作可靠。

2）摇板式止回阀（图5-19 b）安装时，应注意介质的流向（箭头方向），只要保证摇板的旋转枢轴呈水平，可装在水平或垂直的管道上。

4. 铝塑复合管道安装

铝塑复合管道敷设可分为明设和暗设。室内明设管道宜在内墙面饰层完成后进行安装；

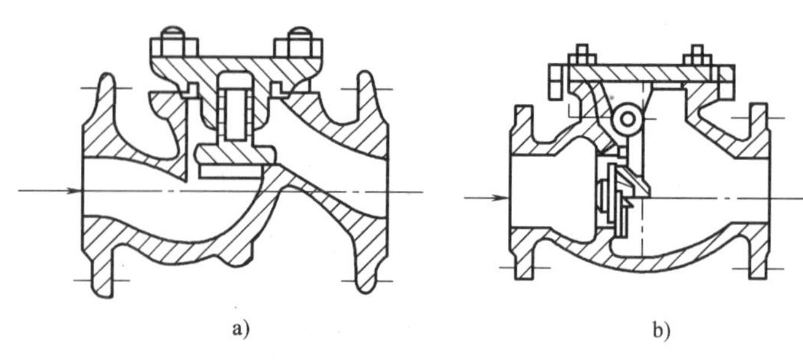

图 5-19　止回阀

a）升降式　b）摇板式

暗设管道则应在墙、地面粉饰层前进行安装。施工安装要点如下：

1）应配合土建施工进行预埋预留，预留孔洞应比管外径大 30mm，暗敷管道的沟槽宽度和深度宜比管外径大 10~20mm，有管件的部位可适度放大。

2）盘卷包装的铝塑复合管在敷设时应调直。

① 对于 D_e≤20mm 的管子可直接用手工调直。先在墙面上弹墨线，确定管道安装位置线，每隔 0.6~1.0m 安装一只管扣座，将调直后的管子逐段压入扣座内加以固定。

② 对于 D_e≥25mm 的管子调直，可先用脚踩住管子，滚动管子盘卷向前延伸，逐段手工调直，对死弯处用橡胶榔头在钢平台上调直即可。

3）管道弯曲

① 管径不大于 32mm 的管道，除急弯需使用直角弯头改变管道走向时，其余应采用弯管弹簧直接弯曲管子。弯曲时严禁加热，弯曲半径不得小于管子外径的 5 倍，并应一次弯成，不能多次弯曲。

② 一般弯曲方法：将弯管弹簧插入管腔，送至需弯曲部位，如弹簧长度不够，可接钢丝加长，用手适度加力缓慢弯曲，待弯至所需角度须多弯过 2°~3°，可抽出弯曲弹簧即可成形。

4）管子切割应采用专用剪管刀、细齿锯、管子割刀等工具切断管材。截断后应及时清除断口的毛刺及碎屑，切口端面应垂直管轴线。

5）管道连接。管道必须采用专用管件连接，若与其他材质的管子、阀门、配水附件连接时，应选用过渡管件。铝塑复合管专用管件连接分为螺纹联接、压力连接两种。

① 螺纹联接的操作要点。用剪管刀将管子剪截成所要长度，将整圆器插至管底用手旋转整圆、倒角。穿入螺母及 C 形铜环，将管件内芯接头的全长压入管腔。拉回螺母和铜环，用扳手把螺母拧紧至 C 形铜环开口闭合为宜。铝塑复合管连接示意图如图 5-20 所示。

② 压力连接的操作要点。将管子直接插在承压套管上，量好尺寸用管剪切断管子，放置铜环并使用整圆器整圆倒角。将垫圈用压制钳压制在管末端，用 O 形密封圈将垫圈和内壁紧固起来。压制过程可分为两种，使用螺纹管件时，仅需旋紧螺钉即可；使用承压管件时，则需采用压制工具和钳子压接外层不锈钢套筒。

6）明装管道固定件的最大间距应符合表 5-1 的规定。

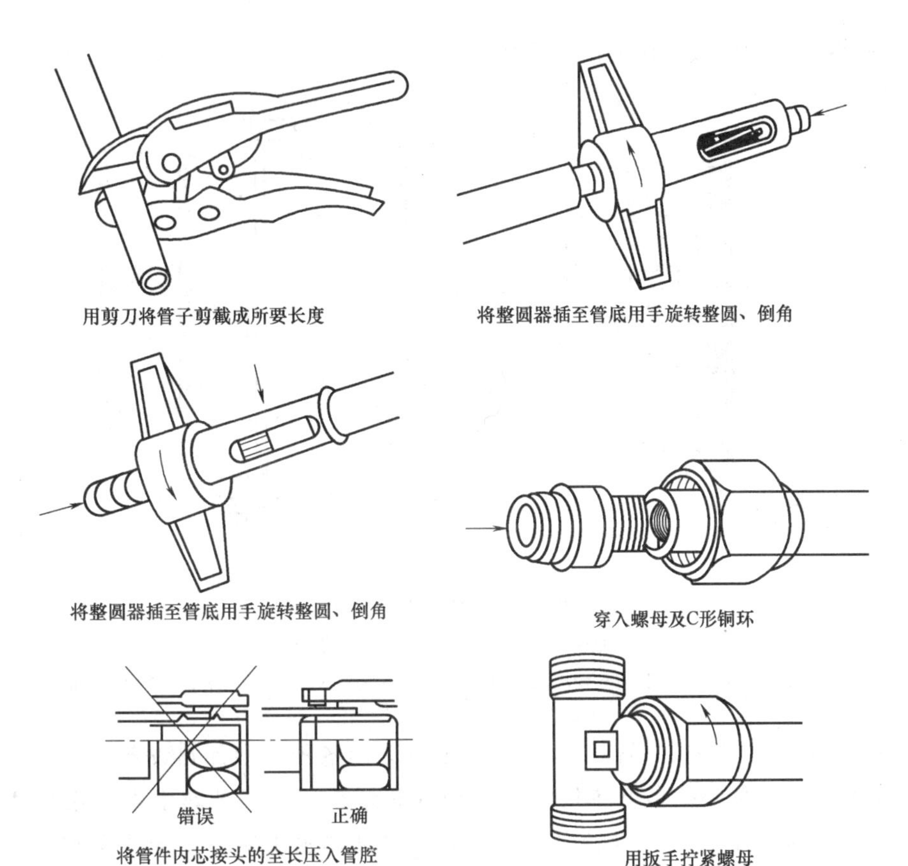

图 5-20 铝塑复合管连接示意图

表 5-1 明装管道固定件的最大间距 （单位：mm）

管径	水平管	立管
10~14	500	600
12~16	600	800
16~20	700	1000
20~25	700	1000
25~32	900	1200
32~40	900	1200
40~50	1200	1500

7）$D_e \geqslant 40$mm 的管道不宜穿过建筑物伸缩缝、沉降缝。$D_e \leqslant 32$mm 的管道穿越处应将管道敷设成微波浪形。

8）在用水器具较集中的房间宜采用分水器配水。

5.2 室内热水供应系统安装

1. 热水供应系统的分类及组成

（1）系统分类 热水供应系统按照热水供应范围分为局部热水供应系统、集中热水供应系统（图 5-21）和区域性热水供应系统。

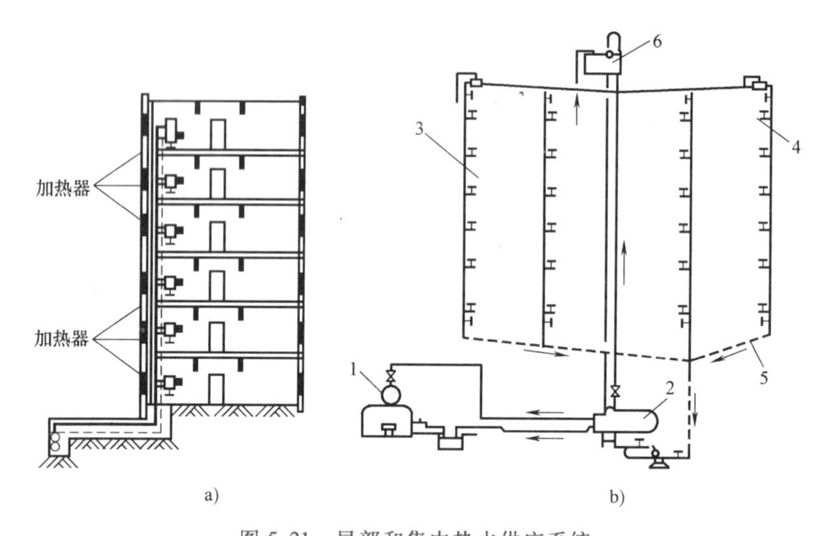

图 5-21　局部和集中热水供应系统

a）局部热水供应系统　b）集中热水供应系统

1—锅炉　2—热交换器　3—输配水管网　4—热水配水点　5—循环回水管　6—冷水箱

1）局部热水供应系统。局部热水供应系统是采用各种小型加热设备在用水场所就地加热，供局部范围内的一个或几个用水点使用的热水系统。局部热水供应系统适用于热水用水点少、热水用水量较小且较分散的建筑。局部热水供应系统的热源宜用蒸汽、燃气、炉灶余热、太阳能和电能等。电能作为局部热水供应系统的热源，一般情况下不予推荐，只有在无蒸汽、燃气、煤和太阳能等热源条件，且当地有充足的电能和供电条件时，才考虑采用。

2）集中热水供应系统。集中热水供应系统是利用加热设备集中加热冷水后通过输配系统送至一幢或多幢建筑中的热水配水点，为保证系统热水温度需设循环回水管；将暂时不用的部分热水再送回加热设备。当条件允许时，集中热水供应系统的热源应首先利用工业余热、废热、地热和太阳能。以太阳能为热源的集中热水供应系统，由于受气候影响，不能全日工作，故在要求热水供应不间断的系统中，应考虑另行增设一套加热装置予以补充；以地热水为热源时，应按地热水的水温、水质、水量、水压，采取加热、降温、防腐蚀、贮存调节和抽吸、加压等技术措施。地热水的热、质利用应尽量充分，应考虑综合利用。

3）区域性热水供应系统。区域性热水供应系统以集中供热热力网中的热媒为热源，由热交换设备加热冷水，然后经过输配系统供给建筑群各热水用水点使用。这种系统热效率最高，但一次性投资大，有条件的应优先采用。

（2）系统组成　热水供应系统主要由锅炉、热媒循环管道、水加热器、配水循环管道等组成，其工作流程是：锅炉生产的蒸汽经热媒管送入水加热器把冷水加热。蒸汽凝结水由热媒下降管排至凝结水池。锅炉用水由凝结水池旁的凝结水泵压入。水加热器中所需要的冷水由高位水箱供给，加热器中的热水由配水管送到各个用水点。为了保证热水温度，回水管和配水管中还循环流动着一定数量的循环流量，用来补偿配水管路的散热损失。

2. 热水系统供应方式

(1) 局部热水供应方式(图5-22)

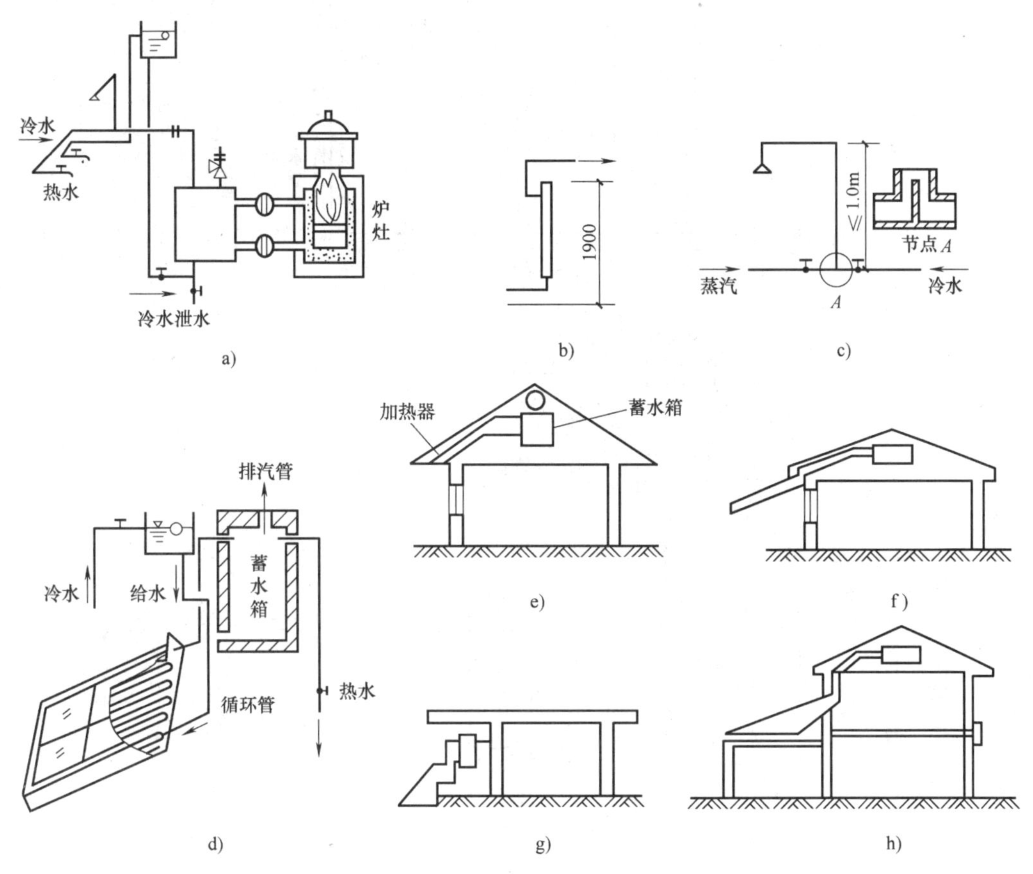

图5-22 局部热水供应方式

a) 炉灶加热 b) 小型单管快速加热 c) 汽水直接混合加热 d) 管式太阳能热水装置 e) 管式加热器在屋顶 f) 管式加热器充当窗户遮篷 g) 管式加热器在地面上 h) 管式加热器在单层屋顶上

1) 图5-22a是利用炉灶炉膛余热加热水的供应方式。它适用于单户或单个房间需用热水的建筑,其基本组成有加热套管或盘管、储水箱及配水管等三部分。

2) 图5-22b、c为小型单管快速加热和汽水直接混合的加热方式。小型单管快速加热用的蒸汽可利用高压蒸汽也可利用低压蒸汽。采用高压蒸汽时,蒸汽的表压不宜超过0.25MPa,以避免发生意外的烫伤人体事故。混合加热一定要使用低于0.07MPa的低压锅炉。这两种局部热水供应方式的缺点是调节水温困难。

3) 图5-22d为管式太阳能热水器的热水供应方式。它利用太阳照向地球表面的辐射热,将保温箱内盘管或排管中的冷水加热后,送到贮水箱或贮水罐以供使用。这是一种节约燃料且不污染环境的热水供应方式,但在冬季日照时间短或阴雨天气时效果较差,需要备有其他热源和设备使水加热。

(2) 集中热水供应方式(图5-23)

1) 图5-23a为干管下行上给全循环供水方式,由两大循环系统组成。锅炉、水加热器、

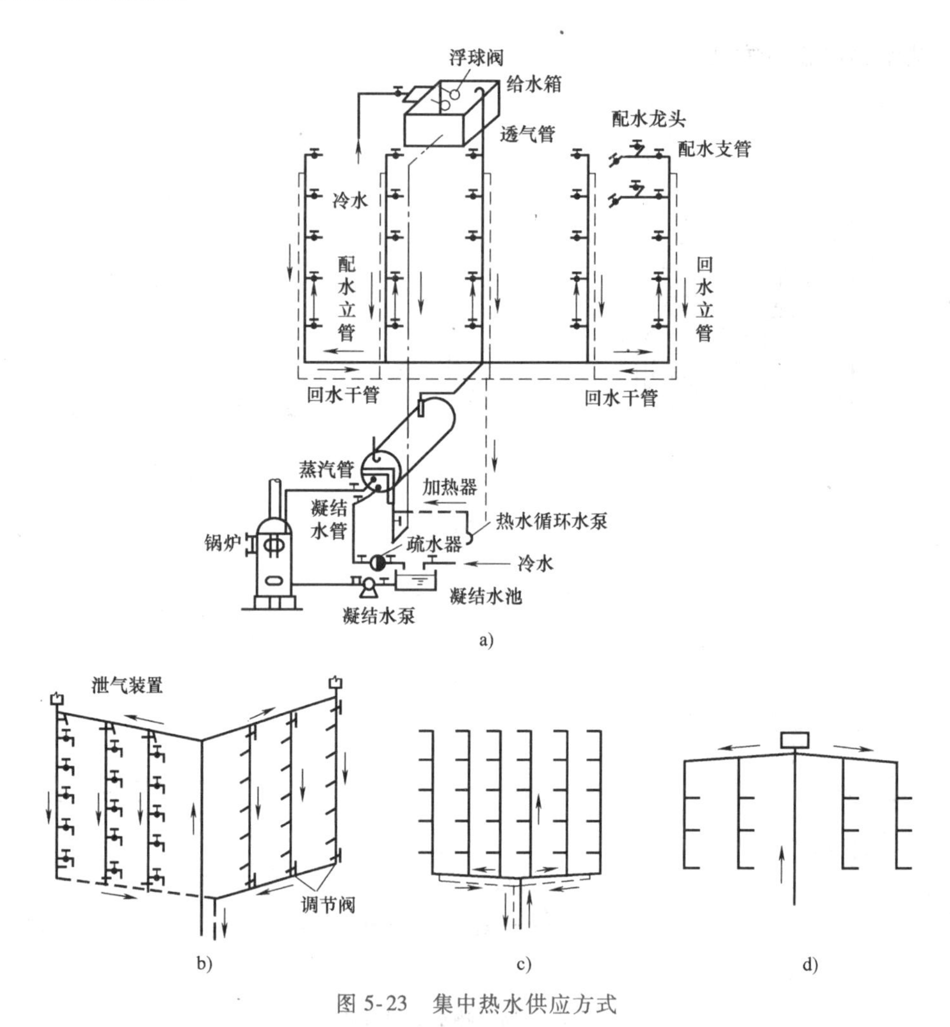

图 5-23 集中热水供应方式

a）下行上给式全循环管网 b）上行下给式全循环管网 c）下行上给式半循环管网 d）上行下给式管网

凝结水箱、水泵及热媒管道等构成第一循环系统，其作用是制备热水；第二循环系统主要由上部贮水箱、冷水管、热水管、循环管及水泵等构成，其作用是输配热水。锅炉生产的蒸汽，经蒸汽管进入容积式水加热器的盘管，把热量传给冷水后变为冷凝水，经疏水器与凝结水管流入凝结水池，然后用凝结水泵送入锅炉加热，继续产生蒸汽。冷水自给水箱经冷水管从下部进入水加热器，热水从上部流出，经敷设在系统下部的热水干管和立管、支管分送到各用水点。为了能经常保证所要求的热水温度，设置了循环干管和立管，以水泵为循环动力，使热水经常循环流动，不致因管道散热而降低水温。该系统适用于热水用水量大、要求较高的建筑。

2）如果把热水输配干管敷设在系统上部，就是上行下给式系统，此时循环立管由每根热水立管下部延伸而成，如图 5-23b 所示。这种方式一般适用在 5 层以上，并且对热水温度的稳定性要求较高的建筑。因配水管与回水管之间的高差较大，往往可以采用不设循环水泵的自然循环系统。这种系统的缺点是不便维护和检修管道。

3）图 5-23 c 为干管下行上给半循环管网方式，适用于对水温的稳定性要求不高的 5 层以下建筑物，比全循环方式节省管材。

4）图 5-23 d 为不设循环管道的上行下给管网方式，适用于浴室、生产车间等建筑物内。这种方式的优点是节省管材，缺点是每次供应热水前需排泄掉管中冷水。

（3）区域热水供应系统　区域热水供应系统（图 5-24）是指水在区域性锅炉房或热交换站集中加热，通过市政热水管网输送至整个建筑群、城市街道或整个工业企业的热水供应系统。

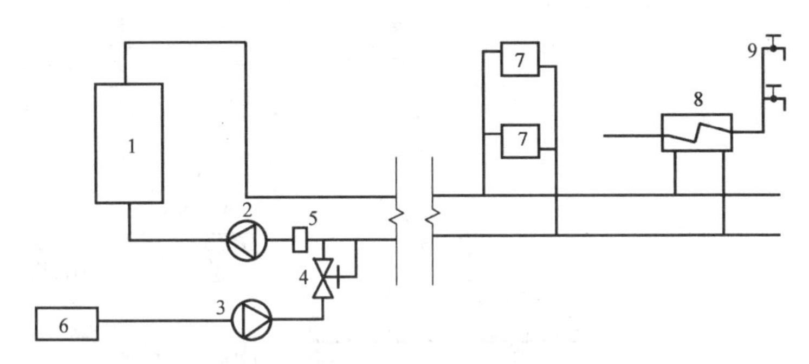

图 5-24　区域热水供应系统

1—热水锅炉　2—循环水泵　3—补给水泵　4—压力调节阀　5—除污器
6—补充水处理装置　7—供暖散热器　8—生活热水加热器　9—生活用热水

区域性热水供应方式，除热源形式不同外，其他内容均与集中热水供应方式无异。室内热水供应系统与室外热力网路的连接方式同供暖系统与室外热网的连接方式。

在选用热水供应方式时需要考虑建筑物类型、卫生器具的种类和数量、热水用水定额、热源情况、冷水供给方式等因素，应选择几种可行性方案进行技术、经济比较后确定。

3. 热水管道的布置和安装

热水管道的布置与给水管道基本相同。管道的布置应该在满足安装和维修管理的前提下，使管线短捷简单。一般建筑物的热水管线为明装，只有在卫生设备标准要求高的建筑物及高层建筑中，热水管道才暗装。暗装管线放置在预留沟槽、管道竖井内。明装管道尽可能布置在卫生间或非居住房间，一般与冷水管平行。热水水平和垂直管道当不能靠自然补偿达到补偿效果时，应通过计算设置补偿器。热水上行下给配水管网最高点应设置排气装置，下行上给立管上配水阀可代替排气装置。

热水干管管线较长时，应考虑自然补偿或装设一定数量的伸缩器，以免管道由于热胀冷缩被破坏。伸缩器可选用方形或套筒式伸缩器。伸缩器安装时，要进行预拉（或预压），同时设置好固定支架和滑动支架。

热水横管应有不小于 0.3%的坡度，为了便于排气和泄水，坡向与水流方向相反。在上分式系统配水干管的最高点应设排气装置，如自动排气阀、集气罐或膨胀水箱。在系统的最低点应设泄水装置或利用最低配水龙头泄水，泄水装置可为泄水阀或丝堵，其口径为 1/10~1/5 管道直径。为了集存热水中析出的气体，防止被循环水带走，下分式系统回水立管应在最高配水点以下 0.5m 处与配水立管连接。为避免干管伸缩时对立管的影响，热水立管与水平干管连接时，立管应加弯管，其连接方式如图 5-25 所示。

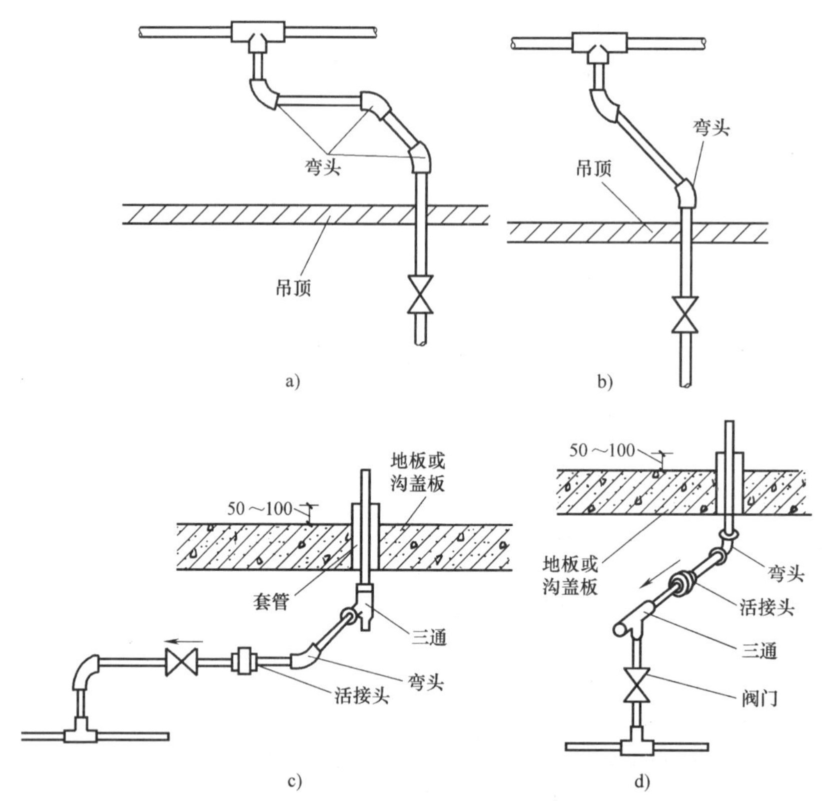

图 5-25　热水立管与水平干管的连接方式

热水管穿过基础、墙壁和楼板时均应设置套管，套管直径应大于穿越管道直径 1~2 号，穿楼板用的套管要高出地面 5~10cm，套管和管道之间用柔性材料填满，以防楼板集水时由楼板孔流到下一层。穿基础的套管应密封，防止地下水渗入室内。

考虑到今后便于检修，在配水立管的始端、回水立管的末端、居住建筑中从立管接出的支管始端以及配水点多于 5 个的支管的始端，均应装设阀门。为了防止热水倒流或串流，在水加热器或贮水器的冷水供水管上、机械循环第二回水管上、直接加热混合器的冷热水供水管上都应装设止回阀。

为减少散热，热水系统的配水干管、机械循环回水干管、有冻结可能的自然循环回水管、水加热器、贮水罐等应保温。保温材料应选取导热系数小、耐热性能高和价格低的材料。

4. 燃气热水器安装

（1）燃气热水器的结构及形式　燃气热水器主要由阀体总成、主燃烧器、小火燃烧器、热交换器、安全装置等组成。

燃气热水器按燃气的种类可分为液化石油气（Y）热水器、天然气（T）热水器、人工煤气（R）热水器等。三种燃气的成分、供气压力、热值均不同。每种燃气具都是按照一定的燃气种类设计的，不能互换使用。按排气形式又分为直排式热水器、烟道式热水器、强排式热水器和平衡式热水器等四种。

燃气热水器的安装如图 5-26 所示。

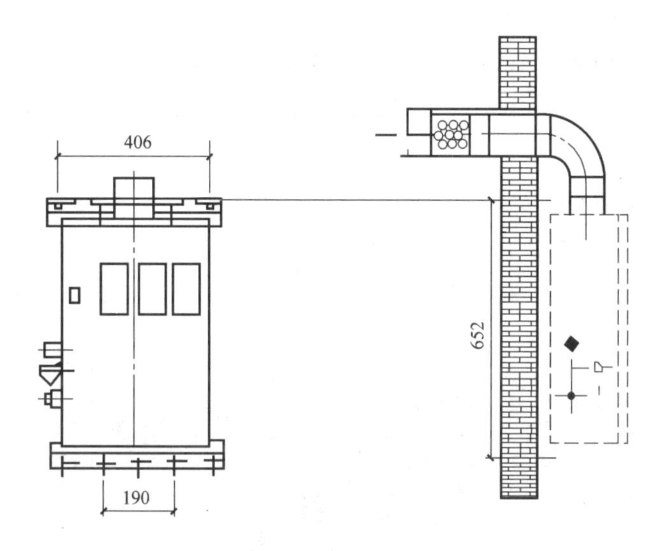

图 5-26　燃气热水器的安装

（2）安装方法（图 5-27）

1）确定安装位置。按说明书提供的尺寸在墙上打 4 个 ϕ8mm 的孔。把 4 个 M8 的膨胀螺栓打入孔内，然后拧入螺母，与墙之间留出约 5mm 的间隙。

2）固定热水器。将热水器背面用来固定安装挂板的 6 个螺钉拧出。将随机提供的 2 块安装挂板用螺钉紧固在热水器背面（上、下各一块），挂在墙上。再将螺母紧固，将热水器牢固地挂在墙上。

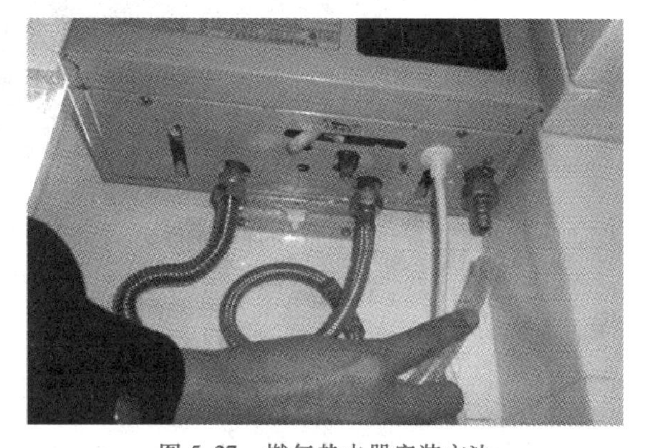

图 5-27　燃气热水器安装方法

3）水管连接。将给水管道、截止阀、淋浴喷头与热水器进水口和出水口相连接。

4）烟道连接。将随机配的金属烟道牢固地和热水器烟道口连接，将烟道出口接到室外。出气口应加接防风、防虫、防鸟罩具。

5）燃气管连接。将燃气阀门装在热水器前的燃气管道中，接通燃气管道。用肥皂水涂抹在管道各接口处，确认不漏气即为合格。

6）淋浴装置安装。使用活动淋浴组合装置，其活动软管内径应大于 10mm，淋浴装置安装后满足相应最低水压要求。

（3）安装要点及注意事项

1）热水器必须安装在空气流畅的位置，应安装在室内。烟道式热水器不得安装在浴室或空气不流通的房间里。

2）烟道式热水器的安装高度，以人的眼睛水平地看到热水器火焰观察窗的高度最为合适（大约 1400~1600mm）。

3）热水器安装后应离墙 200mm 以上和离楼顶 300mm 以上。

4）城市管道煤气及天然气要用金属管配接，液化石油气可用橡胶管配接。但不宜过长，以 1.5m 内为宜。

5. 太阳能热水器安装

（1）太阳能热水器的结构及形式　太阳能热水器（图 5-28）的结构主要有集热器、水箱外壳、保温层、水箱内胆、水箱端盖、支架和反射板，其重要组成部分是集热器。

图 5-28　太阳能热水器

太阳能热水器常见的形式有池式、筒式、管板式等几种，各种形式及其结构如图 5-29 所示。

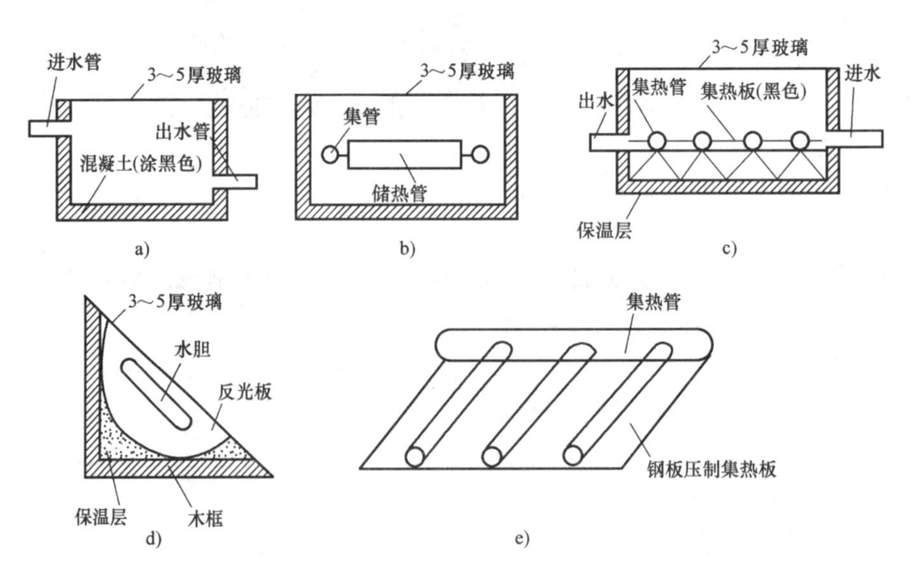

图 5-29　太阳能热水器的形式及结构

a）池式热水器　b）筒式热水器　c）管板式热水器　d）胆式热水器　e）板式热水器

太阳能热水器的安装如图5-30和图5-31所示。

(2) 安装方法

1) 确定热水器的安装地点：地点应平坦，前方没有遮挡物体。

2) 组装反射板：将反射板支架按相同方向排列，将U形销板插入支架方孔内，对齐螺孔，用螺钉连接（不同容积的反射板数量不同，100L以下有2块，100L以上有3块）。

3) 组装尾架：将尾架安装孔与反射板支架下端螺孔对齐，用螺钉连接。

4) 组装支架：用后立柱斜拉梁交叉连接左、右后立柱，并用螺钉连接。按平整面在外方向，将不锈钢桶托与左、右后立柱连接。

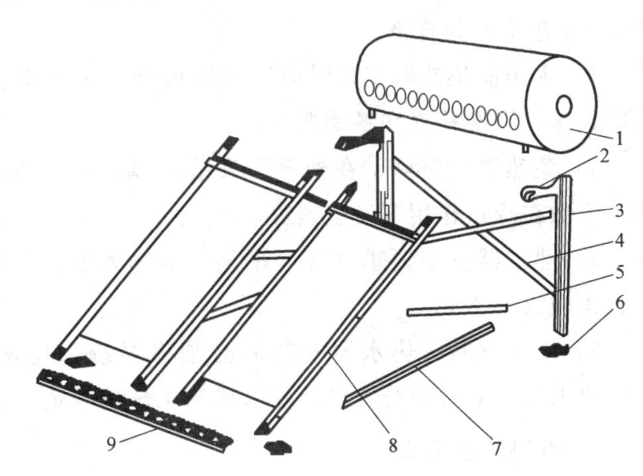

图5-30 45°角热水器安装

1—水箱 2—不锈钢桶托 3—后立柱 4—后立柱斜拉梁 5—斜拉梁 6—地脚 7—底拉梁 8—反射板 9—尾架

5) 连接支架和反射板：通过不锈钢桶托，将反射板和后立柱连接在一起，安装左右斜拉梁，并用螺钉连接。安装地脚。

6) 安装水箱：将水箱下螺栓插入不锈钢桶托上的长孔，用螺母连接。

7) 太阳能集热器安装：集热器最佳布置方位是朝向正南，当客观条件不允许时，可偏向东或偏西15°以内安装。集热器安装倾角（与地平面夹角）：池式集热器只能水平安装；其他形式集热器夹角等于当地纬度。一般情况下，南方安装倾角为30°，北方安装倾角为45°。集热器的上集管应有0.005的坡度，通往贮热水箱的循环管应有3%的坡度。集热器的上集管与贮热水箱必须保持一定高差，一般为0.3~1.0m。循环管应尽量减少拐弯，管道长度尽量缩短。

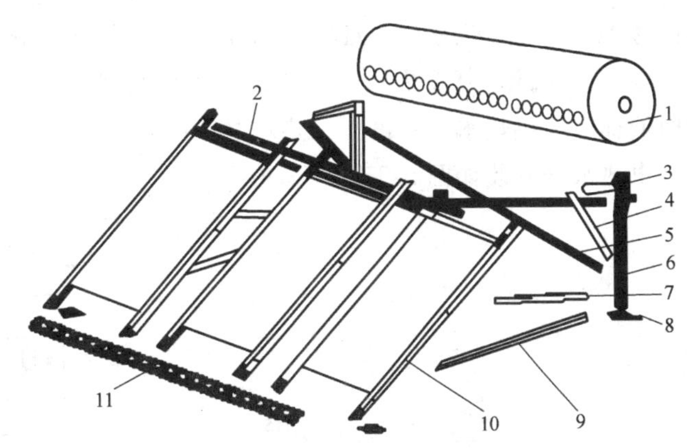

图5-31 30°角热水器安装

1—水箱 2—前架水平梁 3—不锈钢桶托 4—后立柱斜撑 5—后立柱斜拉梁 6—后立柱 7—中拉梁 8—地脚 9—下拉梁 10—反射板 11—尾架

8) 保温：热水器安装后应对上下集管和循环管、贮热水箱等易散热的构件采取保温措施。其保温厚度和保温技术要求与一般管道、设备保温方法相同。

(3) 安装要点及注意事项

1) 玻璃周边应用腻子（或密封条）密封不得漏气。玻璃若有搭接时，应顺水搭接。

2）集热管和上下集管应在安装玻璃前进行水压试验，试验压力为工作压力的 1.5 倍，15min 不渗不漏为合格。

3）太阳能集热器安装时应注意集热器、热水箱、补水箱和各种管道等均应具有泄水、放空设施，以便检修和冬季泄水。

4）集热器就位后，在烈日下安装玻璃时应在系统充水后进行，以适应玻璃的物理性能，不致在冷热作用下发生裂纹。

5）热水器安装要求整齐、平整、洁净光滑，色泽一致，美观大方。

6）水压试验：热水器安装后必须做系统水压试验。试压要求及标准必须符合设计要求或施工规范规定。

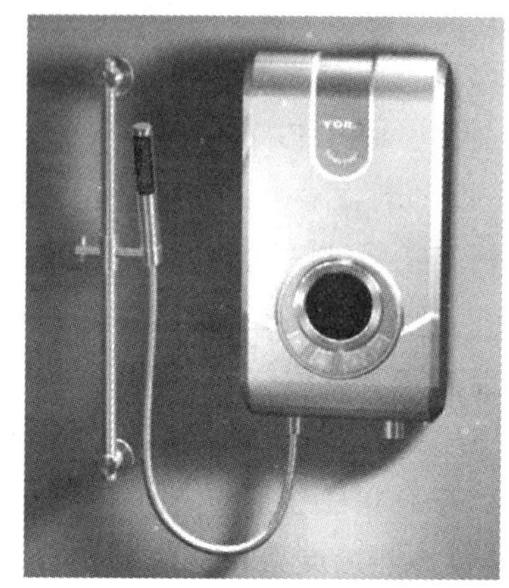

图 5-32　电热水器

6. 电热水器安装

（1）电热水器的结构及形式　电热水器（图 5-32）主要由外壳、内胆、保温层、加热器、镁棒、调温旋钮、泄压阀及进出水口等组成。

电热水器的形式按外形结构可分为立式和卧式两种；按加热方式分为即热式和贮水式两种。即热式热水器体积小，无须预热，但功率大，通常在 4~6kW 以上，工作电流高达 18~27A，使用中水温易受水压影响，不宜家庭使用。贮水式热水器的功率通常为 1.2~2kW，电流 6~9A 之间，一般家庭电路可满足。贮水式热水器具有自动恒温保温、停电时同样可提供热水，并可作为热水供应中心，供应多处用水。但体积大，须预热。

电热水器安装如图 5-33 所示。

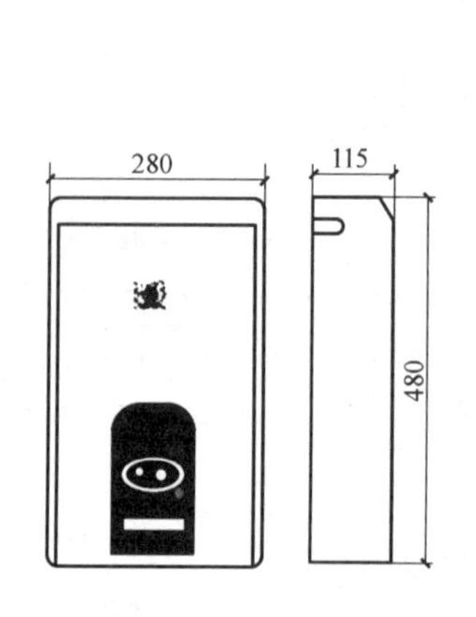

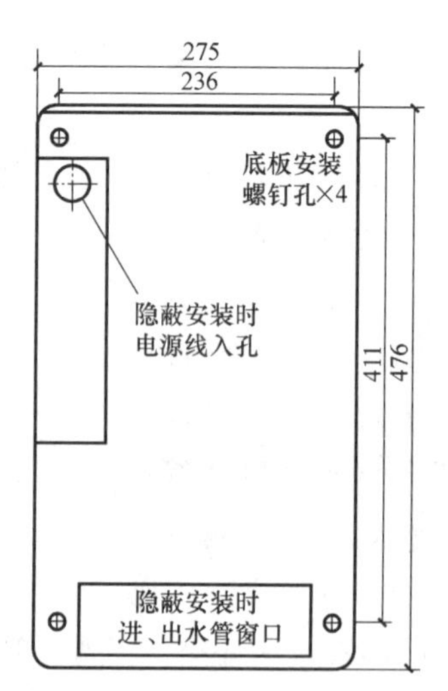

图 5-33　电热水器安装

（2）安装方法

1）根据所购电热水器挂架安装尺寸，在坚固的墙上选定位置，高度一般为1.8~2.0m。

2）在安装位置的墙上钻4个孔（注：孔不能打在墙缝隙间），然后将4颗M8×50的膨胀螺栓分别固定在孔内，将螺母旋上，把热水器挂架安装在膨胀螺钉上，并固定好。

3）把热水器挂在架上，立式电热水器应垂直放置，卧式电热水器应水平放置。

4）安装立式时注意温度表朝上，控制盒在下部。进出水管的连接，所有的管体为1/2G，在热水器进冷水口处缠上生料带，然后安装上单向安全阀。

（3）安装要点及注意事项

1）热水器必须安装在坚固的墙壁上，距地面高度一般不低于1.8m。

2）电源插座的电流规格必须符合热水器的额定电流值要求。

3）电源开关和电源插座应确保不受潮或水淋。

4）安装后应注水检漏，确认各处均无漏水现象。

7. 温度调节器安装

为了保证水加热器供水温度的稳定，在水加热器供水出口处，应装自动温度调节器，如图5-34所示。

温度调节器须直立安装，温包必须全部插入热水管道中。毛细管敷设弯曲时，其弯曲半径不得小于60mm，并每隔300mm间距进行固定。

热水配水干管、机械循环的回水管和有可能结冻的自然回水管、水加热器、贮水器等均应保温，以减少热损失。

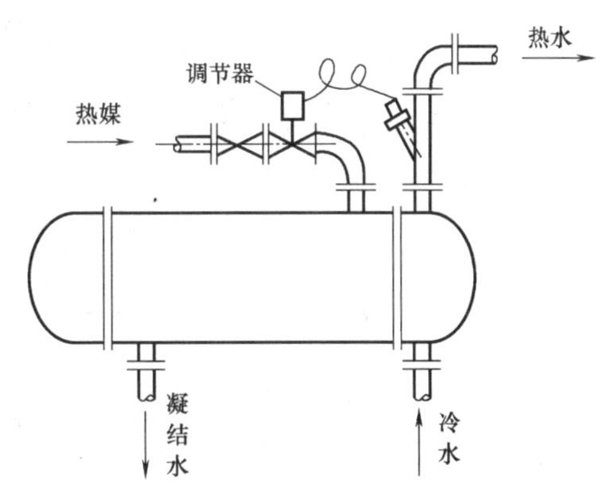

图5-34 温度调节器安装

5.3 卫生器具安装

1. 卫生器具的分类及结构

（1）卫生器具的分类 卫生器具是给水排水系统的重要组成部分，是供人们洗涤、清除日常生活和工作中所产生的污（废）水的装置，其分类见表5-2。

表5-2 常用卫生器具的分类

类别	器具要求	材料	示例
便溺用卫生器具	表面光滑、不透水，耐腐蚀，耐冷热，便于保持器具清洁卫生，经久耐用	陶瓷、钢板搪瓷、铸铁搪瓷、不锈钢、塑料等不透水、无气孔的材料	大便器、小便器
盥洗、沐浴用卫生器具			洗脸盆、浴盆、盥洗槽等
洗涤用卫生器具			洗涤盆、污水盆等
其他专用卫生器具			医疗用的倒便器、婴儿浴池
其他专用卫生辅助设置		不锈钢、塑料等不透水、无气孔的材料	浴室用扶手、不锈钢卫生纸架、不锈钢烟灰缸、双杆毛巾架、马桶盖、手压冲阀、小便斗散水器、小便斗红外线自动感应器等

卫生器具在卫生间内的布置形式如图 5-35 所示。

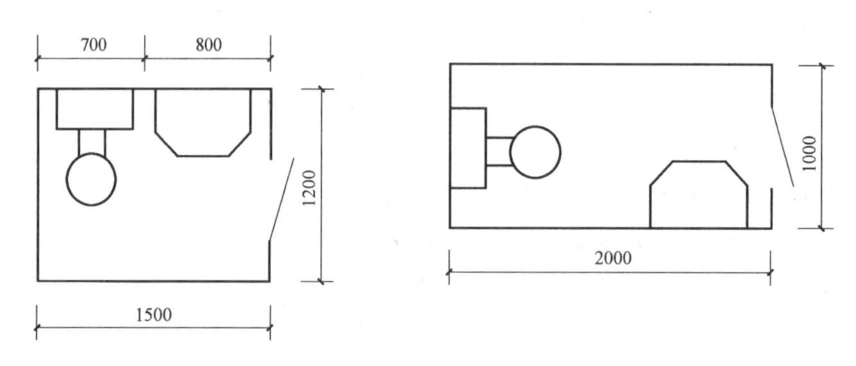

图 5-35 两种卫生间的布置形式

卫生器具在卫生间内布置的最小间距如图 5-36 所示。

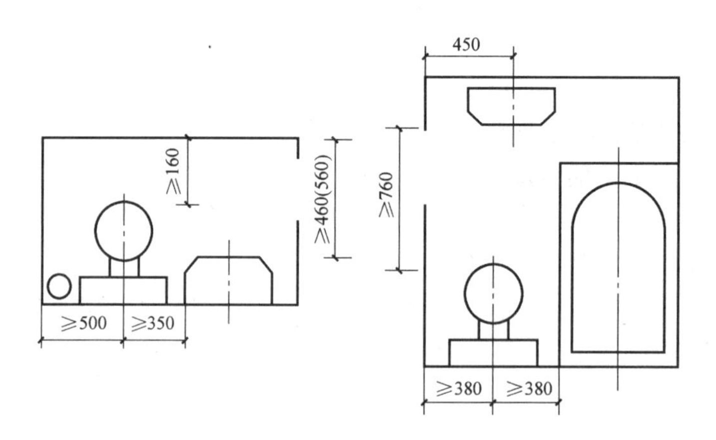

图 5-36 卫生器具在卫生间内布置的最小间距

注：1. 大便器至对面墙壁的最小净距≥460mm。

2. 大便器与洗脸盆并列，从大便器的中心至洗脸盆的边缘应≥350mm，距边墙面≥380mm。

3. 洗脸盆设在大便器对面，两者净距应≥760mm。洗脸盆边缘至对面墙壁应≥460mm，对身体魁梧者可达 560mm。

4. 洗脸盆上沿距镜子底部的距离为 200mm。

卫生间内常见的一些卫生辅助设置如图 5-37 所示。

（2）冲洗设备的基本结构　冲洗设备是提供足够的水压从而迫使水来冲洗污物，以保持室内便溺用卫生器具自身洁净的设备。一套完善的冲洗设备应具备：足够的冲洗水压，冲洗要干净、耗水量要少；在构造上能避免臭气侵入并且有防止回流污染给水管道的能力。它主要由冲洗水箱和冲洗阀两部分组成。其中，冲洗水箱按冲洗水力原理可分为冲洗式和虹吸式；按起动方式可分为手动式和自动式；按安装位置可分为高水箱和低水箱。

1）冲洗水箱。冲洗水箱包括手动水力冲洗低水箱、提拉盘式手动虹吸冲洗低水箱、套筒式手动虹吸冲洗高水箱、皮膜式自动冲洗高水箱等。

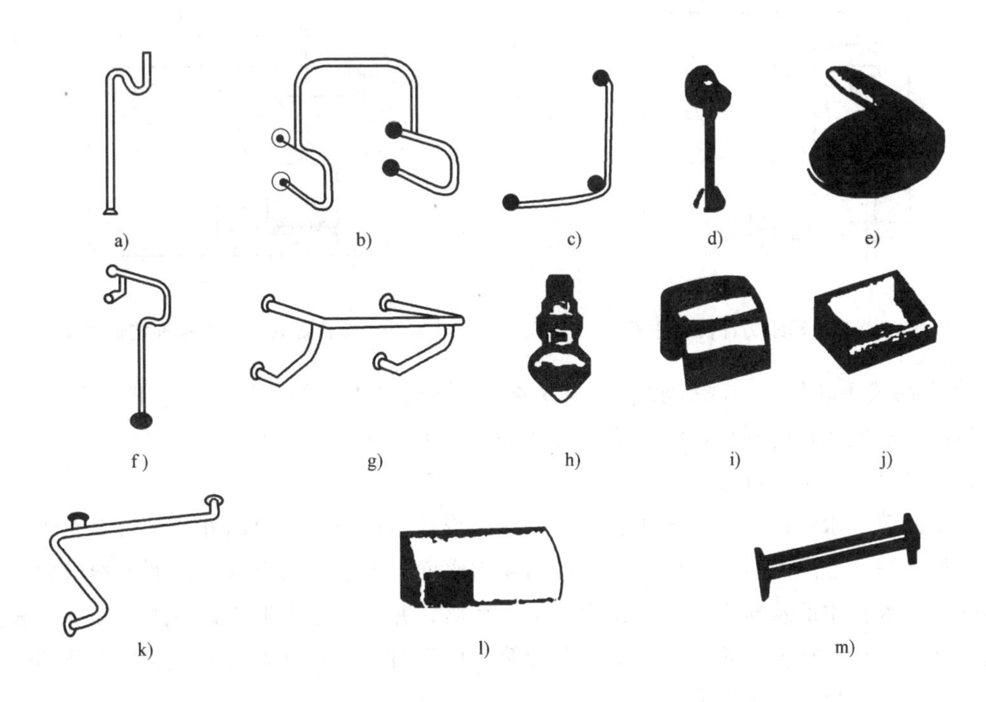

图 5-37 常见卫生辅助设置

a）S形落水管 b）小便斗扶手 c）浴室用L形扶手 d）手压冲水阀 e）马桶盖 f）T形扶手 g）面盆扶手 h）小便斗散水器 i）不锈钢卫生纸架 j）不锈钢烟灰缸 k）L形横扶手，浴缸用 l）小便斗红外线自动感应器 m）双杆毛巾架

① 手动水力冲洗低水箱（图 5-38）。该设备由水箱、橡皮球阀、导向杆、手动阀门、冲洗管和溢流管等组成。其特点是具有足够一次冲洗用的储备水容量，可以调节室内给水管网同时供水的负担，使水箱进入管径大为减小；冲洗水箱起到空气隔断作用，可以防止因水回流而污染给水管道。

工作原理：使用时扳动扳手，橡皮球阀被沿导向杆提起，箱内水立即由阀口进入冲洗管冲洗卫生设备。当箱内的水快放空时，借水流对橡皮球阀的抽吸力和导向装置的作用，橡皮球阀回落在阀口上，关闭水流，停止冲洗。

② 提拉盘式手动虹吸冲洗低水箱（图 5-39）。该设备由水箱、浮球阀、提拉筒、虹吸弯管和筒内带橡皮塞片的提拉盘等组成。其特点是人工控制形成虹吸；水箱出口无塞，避免了塞封漏水现象；冲洗强度大。

工作原理：使用时提起提拉盘，当提拉筒内水位上升到高出虹吸弯管顶部时，水进入虹吸弯管，造成水拄下流，形成虹吸，提拉盘上盖着橡皮塞片，在水流作用下向上翻起，水箱中的水便通过提拉盘吸入虹吸管冲洗卫生设备。当箱内水位降至提拉筒下部孔时，空气进入提拉筒，虹吸被破坏，随即停止冲洗。此时提拉盘回落到原来位置，橡皮塞片重新盖住提拉盘上的孔眼，同时浮球阀开启进水，水通过提拉筒下部孔眼再次进入筒内，做下次冲洗准备。

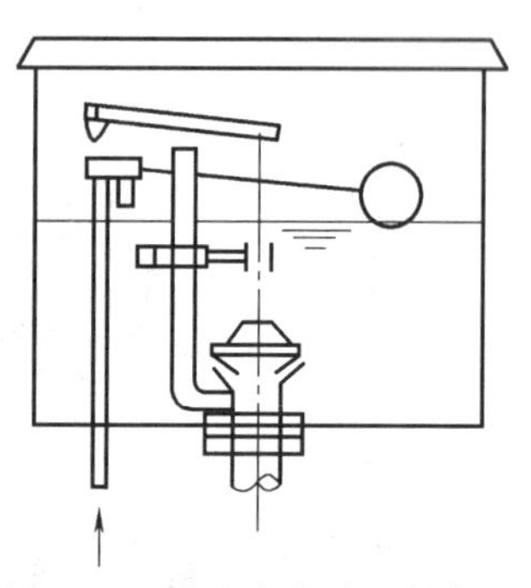

图 5-38　手动水力冲洗低水箱

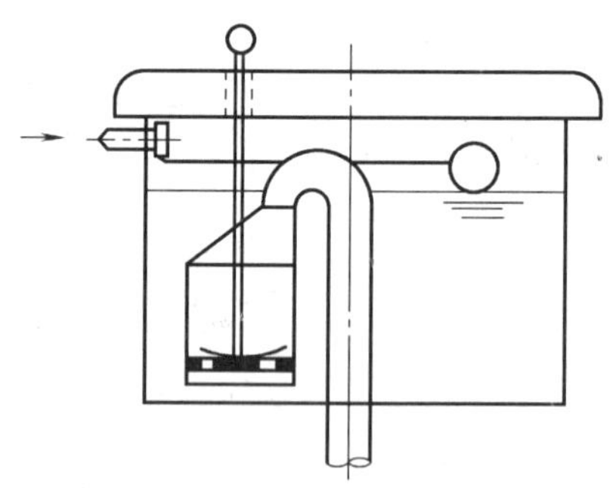

图 5-39　提拉盘式手动虹吸冲洗低水箱

③ 套筒式手动虹吸冲洗高水箱（图 5-40）。该设备由水箱、浮球阀、提拉筒、虹吸弯管和筒内带橡皮塞片的提拉盘等组成。其特点是人工控制形成虹吸；水箱出口无塞，避免了塞封漏水现象；冲洗强度大。

工作原理：水箱由浮球阀进水，当充水达到设计水位时，套筒内外及箱内水面的压力均处于平衡状态。使用时将套筒向上提拉高出箱内水面，因套筒内空气的密度突然增大，压力骤然降低，水箱中的水压在压力的作用下进入套筒，并充满弯管形成虹吸进行冲洗。套筒下落以后虹吸继续进行，当箱内水位下降至套筒口以下时，空气进入套筒，虹吸被破坏，冲洗即停止，箱内水位又重新上升。

④ 皮膜式自动冲洗高水箱（图 5-41）。该设备由水箱、皮膜、冲洗管和阀门等组成。其特点是不需要人工控制，出水靠流入水箱中的水量自动作用，利用虹吸原理进行定时冲洗，其冲洗时间间隔由水箱的容积与水调节阀进行控制。

工作原理：随着箱中水位升高，从小孔进入虹管内的水位也上升。当水位达到虹吸顶点时，水开始溢流，产生虹吸，胆内压力降低，皮膜被吸起，水流冲过皮膜下面经阀口迅速进入冲洗管，冲洗卫生器具，直至箱中的水近于放空时，虹吸被破坏，皮膜回落到原来位置，紧压冲洗管的阀口，冲洗即停止，箱内水位又继续上升。

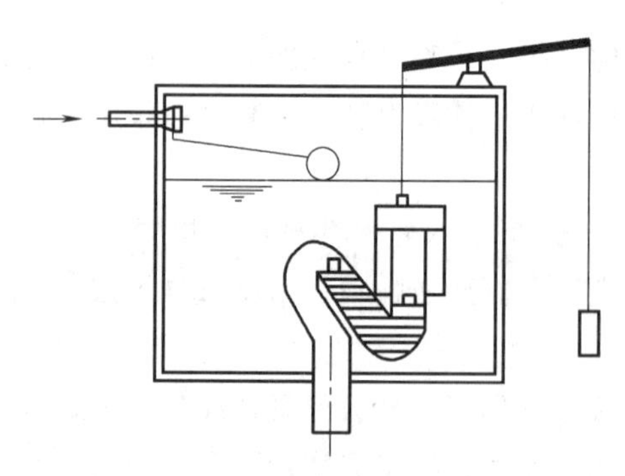

图 5-40　套筒式手动虹吸冲洗高水箱

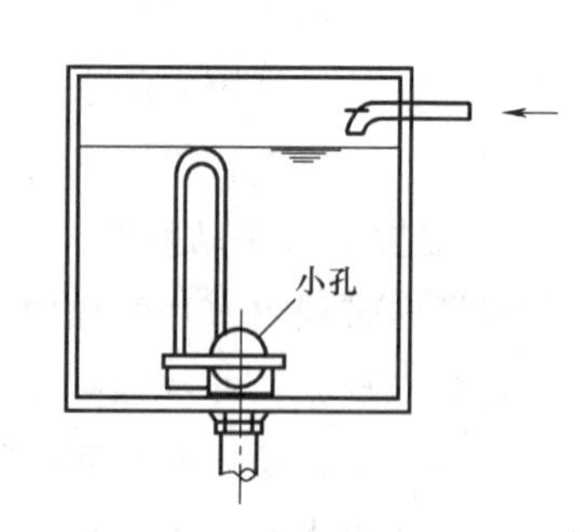

图 5-41　皮膜式自动冲洗高水箱

2）冲洗阀（图 5-42）。该设备由水箱、冲洗阀、手柄、直角截止阀、大便器卡和弯管等组成。它是一种直接安装在大便器冲洗管上的冲洗设备。其特点是体积小，坚固耐用，外表洁净、美观，安装简单，使用方便，可代替高、低冲洗水箱。

工作原理：使用时，只要用手向下按一下手柄，水流就会自动地流出冲洗卫生设备。当放开按下的手柄，就会自动关闭水流，停止冲洗。

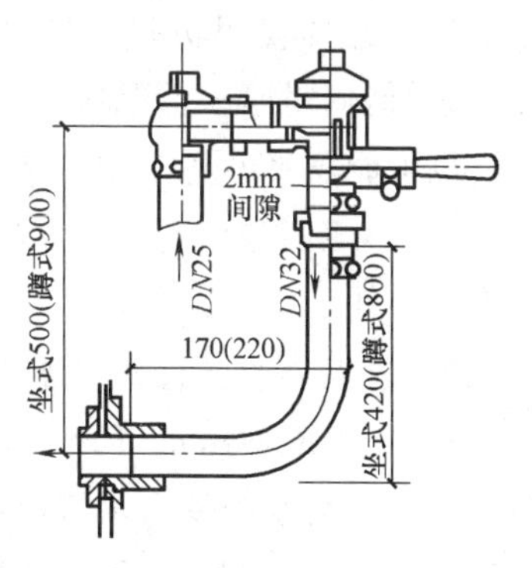

图 5-42 冲洗阀

2. 卫生器具安装要求

（1）排水、给水头子处理

1）对于安装好的毛坯排水头子，必须做好保护，如地漏、大便器排水管等都要封闭好，防止地坪上水泥浆流入管内，造成堵塞或通水不畅。

2）给水管头子的预留要了解给水龙头的规格，冷热水管子中心距与卫生器具的冷热水孔中心距是否一致。暗装时还要注意管子的埋入深度，使将来阀门或水龙头装上去时，阀件上的法兰装饰罩与粉刷面平齐。

3）对于一般暗装的管道，预留的给水头子在粉刷时会被遮盖而找不到，因此水压试验时，可采用用管子做的塞头，长度在100mm左右，粉刷后这些头子都露在外面，便于镶接。

（2）卫生器具本体安装（图 5-43）

1）卫生器具安装必须牢固，平稳、不歪斜，垂直度偏差不大于3mm。

2）卫生器具安装位置的坐标、标高应正确，单独器具允许偏差为10mm，成排器具允许偏差为5mm。

3）卫生器具应完好洁净，不污损，能满足使用要求。

4）卫生器具托架应平稳牢固，与设备紧贴且涂装良好。用木螺钉固定的，木砖应经沥青防腐处理。

图 5-43 卫生器具本体安装

（3）排水口连接

1）卫生器具排水口与排水管道的连接处应密封良好，不发生渗漏现象。

2）有下水栓的卫生器具，下水栓与器具底面的连接应平整且略低于底面，地漏应安装在地面的最低处，且低于地面5mm。

3）卫生器具排水口与暗装管道的连接应良好，不影响装饰美观。

（4）给水配件连接

1）给水镀铬配件必须良好、美观，连接口严密，无渗漏现象。

2）阀件、水嘴开关灵活，水箱铜件动作正确、灵活，不漏水。

3）给水连接铜管尽可能做到不弯曲，必须弯曲时弯头应光滑、美观、不扁。

4）暗装配管连接完成后，建筑饰面应完好，给水配件的装饰法兰罩与墙面的配合应良好。

（5）总体使用功能及防污染

1）使用时给水情况应正常，排水应通畅。如排水不畅应检查原因，可能排水管局部堵塞，也可能器具本身排水口堵塞。

2）小便器和大便器应设冲洗水箱或自闭式冲水阀，不得用装设普通阀门的生活饮用水管直接冲洗。

3）成组小便器或大便器宜设置自动冲洗箱定时冲洗。

4）给水配件出水口，不得被卫生器具的液面所淹没，以免管道出现负压时，给水管内吸入脏水。给水配件出水口高出用水设备溢流水位的最小空气间隙，不得小于出水管管径的2.5倍，否则应设防污隔断或采取其他有效的隔断措施。

3. 洗脸盆的安装（图5-44）

（1）配件安装　洗脸盆（简称“脸盆”）安装前应将合格的脸盆水嘴、排水栓装好，试水合格后方可安装。合格的脸盆塑料存水弯的排水栓一般是*DN*32螺纹，存水弯是ϕ32mm×2.5mm硬聚氯乙烯S形或P形存水弯，中间有活接头。不要使用劣质产品。

（2）脸盆安装

1）如图5-45所示，冷热水立管在脸盆的左侧，冷水支管距地面应为380mm。冷热水支管的间距为70mm。按上述高度可影响脸盆存水弯距墙面尺寸，即图5-45中的侧面图“*b*”值。与八字水门连接的弯头应使用内外丝弯头。

图5-45所示的存水弯为钢镀铬存水弯，与排水管连接时，应缠两圈油麻再用油灰密封。

图5-44　洗脸盆的安装

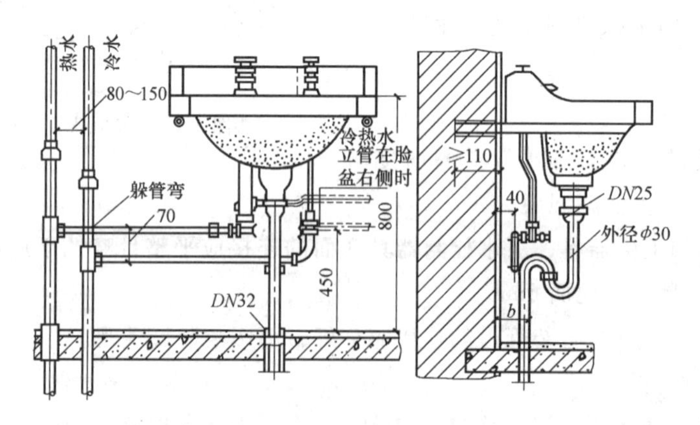

图5-45　脸盆安装（一）

注：*b*=80mm，如冷热水立管在脸盆右侧时，*b*=50mm。

2）如图5-45所示，冷热水支管为暗装。因此，铜管无须搣灯叉弯，存水弯可抻直与墙面垂直安装。其余如图5-46所示。

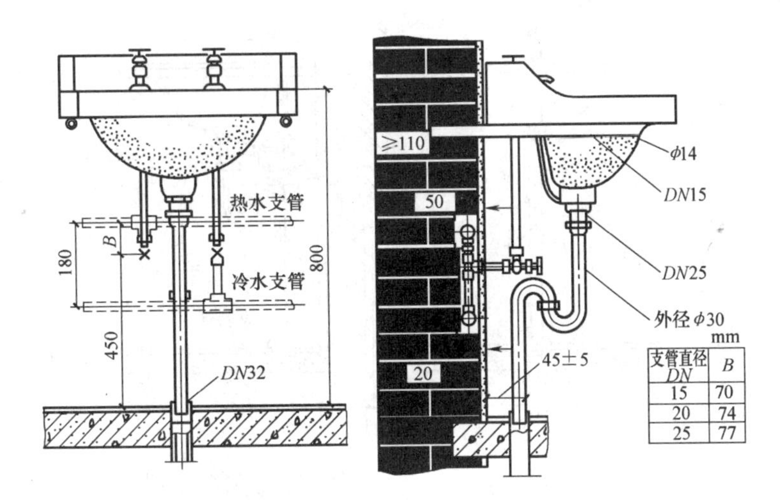

支管直径 DN	B
15	70
20	74
25	77

图 5-46 脸盆安装（二）

3）如图 5-47 所示，是多个脸盆并排安装的公用脸盆。为了便于连接，排水横管的坡度不宜过大。距地面高度应以最右侧的脸盆为基准，用带有溢水孔的 DN32 普通排水栓及活接头和六角外丝与 DN50×32 三通连接，DN50 横管与该三通连接应套偏螺纹找坡度。由最右向左第二个脸盆，活接头下方不用六角外丝，要套短管，其下端套偏螺纹与 DN50×32 三通连接，其余依此类推。

冷水支管躲绕热水支管时要冷摵勺形躲管弯。水嘴采用普通水嘴，如采用直角脸盆水嘴时，在其下端应装 DN15 活接头。

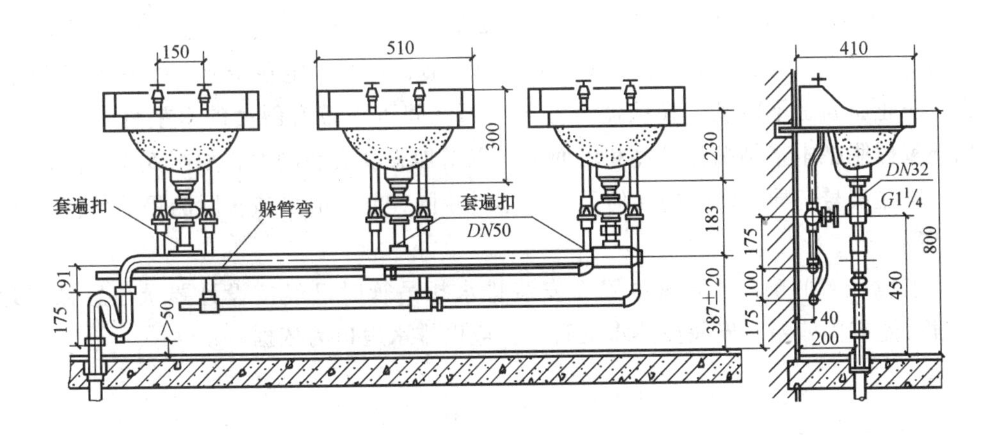

图 5-47 脸盆安装（三）

注：该图是根据 510mm 洗脸盆和普通水龙头绘制的，若脸盆规格有变化时，其有关相应尺寸也应变化。

4）如图 5-48 所示是台式脸盆安装。冷热水支管为暗装（冷水防结露，热水保温由设计确定），存水弯为直（S）形，也可用八字（P）形。其余如图 5-48 所示。存水弯与塑料排水管连接做法见接点详图。图中异径接头由塑料管件生产厂家提供。密封胶亦可用油灰取代。

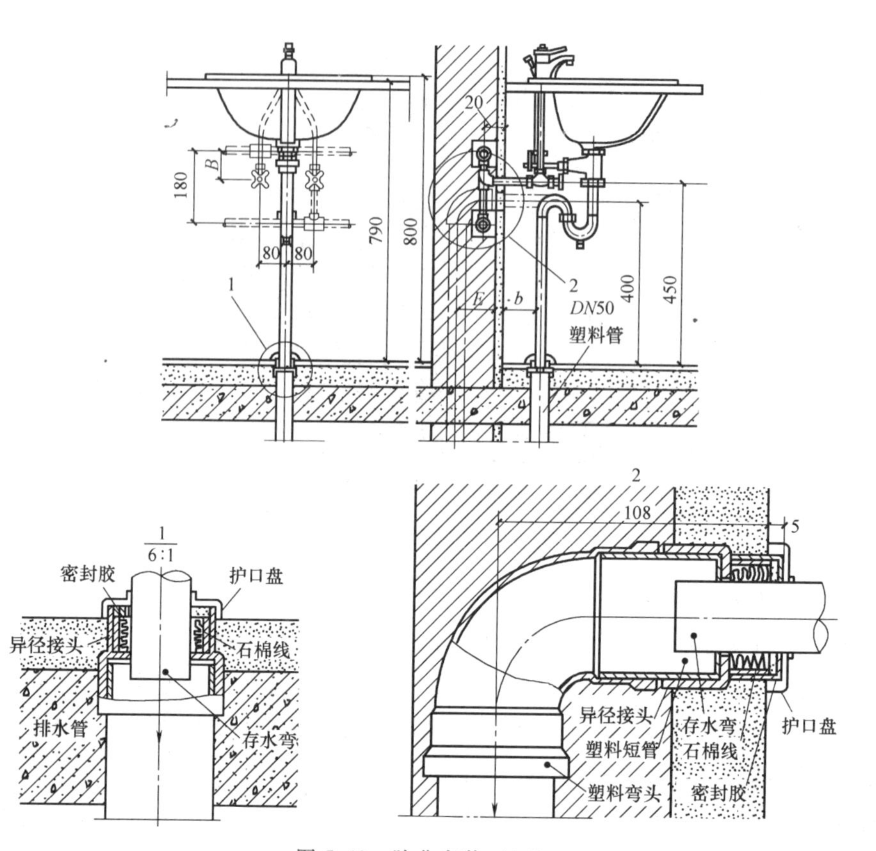

图 5-48　脸盆安装（四）

（3）对窄小脸盆的稳固　窄小脸盆是指 12 号、13 号、14 号、21 号、22 号脸盆。上述脸盆无须安装脸盆支架，在其上方的圆孔内用 M6 镀锌螺栓固定在墙上，如图 5-49 所示。

为了防止脸盆上下颤动，在脸盆下方与墙面之间可用带有斜度的木垫将脸盆与墙面垫实，用环氧树脂把木垫粘贴在脸盆和墙面上，以增加脸盆安装刚度，如图 5-49 所示。

由于脸盆型号各异，木垫的几何尺寸也不尽相同，制作时应按实际测得的数据制作，如图 5-50 所示。

（4）脸盆位置的确定　脸盆位置在安装排水托吊管时已经按设计要求位置做出地面，但安装时可能有些偏差，安装冷热水支管时，应以排水甩口为依据。

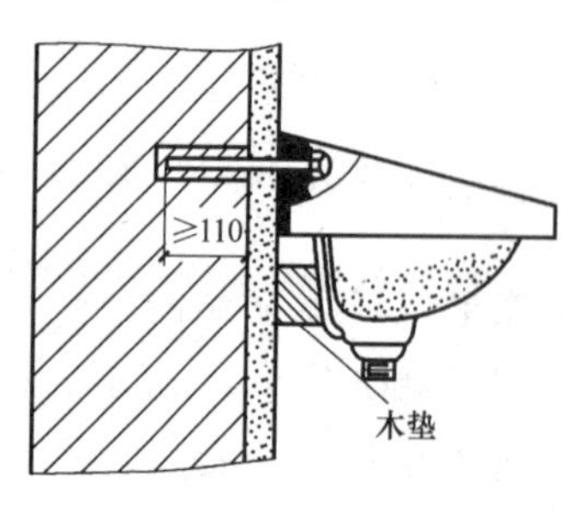

图 5-49　窄小脸盆安装

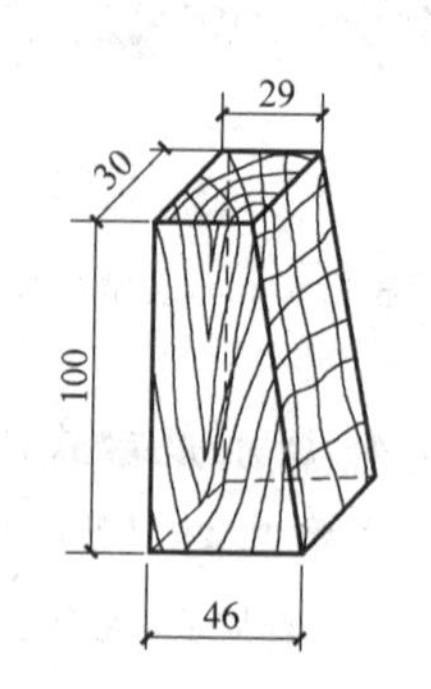

图 5-50　木垫几何尺寸

（5）在薄隔墙上安装脸盆架　薄隔墙是指小于等于80mm（未含抹面）的混凝土或非混凝土隔墙。图5-51中的薄隔墙为轻质空心隔墙且不抹灰亦不贴面砖。如果抹灰或贴瓷砖时，图中的扁钢可放在墙的外表面（扁钢为40mm×4mm镀锌扁钢）。

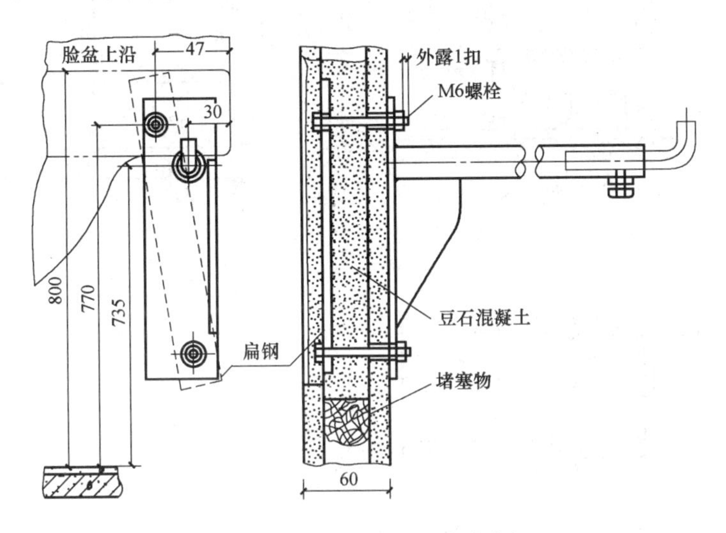

图5-51　在薄隔墙上安装脸盆架

在薄隔墙上安装的脸盆架制作如图5-52所示。图中点焊螺母时，应将M8螺母对准已钻ϕ6.8mm孔，点焊后用M8丝锥将螺母的螺纹过一次连同管壁攻螺纹。

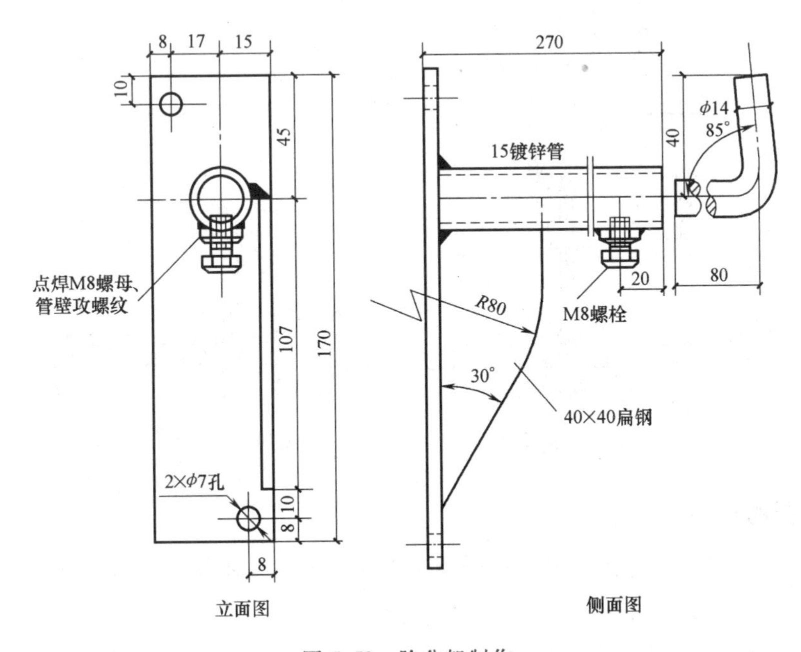

图5-52　脸盆架制作

4. 洗涤槽的安装

洗涤池、洗涤槽安装如图5-53、图5-54所示。

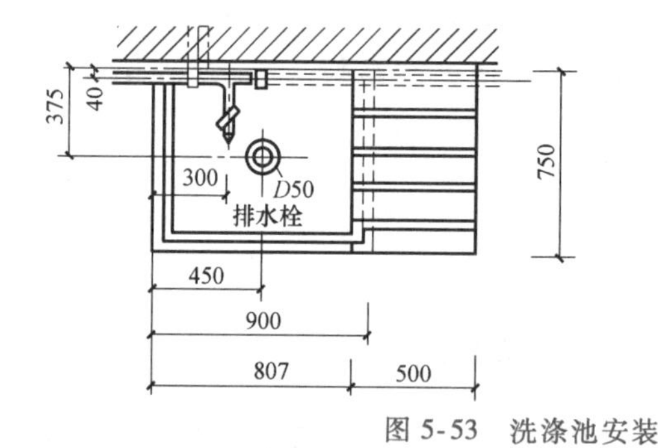

图 5-53 洗涤池安装

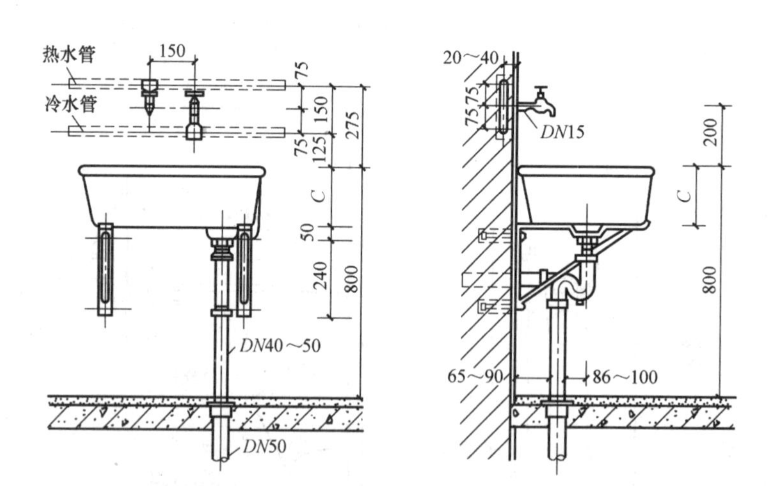

图 5-54 冷热混合洗涤槽安装

5. 大便器的安装

大便器安装施工工艺流程：定位画线→存水弯安装→大便器安装→高（低）水箱安装。

（1）高水箱蹲式便器安装（图 5-55）

1）安装前检查大便器有无裂纹或缺陷，清除连接大便器承口周围杂物，检查有无堵塞。

2）安装 P 形存水弯，应在卫生间地面防水前进行。先在便器下铺水泥焦渣层，周围铺白灰膏，把存水弯进口中心线对准便器摊水口中心线，将弯管的出口插入预留的排水支管用

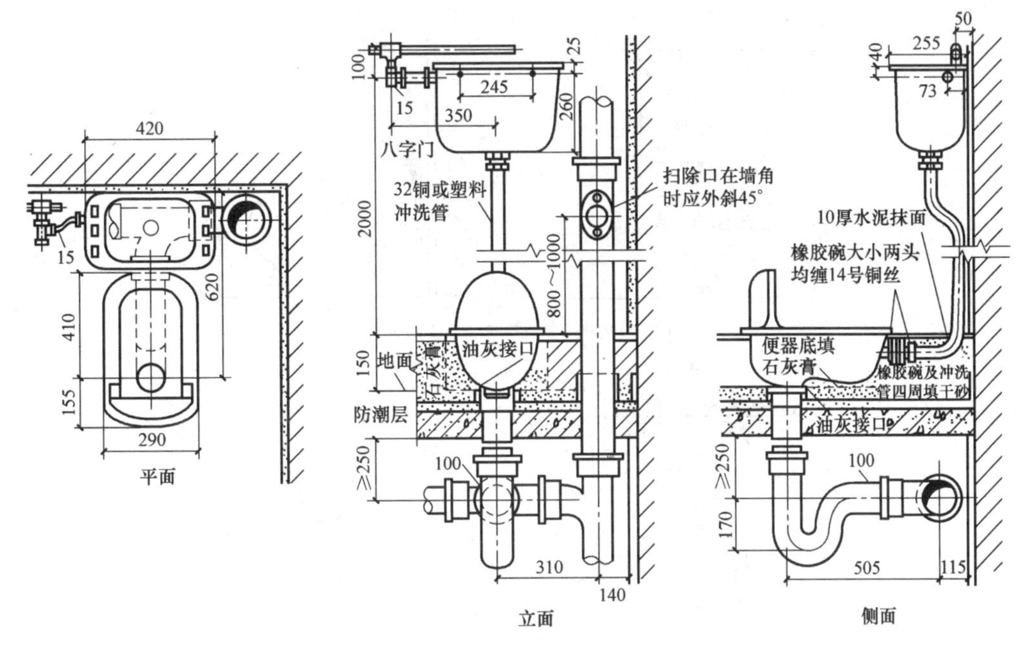

图 5-55 高水箱蹲式便器安装

口。用水平尺对便器找平找正，调整平稳，便器两侧砌砖抹光。

3）安装S形存水弯应采用水泥砂浆稳固存水弯管底，其底座标高应控制在室内地面的同一高度，存水弯的排水口应插入排水支管甩口内，用油麻和腻子将接口处抹严抹平。

4）冲洗管与便器出水口用橡胶碗连接，用14号铜丝错开90°拧紧，绑扎不少于两道。橡皮碗周围应填细砂，便于更换橡皮碗及吸收少量渗水。在采用花岗岩或通体砖地面面层时，应在橡皮碗处留一小块活动板，便于取下维修。

5）将水箱的冲洗洁具组装后并做满水试验，在安装墙面画线定位，将水箱挂装稳固。若采用木螺钉，应预埋防腐木砖，并凹进墙面10mm。固定水箱还可采用ϕ6mm以上的膨胀螺栓。

（2）低水箱坐式便器安装（图5-56）

1）坐便器底座与地面面层固定可分为螺栓固定和无螺栓固定两种方法。

① 坐便器采用螺栓固定：应在坐便器底座两侧螺栓孔的安装位置上画线、剔洞、栽螺栓或嵌木砖、螺栓孔灌浆，进行坐便器试安装，将坐便器排出管口和排水甩头对准，找正找平，并抹匀油灰。使坐便器落座平稳。

② 坐便器采用无螺栓固定：即坐便器可直接稳固在地面上。便器定位后可进行试安装，将排水短管抹匀，胶黏剂插入排出管甩头。同时在坐便器的底盘抹油灰，排出管口缠绕麻丝、抹实油灰。使坐便器直接稳固在地面上，压实后擦去挤出油灰，用玻璃胶封闭底盘四周。

2）根据水箱的类型，将水箱配件进行组合安装，安装方法同前。水箱进水管采用镀锌管或铜管，给水管安装应朝向正确，接口严密。

3）在卫生间装饰工程结束时，最后安装坐便器盖。

6. 小便器的安装

（1）平面式小便器安装　平面式（也称斗式）小便器安装高度为600mm，幼儿园中安

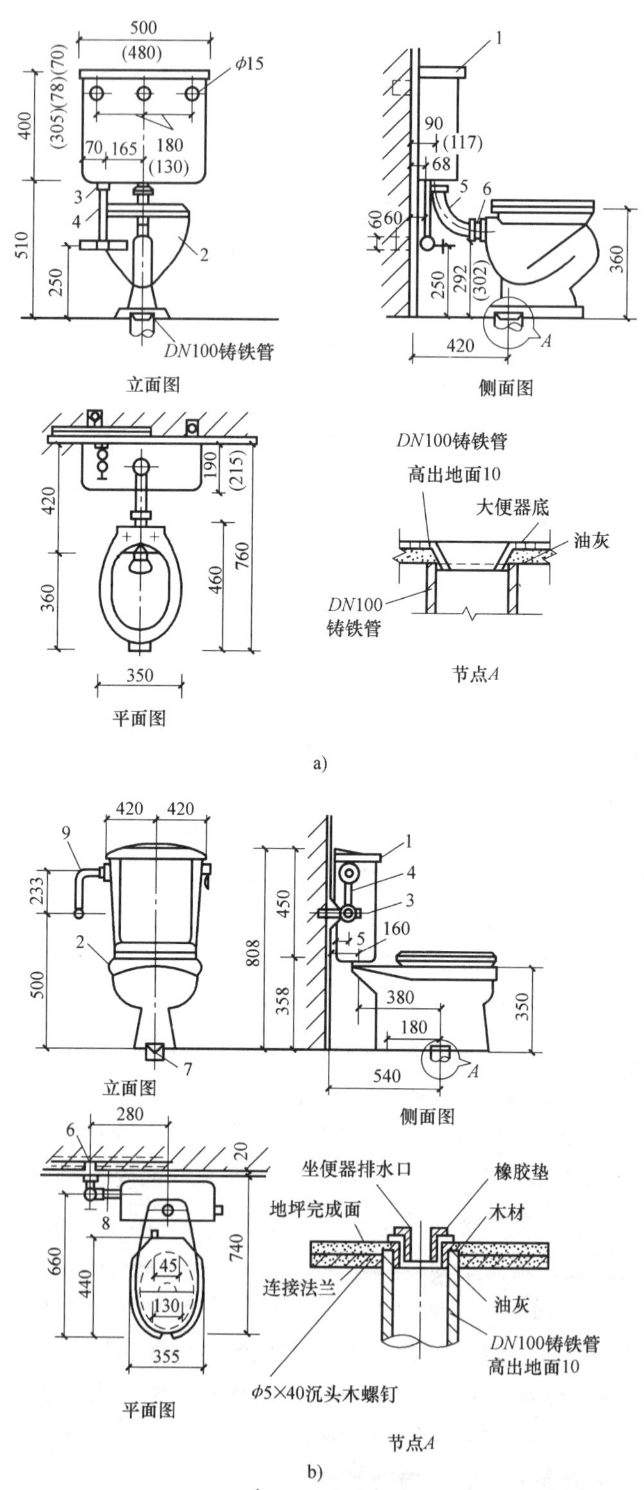

图 5-56　低水箱坐式便器安装

a）分水箱坐便器安装图（S 式安装）　b）带水箱坐式大便器安装图

1—低水箱　2—坐式大便器　3—浮球阀配件 *DN*5　4—水箱进水管

5—冲洗管及配件 *DN*50　6—锁紧螺栓　7—角式截止阀 *DN*5　8—三通　9—给水管

装高度为150mm。排水管为*DN*40钢管或镀锌钢管做至地面，与排水托吊管连接时，在承口内翻边。其余如图5-57所示。

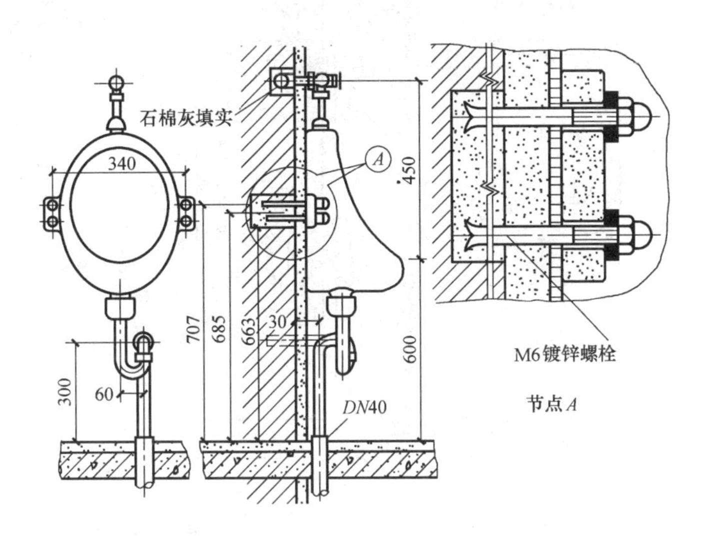

图5-57　平面式小便器安装

（2）立式小便器安装　接至小便器的排水管：如果采用螺纹存水弯时，由存水弯至小便器的管段应使用*DN*50镀锌钢管，一端套螺纹装在存水弯上，而另一端与铸铁排水套袖（管箍）连接，做至地面以下20~25mm，防水层做至承口内，如图5-58a所示。如果必须将排水管做至地面时，应使用*DN*80×50异径套袖连接，如图5-58b所示。八字水门的连接同平面式小便器。

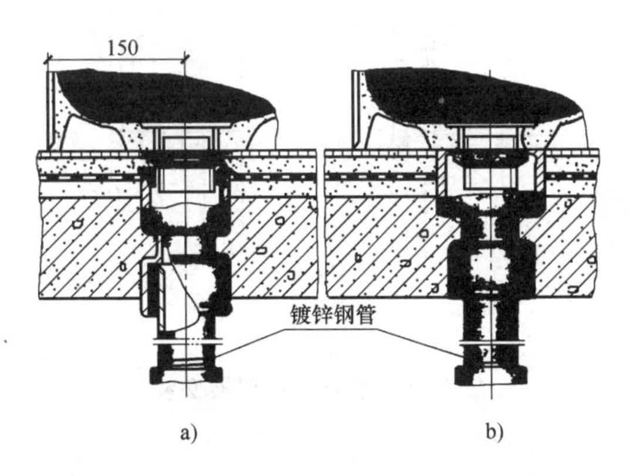

图5-58　套袖连接

a）与*DN*50套袖连接　b）与*DN*80×50套袖连接

（3）壁挂式小便器安装　图5-59a是用钢管与小便器连接的做法，土建做装饰墙面时，水暖工应配合安装铜法兰和安装与铜法兰连接的钢管。否则一旦做完装饰墙面便无法安装铜法兰和与其连接的钢管。图中的*E*值不应超墙面5mm。图5-59b中的塑料管应在土建做装饰墙面之前接出墙面，待安装小便器时，将多余部分锯掉。

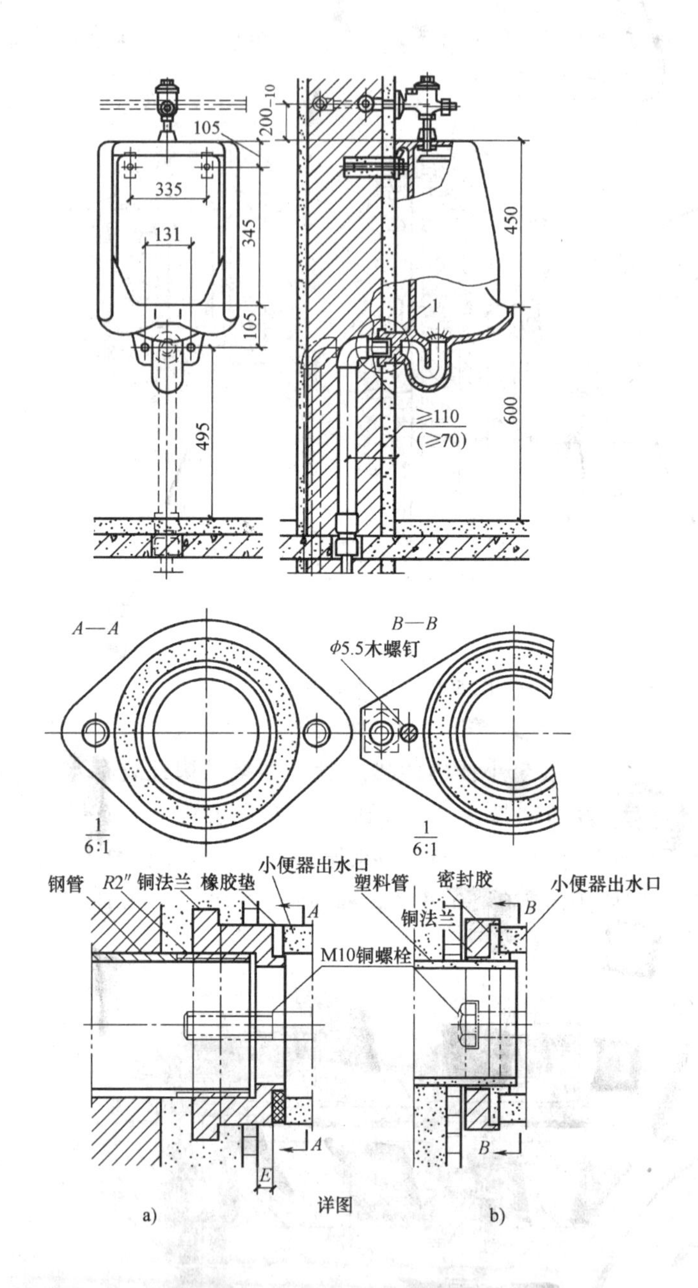

图 5-59 壁挂式小便器安装

注：括号内为塑料管与小便器连接距墙尺寸。

7. 便器水箱、排水阀系统的安装

便器水箱、排水阀系统的结构及安装如图 5-60、图 5-61 所示。

8. 浴盆及淋浴器的安装

浴盆分为洁身用浴盆和按摩浴盆两种，淋浴器分为镀铬淋浴器、钢管组成沐浴器、节水型沐浴器等。浴盆安装施工工艺流程：画线定位→砌筑支墩→浴盆安装→砌挡墙。

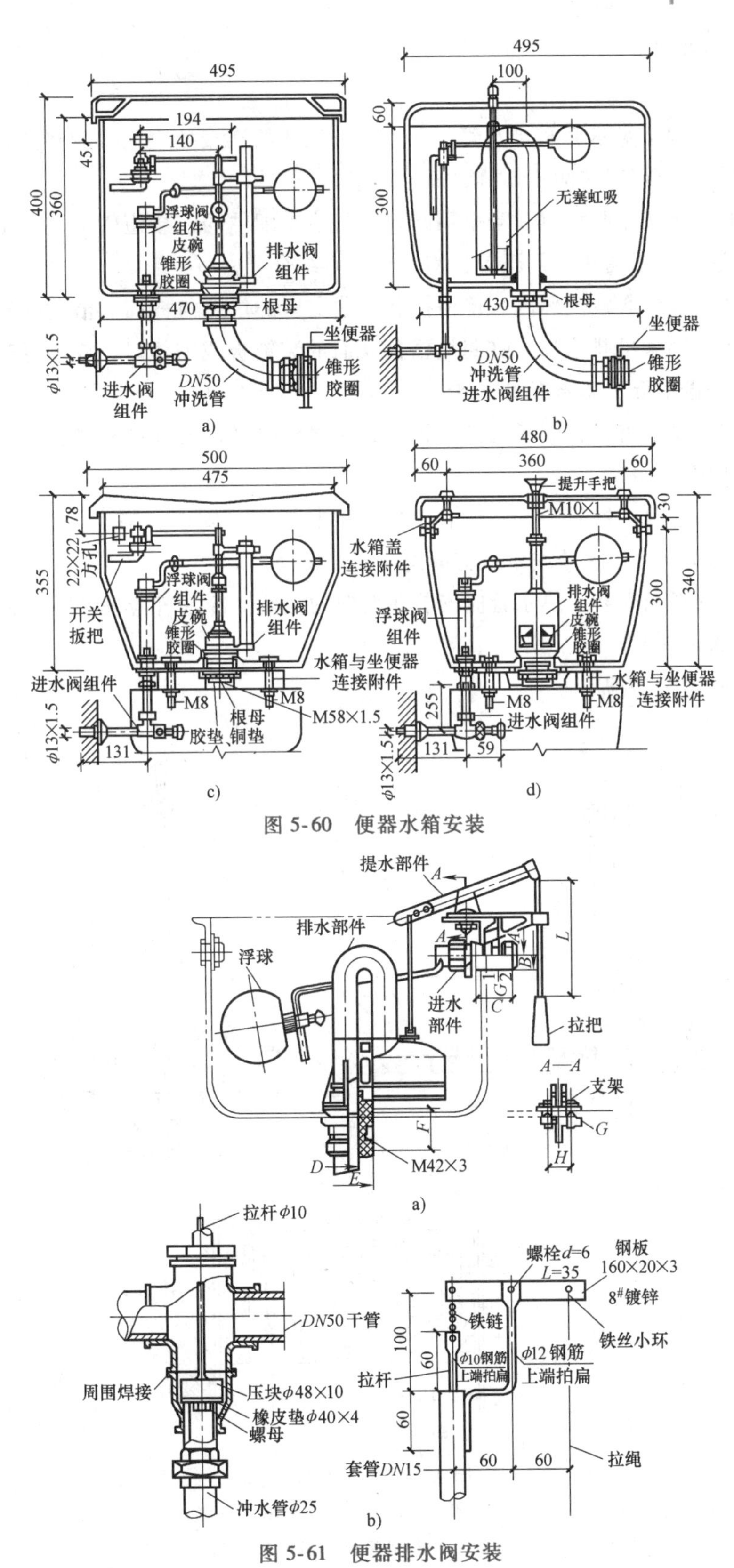

图 5-60 便器水箱安装

图 5-61 便器排水阀安装

施工安装要求如下：

（1）浴盆安装

1）浴盆排水包括溢水管和排水管，溢水口与三通的连接处应加橡胶垫圈，并用锁母锁紧；排水管端部经石棉绳抹油灰与排水短管连接。

2）给水管明装、暗装均可，当采用暗装时，给水配件的连接短管应先套上压盖，与墙内给水管螺纹连接，用油灰压紧压盖，使之与墙面结合严密。

3）应根据浴盆中心线及标高，严格控制浴盆支座的位置与标高。浴盆安装时应使盆底有2%的坡度坡向浴盆的排水口，在封堵浴盆立面的装饰板或砌体时，应靠近暗装管道附近设置检修门，并做不低于2cm的止水带。

4）裙板浴盆安装时，若侧板无检修孔，应在端部或楼板孔洞设检查孔；无裙板浴盆安装时，浴盆距地面0.48m。

5）淋浴喷头与混合器的锁母连接时，应加橡胶垫圈。固定式喷头立管应设固定管卡；活动喷头应设喷头架；用螺栓或木螺钉固定在安装墙面上。

6）冷热水管平行安装，热水管应安装在面向的左侧，冷水管应安装在右侧。冷热水管间的距离为150mm。

浴盆安装如图5-62所示。

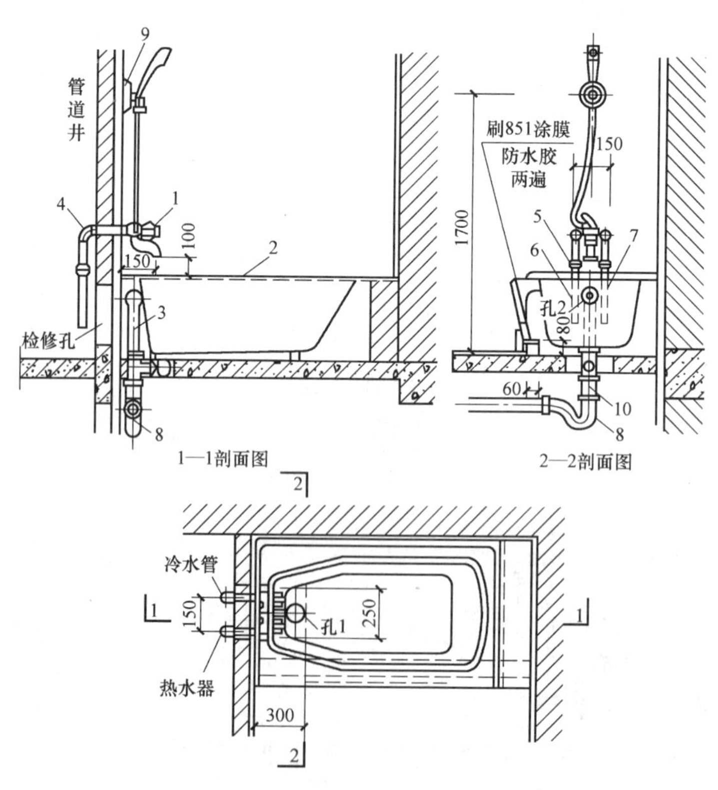

图5-62　浴盆安装

1—浴盆三连混合水龙头　2—裙板浴盆　3—排水配件　4—弯头　5—活接头　6—热水管　7—冷水管　8—存水弯　9—喷头固定架　10—排水管

(2) 淋浴器安装(图5-63) 淋浴器喷管与成套产品采用锁母连接,并加垫橡胶圈;与现场组装弯管连接一般为焊接。淋浴器喷头距地面不低于2.1m。

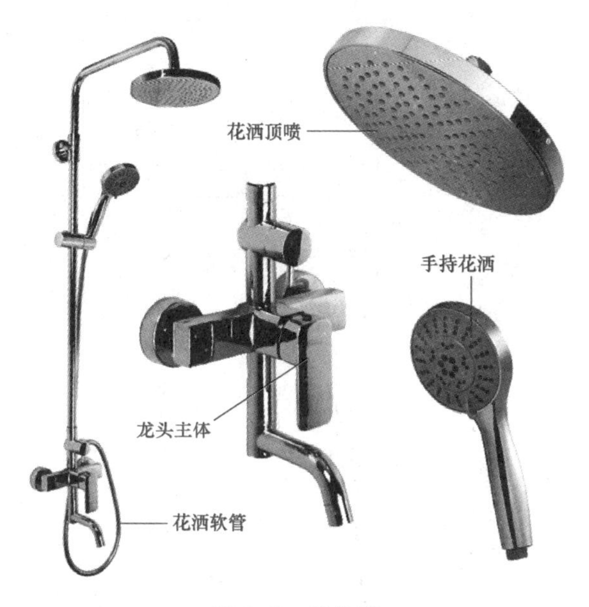

图5-63 淋浴器

5.4 室内排水系统安装

1. 排水系统的分类及组成

(1) 分类 按系统接纳的污废水类型不同,建筑内部排水系统可分为以下三类。

1) 生活排水系统:用于排除居住建筑、公共建筑和工厂生活区的洗涤废水和粪便污水等。洗涤废水经处理后,可作为杂用水用来冲洗厕所、浇洒绿地和道路以及冲洗汽车。

2) 工业废水排水系统:用于排除生产过程所产生的污(废)水。由于生产工艺种类繁多,所以污(废)水成分十分复杂,需经过适当处理后才能排放。

3) 屋面雨水排除系统:用于排除建筑屋面的雨水和融化的雪水。

建筑内部排水体制主要分为分流制和合流制。上述三类污(废)水,如分别设置管道排出建筑物,则称为分流制排水系统;若将其中两类或三类污(废)水合在一起排出,则称为合流制排水系统。

(2) 组成 一个完整的建筑排水系统应由卫生器具(或用水落石出设备)、存水弯、排水管道、通气管系统、表通装置、污水抽升设备及局部污水处理设施等部分组成,如图5-64所示。

1) 卫生器具。卫生器具是给水系统的终点,排水系统的起点,污水从卫生器具排出经存水弯流入排水管道。

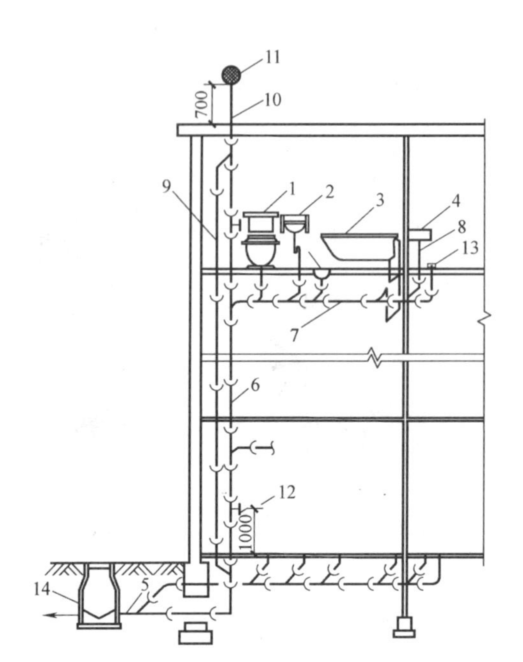

图 5-64　排水系统的组成

1—大便器　2—洗脸盆　3—浴盆　4—洗涤盆　5—排出管　6—立管　7—横支管　8—支管　9—通气立管　10—伸顶通气管　11—网罩　12—检查口　13—清扫口　14—检查井

2）存水弯。存水弯又称水封，是利用一定高度的静水压力来抵抗排水管内气压变化，防止管内气体进入室内装置，设在卫生器具排水口下。常用的存水弯有 P 形和 S 形两种（图 5-65），此外还有瓶弯，存水盒等。两个或多个洁具、数量≤6 个的成组洗脸盆可共用存水弯，但医院的门诊，病房的洁具不得共用存水弯。

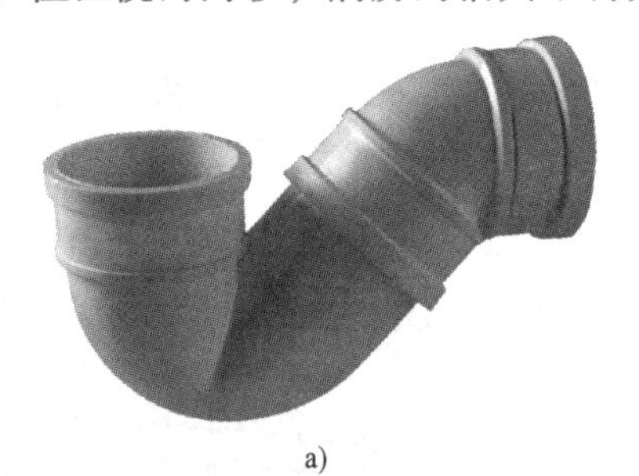

a)

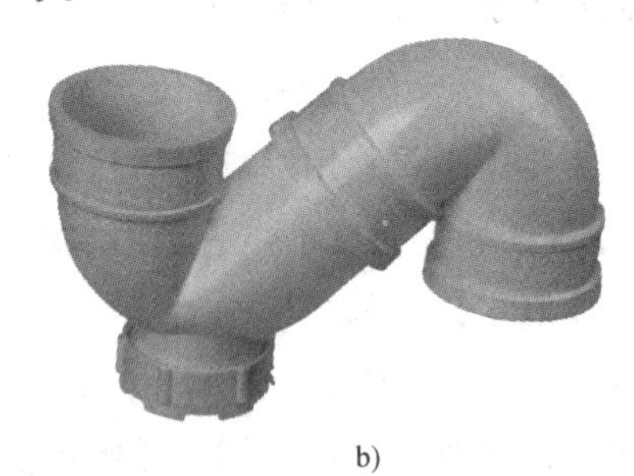

b)

图 5-65　存水弯

a）P 形存水弯　b）S 形存水弯

3）排水管道。排水管道包括器具排水管、排水横支管、立管、埋地干管和排出管。其中：

① 横支管：作用是把各卫生器具排水管流来的污水收集后排于立管。管道应有一定的坡度坡向立管。其最小管径应不小于 50mm，粪便排水管管径不小于 100mm。坡度可查阅相关规定，一般采用标准（通用）坡度，条件不允许时可采用最小坡度。

② 立管：承接各楼层横支管排入的污水，然后再排至排出管。为了保证排水通畅，立管管径不得小于 50mm，也不应小于任何一根接入的横支管管径。

③ 排出管：是室内排水立管与室外排水检查井之间的连接管段。排出管的管径不能小于任何一根与其相连的立管管径。排出管埋设在地下，坡向室外检查井。

4）通气管。通气系统的作用是：散发系统臭气及有害气体；向立管补充空气，以避免管中压力波动而使水封遭到破坏；补充新鲜空气，减少污水及废气对管道的腐蚀。图5-66为几种典型的通气方式。

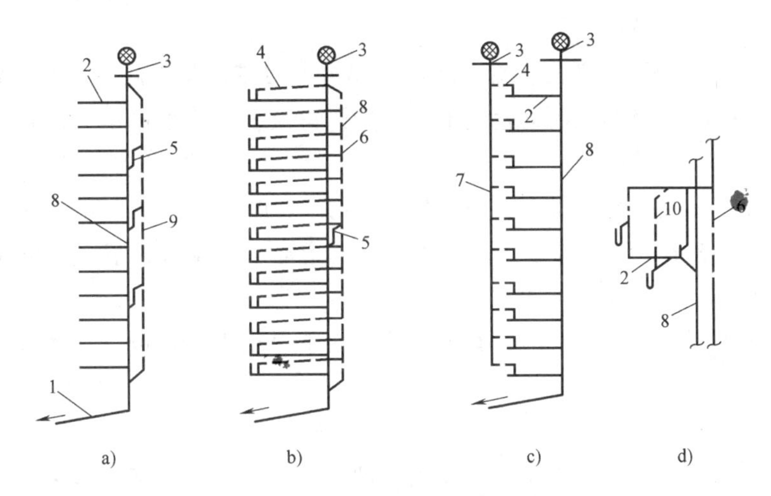

图5-66 几种典型的通气方式

1—排出管 2—污水横支管 3—伸顶通气管 4—环形通气管 5—结合通气管
6—主通气立管 7—副通气立管 8—污水立管 9—专用通气管 10—器具通气管

① 伸顶通气管：也称透气管，排水立管在最上层排水横支管与之连接处向上延伸出层面、顶棚或接出墙外，一般多层建筑常用此方式。

② 专用通气立管：与排水立管平行设置并与之相连的通气立管。

③ 环形通气管：自排水横支管接出并呈一定坡度上升，连向通气立管的通气横管。

④ 主通气立管：靠近排水立管设置并与各层环形通气管连接的通气立管。

⑤ 副通气立管：设置在排水横支管始端一侧并与各层环形通气管连接的通气立管。

⑥ 结合通气管：也称共轭管，是连接排水立管和通气立管的管道。其下端与排水立管在低于排水横管接入点处相连，其上端与通气立管在高出卫生器具上边缘处相连。

⑦ 器具通气管：也称小透气，从卫生器具存水弯出口管顶部接出，主要用于环境卫生或安静要求较高的情况。

⑧ 联合通气管：有些建筑不允许多根伸顶通气管分别伸出屋顶，此时可用一根横向管道将各伸顶通气管汇合在一起，集中在一处伸出屋顶。

5）清通设备。清通设备一般由检查口、清扫口、检查井及带有清通门（盖板）的90°弯头或三通接头等设备组成，作为清通排水管道之用。

6）污水抽升设备。建筑物内的污（废）水不能自流排至室外时，必须设置污水抽升设备，将其抽至室外排水管道。常用的污水抽升设备有潜污泵、手摇泵和喷射器等。

7）污水局部处理设施。当室内污水未经处理不允许直接排入城市下水管时，必须进行局部处理。常用的污水局部处理设施有化粪池、隔油池、降温池、一体化污水处理装置等。

医院污水必须经过处理达标后方可排放。

2. 室内排水管道安装

室内排水管道施工工艺流程：施工准备→埋地管安装→干管安装→立管安装→横支管安装→器具支管安装→灌水试验→通水通球试验。

（1）硬聚乙烯排水塑料管安装

1）埋地管道

① 敷设埋地管宜分两段进行，第一段先做±0.000以下的室内部分至伸出外墙为止，伸出外墙的管道不得小于250mm；土建施工结束后，再从外墙边敷设第二段管道接入室外检查井。

② 埋地管的管沟底面应平整，无突出的尖硬物。一般可做100~150mm砂垫层，垫层宽度不小于管径的2.5倍，坡度与管道坡度相同。管道灌水试验合格后，方可在管道周围填砂，填砂至管顶以上至少100mm处。

③ 埋地管穿越基础预留孔洞时，管顶上部净空不得小于150mm，埋地管穿地下室外墙时应设刚（柔）性防水套管。

2）立管

① 塑料管道支承分为固定支承和滑动支承两种。立管的固定支承每层设一个。立管穿楼板处应加装止水翼环，用C20细石混凝土分层浇筑填补，第一次为楼板厚度的2/3，待强度达到1.2MPa后，再进行第二次浇筑至与地面取平，形成固定支承。若在穿楼板处未能形成支承时，应设置一个固定支承。滑动支承设置与层高有关。当层高≤4m时，层间设滑动支承一个；若层高>4m时，层间设滑动支承两个。

② 管道支承件的内壁应光洁，滑动支承件与管身之间应留微隙，若管壁略为粗糙，应垫软PVC板。固定支承和管外壁之间应垫一层橡胶软垫，并用U形卡、螺栓拧紧固定。

③ 立管底部宜采取固定措施，如设支墩。

④ 立管和非埋地横管都必须设置伸缩节，以防止管道变形破裂。立管宜采用普通型伸缩节，横管宜采用锁紧式橡胶圈专用伸缩节。伸缩节应尽量设在靠近水流汇合管件处。两个伸缩节之间必须设置一个固定支承。伸缩节设置规定如图5-67和表5-3所示。

表5-3 立管伸缩节设置规定

条　件	伸缩节设置位置
立管穿楼板处为固定支承，且排水支管在楼板之下接入时	水流汇合配件之下
立管穿楼板处为固定支承，且排水支管在楼板之上接入时	水流汇合配件之上
立管上无排水支管接入时	按间距要求设于任何部位
立管穿楼板处为不固定支承时	水流汇合配件之上

⑤ 当立管明设且D_e>110mm时，在楼板贯穿部位应设置阻火圈或防火套管。施工做法是：先将阻火圈套在PVC—U管上，再用螺栓固定在楼板下或墙面两侧，或者将阻火圈埋入楼板（墙体）内，再穿入排水管进行安装。立管穿越楼层阻火圈、防火套管安装如图5-68所示。

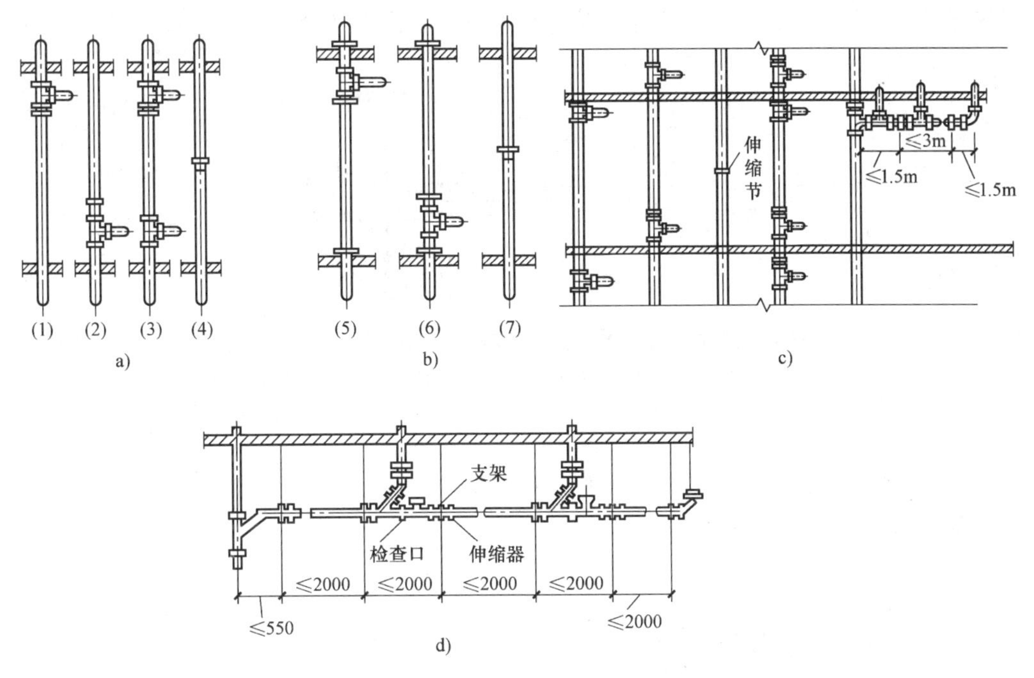

图 5-67 伸缩节安装位置

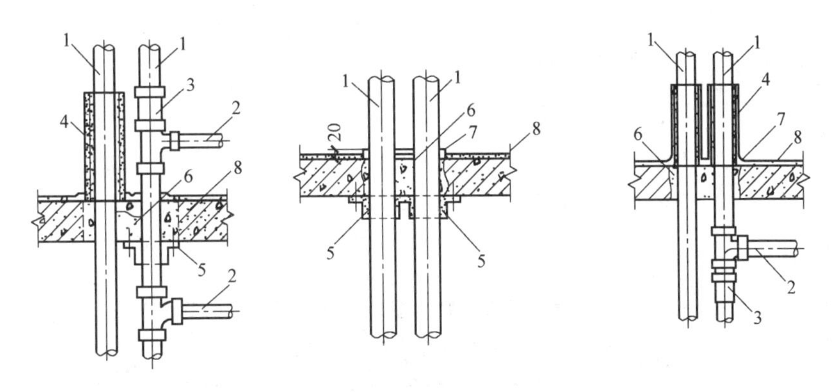

图 5-68 立管穿越楼层阻火圈、防火套管安装

1—PVC—U 立管 2—PVC—U 横支管 3—立管伸缩节 4—防火套管 5—阻火圈 6—细石混凝土二次嵌缝 7—阻水圈 8—混凝土楼板

⑥ 横支管接入管道井中立管阻火圈、防火套管安装如图 5-69 所示。

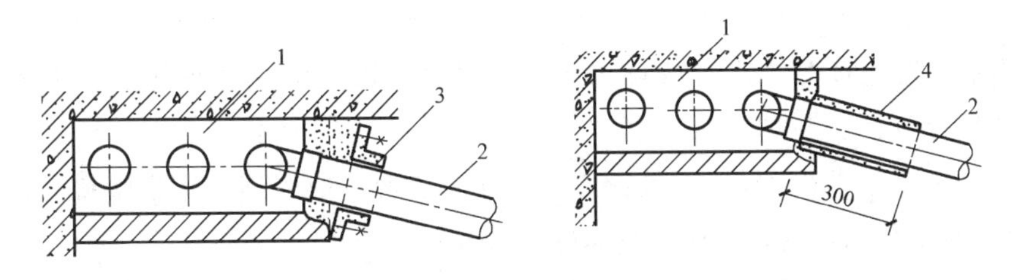

图 5-69 横支管接入管道井中立管阻火圈、防火套管安装

1—管道井 2—PVC—U 横支管 3—阻火圈 4—防火套管

⑦ 管道穿越防火分区隔墙阻火圈、防火套管安装如图 5-70 所示。

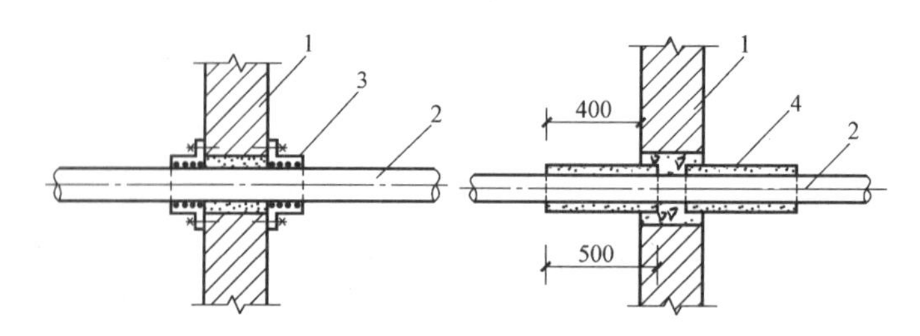

图 5-70 管道穿越防火分区隔墙阻火圈、防火套管安装

1—墙体 2—PVC—U 横管 3—阻火圈 4—防火套管

3）横支管

① 排水立管仅置伸顶通气管时，最低层横支管与立管连接处至排出管管底的垂直距离（图 5-71）不得小于表 5-4 的规定。

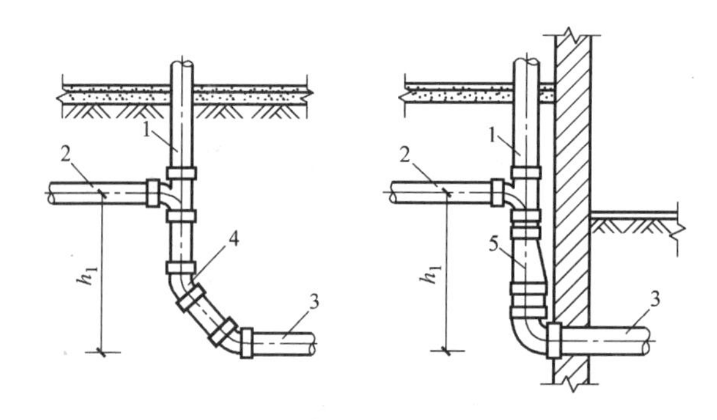

图 5-71 最低层横支管与立管连接处至排出管管底的垂直距离

1—立管 2—横支管 3—排出管 4—45°弯头 5—偏心异径管

表 5-4 最低层横支管与立管连接处至排出管管底的垂直距离

建筑层数	垂直距离/m
≤4	0.45
5~6	0.75
7~12	1.20
13~19	3.00
≥20	6.00

② 当排水支管连接在排水管或排水干管上时，连接点距立管底部水平距离不宜小于 1.5m，如图 5-72 所示。

③ 若埋地横管为排水铸铁管，地面以上为塑料管时，应先用砂纸将塑料管插口外侧打毛，插入排水铸铁管承口内，再做水泥捻口。

（2）柔性抗震承插式铸铁排水管（WD 管）安装 WD 管与普通排水铸铁管相比较具有接口可曲挠、抗震及快速施工等特点。主要适用于高层建筑和高耸构筑物的排水立管，8 度以上抗震设防的排水管道和要求快速施工的施工场所。其安装要求如下：

1）WD管可明装或暗装，接口不得设在楼板层、墙体内。安装直管时，应在每个管接口处用管卡或吊卡将其固定在墙、梁、柱及楼板上。排水立管底部应设混凝土支墩，管道布置时尽量减少横管长度。

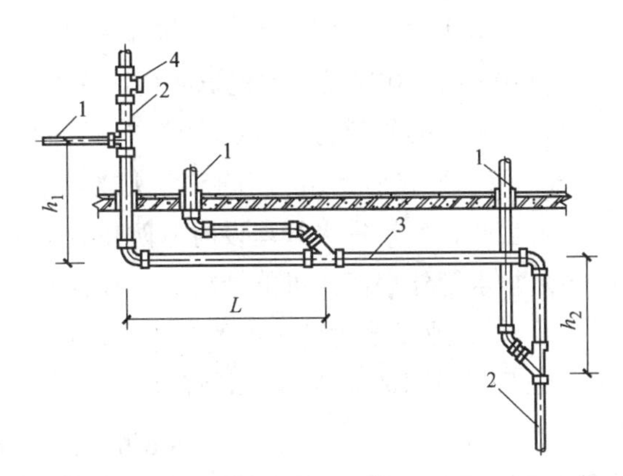

图5-72　排水支管与排水立管、横管连接

1—排水支管　2—排水立管　3—排水横管　4—检查口

2）管道安装前应检查的项目包括：检查管子和管件外观有无重皮、砂眼、裂缝等缺陷，管接头的配合公差是否符合要求，接口用的橡胶圈内径应与管外径相等，接头配套用法兰压盖是否有裂缝、冷隔等；检查管子承口的倒角面是否有明显凸凹和沟槽，应保证倒角面平滑。

3）管子安装前应预埋支吊架卡具，管道支架间距规定：立管管卡应每2m设一个；横管吊卡宜每1m设一个，每楼层不得少于2个。支吊架应设置于承口以下或附近。竖向弯头与前后管段必须采用支架整体固定。扁钢吊卡和圆钢吊卡应间隔设置，与排水立管中心间距0.4~0.5m为宜。

4）管卡和吊卡为金属材质，并由管材、管件生产厂家配套供应。为了方便安装，法兰压盖宜优先采用三耳式，管接口样图如图5-73所示。

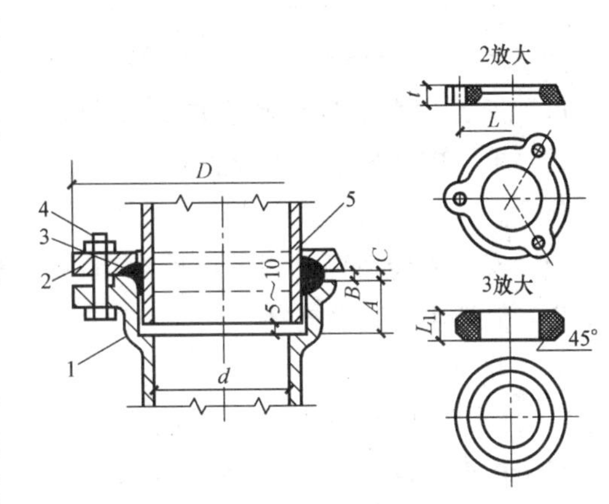

图5-73　管接口样图

1—承口端　2—法兰压盖　3—密封橡胶圈

4—紧固螺栓　5—插口端

5）管道在楼、屋面板预留孔洞处，应设置钢套管，其直径应比立管大50mm，套管宜高出地面20mm，套管上下口内侧应倒成圆角，间隙采用油麻和石棉水泥填充。

3. 污水排水管道安装

（1）污水排水管安装一般要求

1）排水管一般应地下埋设和地上明设，如建筑或工艺有特殊要求，可在管槽、管井、管沟或吊顶内暗设，但必须考虑安装和检修方便。

2）管道不得布置在遇水引起燃烧、爆炸或损坏原料、产品和设备的地方。架空管道不得敷设在有特殊卫生要求的生产厂房内，以及食品和贵重商品仓库、通风小室和变配电间内。

3）排水埋地管应避免布置在可能受重物压坏处，管道不得穿越设备基础，在特殊情况下，应与有关部门协商处理。

4）排水管不得穿过沉降缝、烟道和风道，并应避免穿过伸缩缝。

5）生活排水立管宜避免靠近与卧室相邻的内墙。

6）10层及10层以上的建筑物内，底层生活污水管道应单独排出。

7）排水管的横管与横管、横管与立管的连接，应采用90°斜三通或90°斜四通管件，立管与排出管的连接宜采用两个45°弯头或曲率半径大于等于4倍管径的90°弯头管件。

8）生产、生活排水管埋设时应防止管道受机械损坏，其最小埋设深度按表5-5确定。

9）排水管外表面如可能结露，应根据建筑物性质和使用要求采取防结露保温措施。

10）饮食业工艺设备引出的排水管及饮用水水箱的溢流管，不得与污水管道直接连接，并应留出不小于100mm的隔断空隙。

表5-5　排水管最小埋设深度

管材	地面至管顶距离/m	
	素土夯实、碎石、砾石、大卵石、缸砖、木砖地面	水泥、混凝土、沥青混凝土、菱苦土地面
铸铁管	0.70	0.40
混凝土管	0.70	0.50
硬聚氯乙烯管	1.00	0.60

11）安装污水中含油较多的排水管道时，如设计无要求，应在排水管上设置隔油井（图5-74）进行除油。

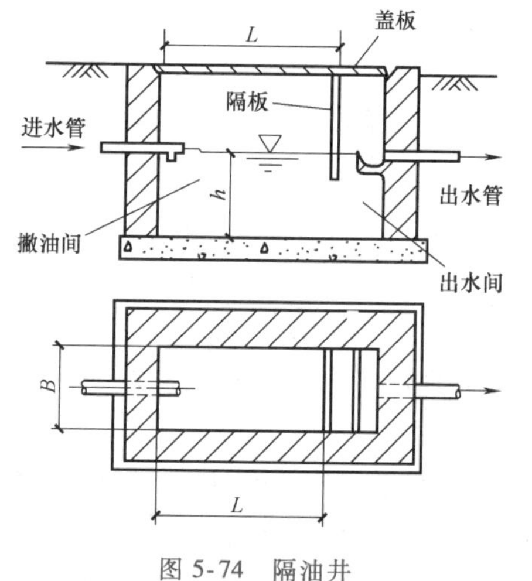

图5-74　隔油井

12）安装未经消毒处理的医院含菌污水管时，不得与其他排水管直接连接。

（2）排出管安装

1）排出管与室外排水管一般采用管顶平接法，水流转角不得小于90°，如跌落差大于0.3m，可不受角度限制。

2）排出管穿过承重墙或基础处，应预留洞口，且管顶上部净空不得小于建筑物沉降量，一般不小于0.15m。

3）排出管穿过地下室外墙和地下构筑物的墙壁处，应设置防水套管，防止地下水渗入室内。

4）排出管与室外排水管道连接处应设检查井。检查井中心至建筑物外墙面的距离不宜小于3.0m。排水管管径在300mm以下，埋深在1.5m以内时，检查井内径一般为0.7m。

5）排出管从污水立管或清扫口至室外检查井中心的最大长度，应按以下确定：管径为50mm、70mm、100mm、100mm以上，排水管的最大长度分别为10m、12m、15m、20m。

（3）检查口或清扫口设置

1）在立管上应每隔两层设置检查口，但在最低层和有卫生器具的最高层必须设置。如2层建筑物，可仅在底层设置立管检查口；如有乙字管，则在该层乙字管的上部设检查口。

2）连接2个及2个以上大便器或3个及3个以上卫生器具的污水横管上，应设清扫口。

3）在转弯角度小于135°的污水横管上，应设检查口或清扫口。

4）污水横管的直线管段应按表5-6的规定距离设置检查口或清扫口。

表5-6 污水横管的直线管段上检查口或清扫口间的最大距离

管径/mm	生产废水	含大量悬浮物和沉淀物的生活污水	生活污水	清扫装置种类
	距离/m			
50~75	15	10	12	检查口
50~75	10	6	8	清扫口
100~150	20	12	15	检查口
100~150	15	8	10	清扫口
200	25	15	20	检查口

5）如在污水横管上设清扫口，应将清扫口设置在楼板上或地坪上（与地面相平）。污水管起点的清扫口与管道相垂直的墙面距离不得大于0.2m。污水管起点设置堵头代替清扫口时，与墙面应有不小于0.4m的距离。

6）埋设在地下或地板下的排水管道检查口，应设在检查井内。

（4）通气管

1）器具通气应设在存水弯出口端。环形通气管应自最始端两个卫生器具间的横支管上接出，并应在排水支管中心线以上与排水支管呈垂直或45°接出。器具通气管、环形通气管应在卫生器具上边缘以上不少于0.15m处，按不小于0.01的上升坡度与通气立管相连。

2）通气立管的上端可在最高层卫生器具上边缘或检查口以上与污水立管通气部分以斜三通连接，下端应在最低污水横支管以下与污水立管以斜三通连接。

3）专用通气立管每隔两层、主通气立管每隔8~10层与污水立管的结合通气管连接。

4）通气立管高出屋面不得小于0.3m，但必须大于最大积雪厚度。在通气管出口4m以内有门窗时，通气管应高出门窗顶0.6m，或把通气管引向无门窗一侧。在经常有人停留的平屋顶上，通气管应高出屋面2.0m（屋顶有隔热层应从隔热层板面算起），并应根据防雷要求考虑装防雷装置。通气管出口不宜设在建筑物挑出部分（如屋檐檐口、阳台和雨篷等）的下面。

（5）排水管材料、接口及验收

1）生活污水管应采用排水铸铁管及排水塑料管，管径小于50mm时可采用钢管。

2）承插管道的接口应采用油麻丝填充，用水泥或石棉水泥捻口。高层建筑物应考虑建筑物位移的影响，全部用承插口石棉水泥接口，可能对气密性不利，可增加部分铅接口以增加弹性。

3）金属排水管上的固定支架应固定在承重结构上。固定支架间距，横管不得大于2m，立管不得大于3m；层高小于或等于4m，立管可安装1个固定支架，立管底部的转弯处应设支墩或采取固定措施。

4）排水塑料管必须按塑料管安装验收规定施工，按设计要求的位置和数量装设伸缩器。塑料管的固定件间距应比钢管的短，对于横管，管径为 50mm、75mm、110mm 管子的固定支架间距分别为 0.5m、0.75m、1.1m。

5）暗装或埋地的排水管道，在隐蔽前必须做灌水试验，灌水高度应不低于底层卫生器具的上边缘或底层地面高度。灌水 15min 后，再灌满延续 5min，液面不下降为合格。

4. 雨水管道安装

（1）雨水管材料　雨水悬吊管和立管一般采用塑料管或铸铁管，如管道可能受震或工艺有特殊要求，应采用钢管。埋地雨水管可采用非金属管，但立管至检查井的管段宜采用铸铁管。

（2）雨水管安装　悬吊式雨水管道的敷设坡度不得小于 0.005，埋地管道（图 5-75）的最小坡度应不小于生产废水的最小坡度。悬吊式雨水管道的长度超过 15m，应安装检查口或带法兰堵口的三通，其间距不得大于如下规定：悬吊管直径≥150mm、≥200mm 的检查口间距分别为≤15m、≤20m。

图 5-75　埋地雨水管道

（3）雨水漏斗的连接管安装　应固定在屋面承重结构上，雨水漏斗边缘与屋面相接处应严密不漏。连接管管径设计无要求时，不得小于 100mm。

5.5　室外管网安装

1. 室外给水管道安装

（1）布置室外给水管道

1）总体要求。室外给水管道布置的要旨，是满足用户对水量和水压的要求，尽可能缩短管线长度，减少土方量，方便维修。

2）管网形式。管网布置的形式有枝状和环状两种。枝状布置较经济，投资少，但是如管道有损坏，将影响损坏点以后用户的供水。因此，它只在可以间断供水的生活小区采用。

3）其他要求

① 小区内的给水管道通常要求与建筑物平行，进入用户前应设阀门井。

② 配水干管每隔400~600m应设置一个阀门。

③ 干管的位置应尽可能布置在两侧都有大用户的道路上，以减少配水支管的数量。

④ 在管道的隆起点及倒虹管的上下游处，要设进气阀和排气阀，管道的最低点要设泄水管和泄水阀。

（2）室外给水管道敷设的要求

1）加装套管保护：管道穿过公路及铁路时，应加装套管保护。

2）埋地敷设：室外给水管道采用埋地敷设。管道埋地的深度，应根据外部荷载、管材强度、管道布置情况，以及土质地基等因素确定。

（3）室外直埋给水铸铁管　民用建筑的室外给水管道都采用埋地敷设。其直埋给水铸铁管施工流程是：测量放线→沟槽放线与开挖→基底处理→下管→清理管膛管口→承口下挖工作坑管放平→插口对准承口撞入→找正中心和标高→检查调整对口间隙→接口→检查→养护→试压验收。

1）测量放线。按施工图要求，用经纬仪等测定管道中心线、高程以及附属构筑物的位置，再用白灰撒出挖槽的边线。

2）开挖沟槽。开挖沟槽，可用机械和人工两种方法。人工开挖的出土方法，应根据沟的深度而定。沟深在2.5m以内，可一次扬甩出土；沟深大于2.5m时，可二次扬甩出土。开挖时，土方一般向沟两侧堆放。如人工下管，一侧的土方有影响时，应向一侧堆土。堆土与沟槽边的距离要大于0.8m，高度不得超过1.5m，否则会造成塌方。机械开挖多用单斗挖土机。为确保槽底土壤不被破坏，开挖时应在基底标高以上留出30cm左右的一层不挖，留待人工清挖。

3）基底处理。沟底应是自然土层，若是松土或砾石，应处理基底，防止管道发生不均匀下沉。处理基底应以施工图的规定为准。

4）下管。下管时，应从两个检查井的一端开始，若是承插管，应使承口在前，不要碰伤管道防腐层。

下管方法有人工和机械两种，根据管材、管径、沟槽及施工现场等条件来选择。

人工下管有压绳法和三脚架法，如图5-76所示。它所用的大绳应坚固无断股，吊装时要统一指挥，动作要协调一致。下第一根管时，管中心应对准定位中心线，找准管底标高，管的末端应钉点桩挡住顶牢，严防打口时顶走管道。

机械下管是用起重机将管道放入沟槽内。下管时起重机应沿沟槽开行，与沟边的距离不能小于1m。

5）稳管接口。按设计高程和位置，将管子安放在地基或基础上，称为稳管。

① 稳管前，应将管口内外洗刷干净。稳管时，将承插管的插口撞入承口内，对口四周的间隙要均匀一致，间隙的大小应符合规定。

② 用套环接口时，稳好一根管子再安装一个套环。用承插接口时，稳好第一节管子后，

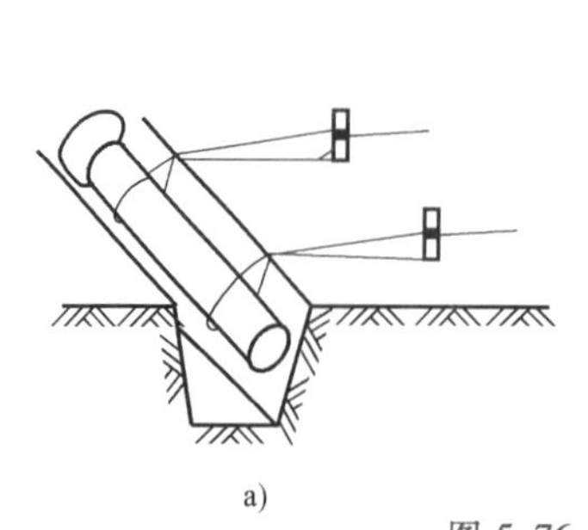

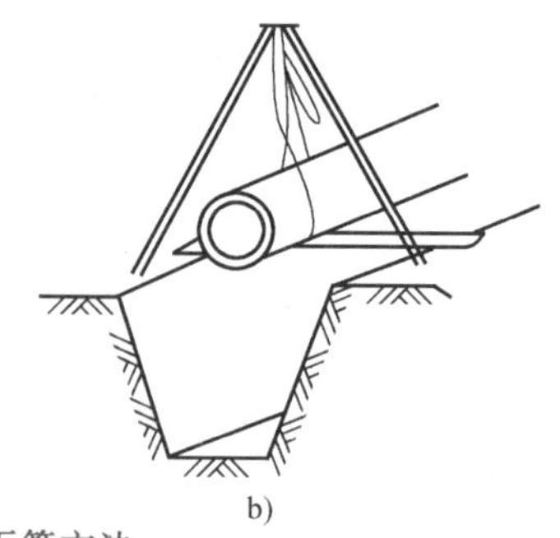

a)　　　　　　b)

图 5-76　下管方法

a）压绳法　b）三脚架法

要在承口下垫满灰浆，再将第二节管子插入，将挤入管内的灰浆从里口抹平。

③ 室外给水管道的管材，通常用铸铁管、钢管石棉水泥管、预应力钢筋混凝土及自应力钢筋混凝土管等。

④ 给水管道安装完毕，应按规定试压。

⑤ 铸铁管道的敷设质量应符合规定。

6）回填土。管道验收合格，要及时回填土，切忌晾沟。回填土时，应确保管道和构筑物的安全，管道不移位，接口及防腐层不被破坏，土中不得有砖头、石块及冻土硬块。要从沟槽两侧同时填土，不能将土直接砸在接口抹带及防腐层上。管顶以上 5cm 内要用人工夯填，覆土在 1.5m 以上时才能用机械碾压。

（4）安装室外消火栓

1）室外消火栓布置在马路两旁，便于消防车通行和操作的地方，最宜设在十字路口附近。

2）消火栓间距通常是 120m，距灭火点应小于等于 150m，距车道应小于等于 2m，距建筑物应大于 5m。消火栓接管口径大于等于 100mm，其进水管下面应夯实，铺素混凝土或三合土。消火栓的主体应与地面垂直。其他安装要求如图 5-77 和图 5-78 所示。

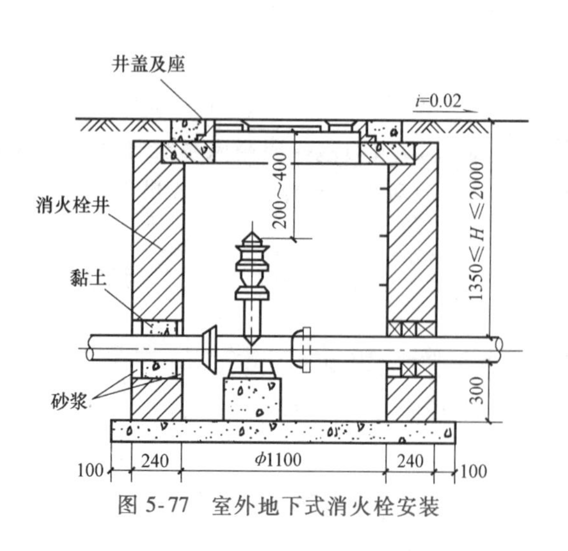

图 5-77　室外地下式消火栓安装

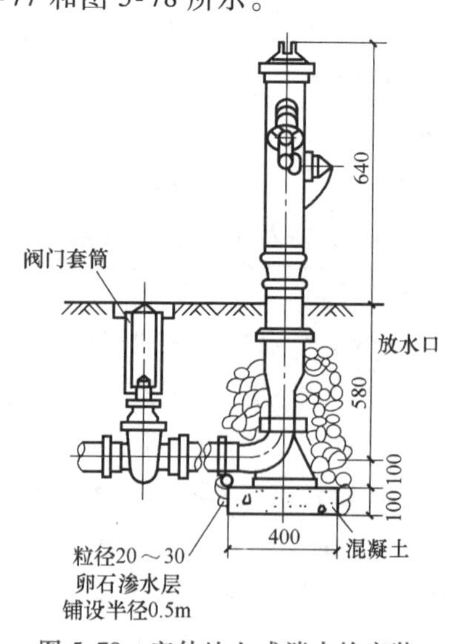

图 5-78　室外地上式消火栓安装

3）气温较高的地区应用地上式消火栓，北方寒冷地区用地下式消火栓。地上消火栓应砌筑消火栓闸门井，地下式则应砌筑消火栓井。

2. 室外排水管道安装

（1）室外排水管道安装要求　室外排水管道起到排放污废水与雨水的作用，污废水在管道中依靠重力作用由高处流向低处。因此，排水道应有一定的下坡度。

（2）室外排水管道施工流程　室外排水管道一般直接埋在地下，其施工流程是：施工准备→测量放线→开挖沟槽→基底处理→下管→稳管接口→检查与砌筑→闭水试验→回填土。其中下管及其前面的项目，施工要求与室外给水管基本相同。

（3）室外排水管道的管口与抹带　室外排水管道的管材，主要有缸瓦管、混凝土管和钢筋混凝土管。

混凝土管和钢筋混凝土管的管口形状，主要有承插口、平口和企口三种，如图5-79所示。其接口用水泥砂浆抹带接口，常见的抹带形式有圆弧形和梯形两种，如图5-80所示。

室外排水管施工完毕，要按规定做闭水试验。试验时按规定施加一定的压力，观察接口处及整个管道的渗水情况，如有异常按规定处理。

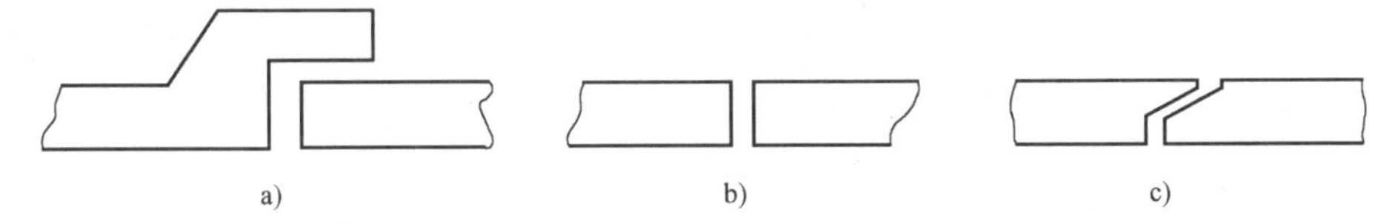

图5-79　混凝土管和钢筋混凝土管的管口形状

a）承插口　b）平口　c）企口

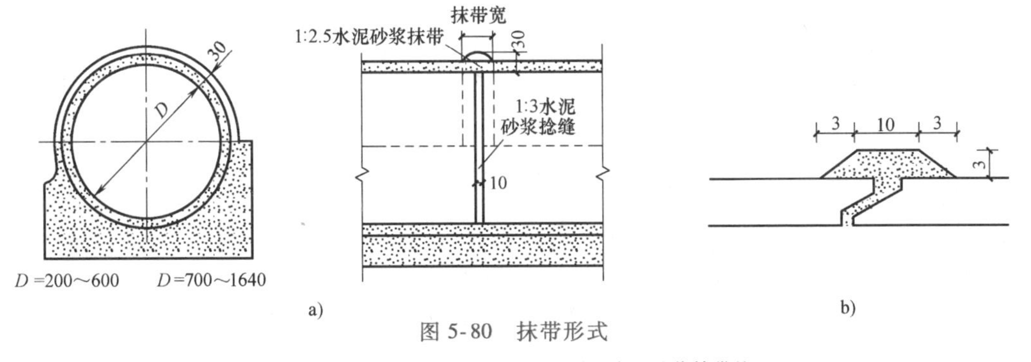

图5-80　抹带形式

a）圆弧形水泥砂浆抹带接口　b）梯形水泥砂浆抹带接口

本章小结及综述

1. 室内给水系统的任务是在保证需要的压力下，输送足够的水量至室内的各个配水点、水箱、水池、生产设备及消防用水点。给水系统由引入管、水平干管、立管、支管、给水附件及水表节点等组成。此系统一般为低区给水系统，也称市政供水系统。中、高区给水还需要升压贮水设备，如水箱、水泵、气压给水装置。

2. 卫生器具是建筑物内水暖设备的一个重要组成部分，是供洗涤、收集和排放生活及生产中所产生污（废）水的设备。各类卫生器具的功能、结构、材质、形式各不相同，使用时应根据其用途、设置地点、维护条件等要求而定。其材质上均应满足表面光滑、易于清洗、不透水、耐腐蚀、耐冷热等特点。

3. 室内排水应根据污水性质、污染程度，结合室外排水制度和有利于综合利用与处理的要求，确定选用分流或合流的排水系统。

4. 管网在室外给水系统中占有十分重要的地位，干管送来的水，由配水管网送到各用水地区和街道。室外排水是将建筑物内排出的生活污水、工业废水和雨水有组织地按一定的系统汇集起来，经处理符合排放标准后再排入水体，或灌溉农田，或回收再利用。

第6章

施工安全

本章重点难点提示

1. 熟悉水暖施工安全的基本要求及注意事项。

2. 熟悉工具设备、高空作业、焊接作业、吊装作业及施工中运输过程的安全操作要求。

3. 掌握室内给水系统、室内排水系统、室内采暖系统、室外给水管道、室外排水管道、室外供热管道的施工安全做法。

4. 熟悉季节施工安全做法和管道试压及清洗操作要求。

6.1 施工安全须知

1. 基本要求

1）安全施工基本要求（图6-1）

① 进入现场，必须戴好安全帽，扣好帽带，并正确使用个人劳动防护用品。

② 各种电动机械设备，必须有有效的安全接地和防雷装置，才能开动使用。

③ 不懂电气和机械的人员，严禁使用机电设备。

④ 吊装区域非操作人员严禁入内，

图6-1 安全施工基本要求

吊装机械必须完好，把杆垂直下方不准站人（图 6-2）。

2）施工现场应整齐清洁，各种设备、材料和废料应按指定地点堆放。在施工现场，应按指定的道路行走，不能从危险地区通过，不能在起吊物件下通过或停留，要注意与运转着的机械保持一定的安全距离。

3）开始工作前，应检查周围环境是否符合安全要求，劳保用品是否完好适用（图 6-3）。如发现危及安全工作的因素，应立即向技安部门或施工负责人报告。清除不安全的因素后才能进行工作。

图 6-2　把杆垂直下方不准站人　　图 6-3　开始工作前检查周围环境

4）在金属容器内或黑暗潮湿的场所工作时，所用照明行灯的电压应为 12V。环境较干燥时，也不能超过 25V。

5）搬运和吊装管子时，应注意不要与裸露的电线接触，以免发生触电事故。

6）在有毒性、刺激性或腐蚀性的气体、液体或粉尘的场所工作时，除应有良好的通风或适当的除尘设施外，安装人员必须戴上口罩、眼镜或防毒面具等防护用品。

7）油类及其他易燃易爆物品，应放在指定的地点。氧气瓶和乙炔发生器与火源的距离应不小于 10m。

8）在协助电焊工进行管道焊接时，应有必要的防护措施（图 6-4），以免弧光刺伤眼睛，脚应站在干燥的木板或其他绝缘板上。

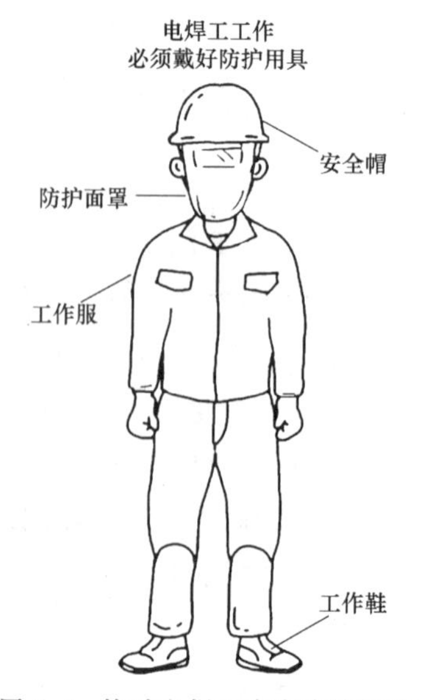

图 6-4　协助电焊工应有防护措施

2. 注意事项

1）现场堆码管子时，严禁超高堆放，并且不准人上去随意踩蹬（图 6-5）。

2）进入施工现场应戴好安全帽，防止交叉施工时，高空落物伤人。高空作业时应检查脚手架及跳板是否牢

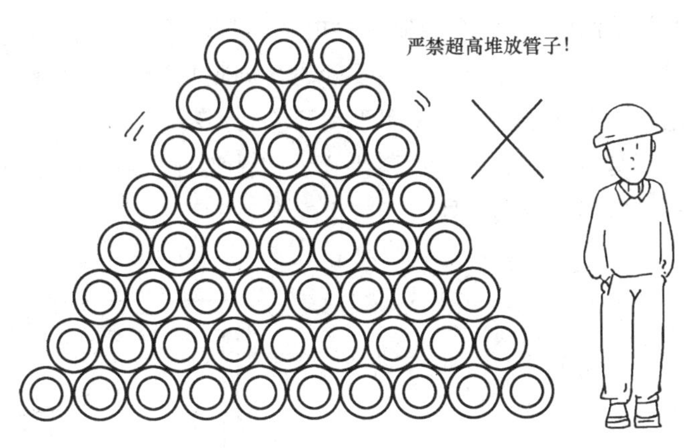

图6-5 管子严禁超高堆放

固，防止蹬滑及踩探头板，必要的地方应装设护栏。

3）穿楼板的管道安装完毕，应及时进行堵洞，避免洞内掉落工具或杂物伤人。

4）在管井施工时，必须盖好上层井口的防护板，安装立管时应把管子绑扎牢固，防止脱落伤人。支架安装时，上下应配合好，当天完工后，应及时盖好井口（图6-6）。

5）管道系统各部分安装就位后，必须及时将其固定牢靠，至少要采取临时加固措施，以免掉下伤人。

6）在管道竖井或光线暗淡的地方进行施工作业时，必须要有行灯照明设备，且其电压不能超过36V（图6-7）。

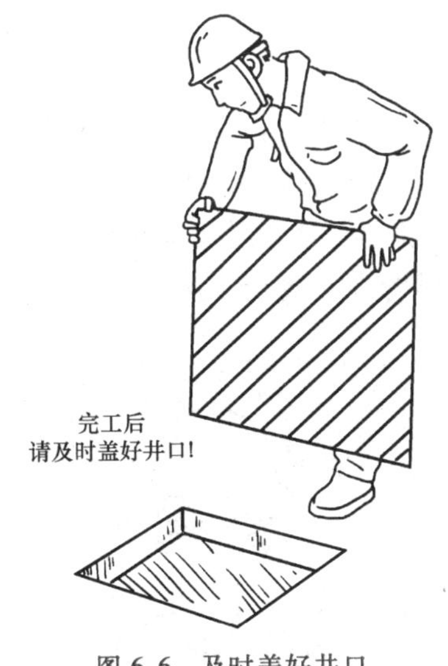

图6-6 及时盖好井口

图6-7 电压不能超过36V

7）阀门处在高位需吊装时，钢丝绳只能拴在阀体的法兰处，切勿拴在手轮或阀杆上，以防折断阀杆造成事故。

8）使用机电设备前，应检查机械设备各部分的紧固螺栓、螺钉是否松动，有无漏电现象；砂轮锯的砂轮片有无裂纹；设备护罩是否安全可靠，转动部位不得随意放置东西。使用完毕，应拉闸断电；开关箱应锁好（图6-8）。

9）电动工具要求每个闸刀开关只控制一台电动工具，严禁几台电动工具同时接在一个开关上；使用前要检查开关是否好用；使用手砂轮、砂轮切断机时严禁面对砂轮转动线面，应站在侧面操作。电动工具使用完毕应关闭手动开关后再断电。

10）设备清洗的场地要通风良好，严禁烟火。清洗零件应使用煤油（图 6-9）。用过的棉纱、布头、油纸等应收集在金属容器内，防止失火。

图 6-8　拉闸断电，开关箱应锁好

图 6-9　用煤油清洗零件

11）设备试运转，应严格按照单项安全技术措施进行；运转时，不准对设备进行擦洗和修理。

12）胶黏剂及丙酮等均属易燃物品，在存放、运输和使用时，必须远离火源、热源和电源，粘接安装塑料管的室内严禁明火。存放处理应安全可靠。阴凉干燥，应随用随取。

13）胶黏剂及清洁剂的瓶盖应随用随开，不用时应随即盖紧，严禁非操作人员使用。

14）冬期施工，应采取防寒防冻措施。特别是塑料管安装场所，应保持空气流通，不得密闭。

15）塑料管粘接时，操作人员应站于上风处；应佩戴防护手套、防护眼镜和口罩等，避免皮肤与眼睛同胶黏剂直接接触（图 6-10）。

16）调配油料的作业场所严禁烟火，在室内进行涂装作业时，应保持通风良好。

17）熬制沥青的场所要通风良好，并有安全防火措施；操作人员应穿结实的工作服，戴防护眼镜、口罩和帆布鞋盖等防护用品（图 6-11）。

18）手工电弧焊的防爆、防毒安全事项如下：

① 一般情况下禁止焊接有液体压力、气体压

图 6-10　塑料管粘接

力及带电的设备。

② 对于存在残余油脂或可燃液体、可燃气体的容器，焊接前应先用蒸汽和热碱水冲洗，并打开盖口，确定容器完全冲洗干净后方可进行焊接。密封的容器不准焊接。

③ 在容器内操作时，应设监护人员，必须注意通风以便于及时将有害烟尘排出。焊工在容器内工作时，严禁将泄漏乙炔的焊炬、割炬及乙炔胶管带到容器内，以防混合气体遇明火爆炸。

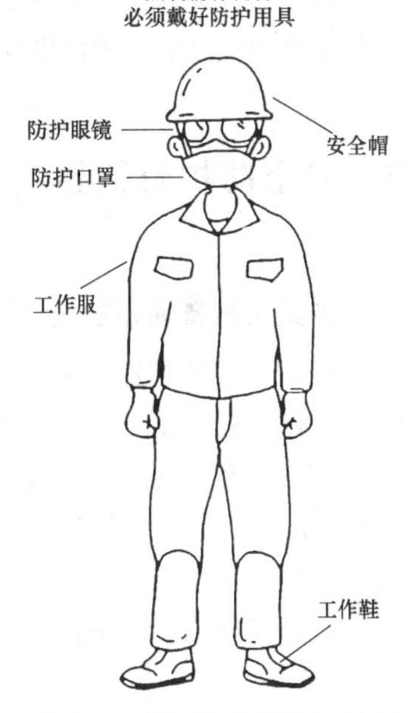

图 6-11 熬制沥青应穿防护用品

19）手工电弧焊时，防止触电的安全措施如下：

① 起动电焊机前，应检查焊机和开关外壳接地是否良好。

② 当焊接设备与网络接通时，人体不应接触带电部分。焊接设备的检修应在切断电源后再进行。

③ 焊钳手柄应有良好的绝缘，焊接时应戴干燥的手套。

④ 焊接导线必须有良好的绝缘，并防止导线绝缘因受电弧或焊件的高热而烧坏。

⑤ 工作服和工作鞋应保持干燥，工作时必须穿胶鞋（图 6-12）。

⑥ 更换焊条时，不要将身体接触通电的焊件。

⑦ 在夜间或光线较暗处工作时，应采用 36V 局部照明。

图 6-12 胶鞋

20）手工电弧焊时，防火及防烧伤措施如下：

① 焊工工作时，必须穿着帆布或石棉纤维制作的工作服，戴好工作帽、手套，穿好工作鞋，正确使用面罩。

② 禁止在贮有易燃、易爆品的场地或仓库附近进行焊接。在可燃物品附近进行焊接时，其距离必须在 5m 以外（图 6-13），并应与有关部门共同研究可靠的防爆措施。

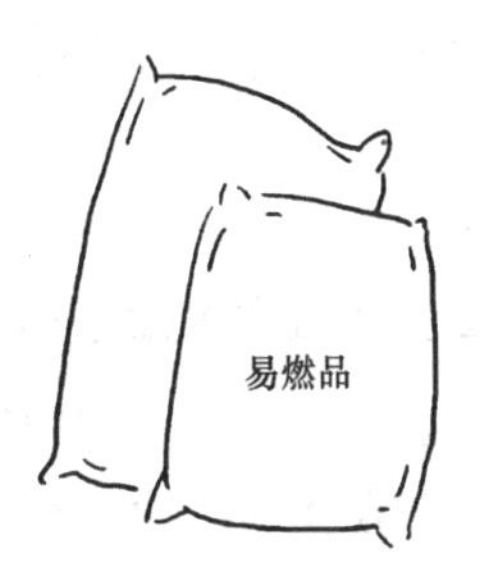

图 6-13 可燃物品附近进行焊接

③ 风力在五级以上，不宜在露天焊接。

④ 高空焊接时应有监护措施，防止火星落下而引起火灾或烧伤他人。

6.2 安全防护及措施

1. 工具及设备使用安全

1）各种工具和设备在使用前应进行检查，如发现有破损，修复后才能使用。电动工具和设备应有可靠的接地，使用前应检查是否有漏电现象。

2）使用电动工具或设备时，应在空载情况下起动。操作人员应戴上绝缘手套。如在金属台上工作，应穿上绝缘胶鞋或在工作台上铺设绝缘垫板。电动工具或设备发生故障时，应及时进行修理。

3）拧紧螺栓应当使用合适的扳手。扳手不能代替榔头使用。在使用榔头和操作钻床时不要戴手套。

4）操作电动弯管机时，应注意手和衣服不要接近旋转的弯管模。在机械停止转动前，不能从事调整停机挡块的工作。用手工切断管子不能过急过猛，管子将切断时应有人扶住，以免管子坠落伤人（图 6-14）。用砂轮切割机切断管子时，被切的管子除用切割机本身的夹具夹持外，还应当有适当的支架支撑。

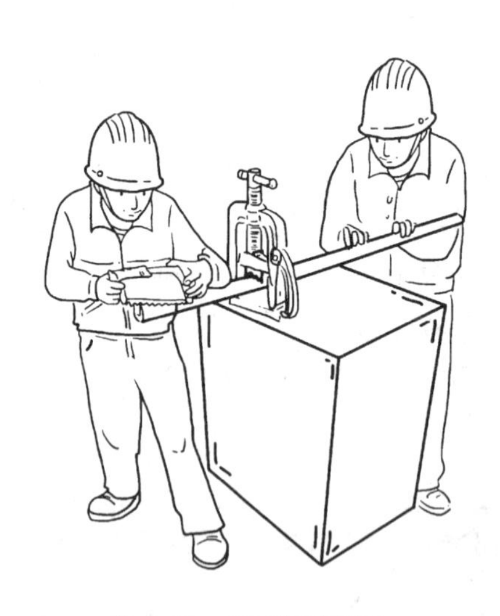

图 6-14 手工切断管子

2. 高空作业的施工安全（图 6-15）

1）高空作业人员使用安全带时，应将钩绳的根部连接到背部尽头处，并将绳子系牢（图 6-16）。在坚固的建筑结构件或金属结构架上，行走时应把安全带缠在身上，不准拖着走。衣袖和裤脚要扎好，并不得穿硬底鞋和带钉子的鞋。

2）高空作业人员不许站在梯子的最上两级工作，更不许两人以上同时在一个梯子上工

图 6-15　高空作业施工安全

图 6-16　高空作业人员使用安全带

作。使用“人字梯”时，必须将两梯间的安全挂钩拴牢。

3）高空作业使用的工具应放在随身携带的工具袋中，不便入袋的工具应放在稳当的地方。严禁上下抛掷，必要时可用绳索绑牢后吊运。

4）高空堆放的物品、材料或设备，不准超负荷；堆积材料和操作人员不可聚集在一起。

5）多层交叉作业时，如上下空间同时有人作业，其中间必须有专用的防护棚或其他隔离设施，否则不得在下面作业。上下方操作人员必须戴好安全帽。

6）高空进行电气焊作业时，严禁其下方或附近有易燃、易爆物品，必要时要有人监护或采取隔离措施。

7）高空作业人员距普通电线至少保持 1.0m 以上距离，距普通高压电线 2.5m 以上，距特高压电线 5.0m 以上（图 6-17）。运送管道等导体材料，应严防触碰电线。在车间内高空作业时，应注意起重机滑线，防止触电。如必须在起重机附近工作时，应事先联系停电，并设专人看管开关或设警示牌。

8）高空作业时应防止蹬滑或踩探头板。

9）高空作业时应检查管子钳，以免操作时咬不住管子而滑脱伤人。

10）高空作业的架子要由安全员检查后方可使用，其他架子不准私自拆改，高空作业必须系好安全带。

3. 焊接作业安全

1）配合焊工组对管口的人员，应戴上手套和面罩，不许卷起袖子或穿短袖衣衫工作（图 6-18）。无关人员应离开焊接地点 2m 以外。施焊点周围最好用不透光的遮蔽物遮挡，以免弧光照射更多的人。

2）氩弧焊的焊接场所，应当通风良好。尤其是打磨钍、钨棒的地点，必须保持良好的

图 6-17　高空作业人员与电线距离

图 6-18　不许卷起袖子或穿短袖衣衫工作

通风。打磨的人应戴上口罩、手套等个人防护用品。

4. 施工中运输过程的安全

1）利用塔式起重机往高处吊管道时，必须绑牢固，并请起重吊装信号专职人员指挥，以免管子滑脱伤人。配合机械塔式起重机，吊装时服从信号工指挥。

2）用手推车运管道时，应先清理好道路，并把管子放在车上绑牢，以免滑下伤人（图6-19）。

图 6-19　管子放在车上绑牢

3）运送预制管组件时，一定要码放整齐，绑扎牢固。

4）抬扛重物要同时起落，要平整好道路且冬雨期要重点交底，注意防滑。

5. 吊装作业安全（图 6-20）

1）系结管材和设备时应使用特制的长环，不应采用绳索打结方法。绳索系结尽量避免选在重物棱角处，或在棱角处垫入木板或软垫物。重物的重心必须处于重物系结之间的中

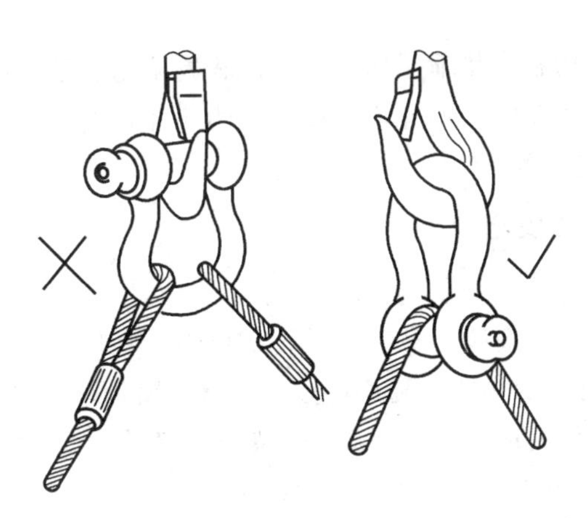

图 6-20 吊装作业安全

心，以保持平衡。

2）不准在索具受力或起吊物悬空的情况下中断作业，更不准在吊起物就位同定前离开操作岗位。

3）起吊时，要有专人将起吊物扶稳，严禁甩动。起吊物悬空时，严禁在起吊物、起吊臂下停留或通过。在卷扬机、滑轮及牵引钢丝绳旁不准站人。

4）操作卷扬机必须听从指挥，看清信号。做牵引时，中间不经过滑轮不准作业；滑移物件时，绳索套结要找准重心，并应在坚实、平整的路面上直线前进，卸车或下坡时应加保险绳。

5）在搬运和起吊材料、设备时，应注意电线的互相间距，应远离裸露电线。在金属容器或潮湿场所工作时，需用电压为12V的安全灯，在干燥环境中也不应超过25V。

6. 室内给水系统施工安全

（1）铝塑复合管施工安全

1）安装好的管道不得用作支撑或放脚手架板，不得敲击踏压。其支托吊架不得作为其他用途的受力点。

2）搬运管道及打压泵等重物时，上下楼要注意防止脚下打滑、踩空，抬运时应注意前后两人的配合（图6-21）。

图 6-21 搬运管道上下楼要注意

（2）水表安装施工安全

1）水表连接处使用铜质零件时，应在钳口处用布包扎或加软垫，防止损坏铜配件。

2）当给水管道进行冲洗时，应将水表拆卸下来，用短管临时接通管路，待冲洗完毕后再复位。

（3）管道试压过程中的施工安全

1）在管道试压过程中，不得随意延长试压规定时间，在超过稳压时间时，不得去检查管道，严防管道破裂伤人。

2）试压后应将管道内积水排泄干净，防止沉积物堵塞管道或冬季冻裂管道。

3）当发现试压管道渗漏时，不允许在试验压力下紧固螺栓或锁紧锁母，必须将管道渗漏段卸压、水排空后进行维修。

7. 室内排水系统施工安全

（1）PVC—U管

1）胶黏剂及丙酮等清洁剂属于易燃物品，在运输、存放、使用中都应远离火源，应存放于干燥、阴凉、安全可靠的场所，随用随取，一次不要领取太多。

2）粘接管道时，操作人员应站在上风处，戴防护手套、防护眼镜和口罩。管道预制的集中场所，严禁明火，场内应通风良好，必要时设置排风设施。

（2）机制排水铸铁管

1）在沟槽内施工时应随时检查沟壁，如有土方松动断裂等情况应及时加固沟壁支撑。

2）用剁子断管时，应用力均匀，边断边转动，不得用力过猛，防止裂管飞屑伤人。

3）施工中严禁水泥砂浆及杂物落入排水管道中，应及时封堵敞口。

4）吊管时必须注意，以免碰伤管材或伤及他人（图6-22）。

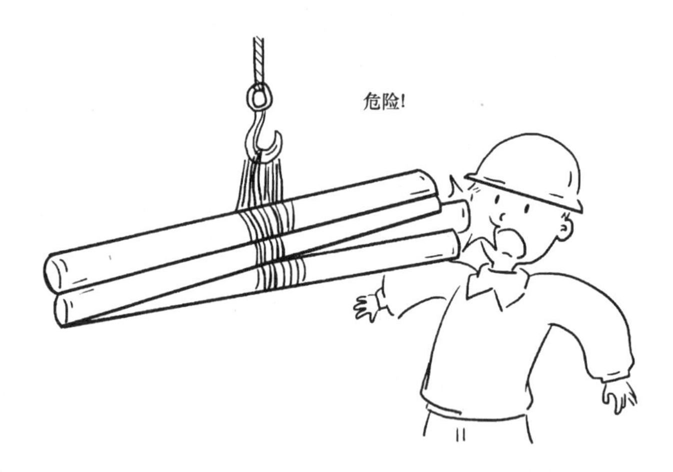

图6-22　吊管时避免碰伤管材或伤及他人

5）紧螺栓螺母时应防止其落入管道井内。

6）使用砂轮切割机时应注意安全，防止人身伤害。

（3）系统试验中的施工安全

1）试验用水不得排放在被试验的管沟（段）内。在管沟内检查管道系统时，应先检查沟壁是否安全，避免在沟边行走或停留。

2）应严格按先后顺序进行调试工作，不得随意颠倒工序。

3）污水泵调试中应注意用电安全，不得面对闸刀和电闸，最好和电工共同调试。

（4）卫生洁具的安装

1）往楼层内搬运洁具时，道路应畅通无阻，避免磕碰，使用外用电梯垂直搬运洁具时，应有专人联系，每次放置不宜过多，待电梯停稳后方可装卸。

2）洁具运至楼内应选择安全地点放置，下面必须垫好草垫或木板等，不得直接放在硬质地面上，以免磕碰受损（图6-23）。

图6-23 洁具必须垫好草垫

3）浴盆搬运和稳装，要有专人指导，并注意保护建筑装修工程，防止磕碰和伤人。

4）使用高凳稳挂高位水箱时，高凳脚下应钉胶皮防滑，并挂好拉链，以免高凳倒下伤人。

8. 室内采暖系统施工安全

1）安装立管，先将孔洞周围清理干净，不准任意向下扔东西。在管井操作时，必须盖好上层井口的防护板。

2）安装立管、支管时，要上下配合好，戴好安全帽。尚未安装管道的楼板孔洞应临时封堵，防止从洞内掉落工具或杂物。安装托吊管用的高凳、临时架子、绳索等要先检查是否牢固、平稳、结实。

3）管道支架要牢固，防止管道安装时支架脱落（图6-24）。

4）散热器码放整齐要倾斜垫好，以免倒下伤人。稳装散热器时，要平稳放在托钩上，以防倒下伤人。人力装卸散热器时，所有缆索、杠子应牢固，使用高设架子或外用电梯运输时，应设专人指挥，严禁超载或放偏。散热器运进楼内，禁止集中堆放。

9. 室外给水管道、附属设备安装施工安全

1）在井室内施工时，井上人员应用绳子系住工具、材料后方可向井下传递，不得直接向井下抛掷物品。吊装设备入井时，绳索必须绑牢。井下施工人员必须戴安全帽。

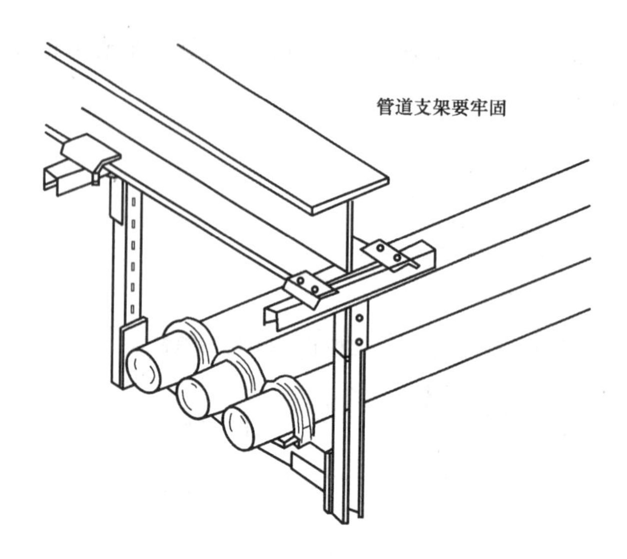

图 6-24 管道支架要牢固

2）消火栓、水表、阀门安装后，应及时盖上井盖。

3）试压时，不得擅自延长试压时间和随意增加试验压力，升降压不得过快，应缓慢进行。应设专人观察压力表，切勿超压操作。如发现有渗漏，应先卸压再修理，严禁带压修理。

10. 室外排水管道施工安全

1）在管沟里敷设管道、接管口时，不准攀登上下沟槽。大口径管材吊运时，应由持证起重工统一指挥，吊臂下严禁站人。

2）施工中应随时检查沟槽边坡和支撑，如发现裂缝或支撑折断，以及沟槽塌方迹象，应立即停止作业，施工人员应及时离开沟槽。

3）打口时，应注意力集中，防止锤子打在手上，管沟上下传递物品时，禁止抛掷。

11. 室外供热管道施工安全

（1）架空管道施工

1）高空作业应系好安全带，工具使用后必须放入专用袋中，不得置于脚手架和梯子上。

2）应加强检查架空管道上的固定支座的稳固性，严禁其坠落伤人。

3）多层管道对口焊接时，应在下层已经施工完毕的管道上铺设防火制品，防止外层塑料布或玻璃丝布毛毡等着火。

（2）地下敷设热力管道施工

1）地沟内施工时，应防止沟壁坍塌及乱石落入沟内。

2）地沟内应使用防水电线，施工人员戴好安全帽。

（3）热力管道试压

1）管道试压前，检验压力表，严禁使用失灵或误差较大的压力表。

2）热力管道进行蒸汽吹洗时，排气管前方不得站人，防止蒸汽烫伤（图6-25）。不得将废气排放至热力地沟、检查井或排水管道。

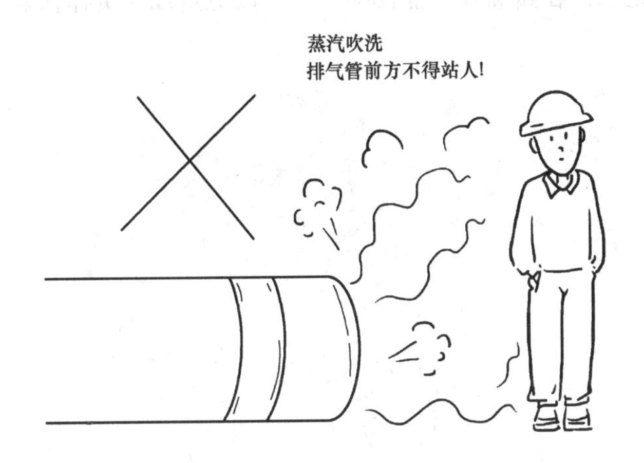

图6-25 蒸汽吹洗时排气管前方不得站人

12. 季节施工安全

(1) 雨期施工安全措施

1）电动机具要定期检查其绝缘程度，其漏电保护功能应完好。

2）现场的设备、材料下面必须有垫木，并防止积水，设备露天存放应加苫布盖好，以防雨淋日晒，料场周围应有畅通的排水沟。

3）要有防雨罩或置于棚内，电气设备的电源线要悬挂固定，不得拖拉在地，下班后拉闸断电。

4）预留孔洞应做好防雨措施，在雨季时要采取措施防止设备受潮，防止设备被水淹泡。

5）夏季炎热天气，施工人员在高层作业时要进行体格检查。要做好防暑降温措施（图6-26）。

图6-26 夏季做好防暑降温措施

（2）冬期施工安全措施

1）气温很低，不管施工现场还是生活区用水，不要随意乱泼（图6-27），生产用水应按规定使用。不能把水泼在路面及作业面架子上，以免造成人员摔伤。

图6-27　用水不要随意乱泼

2）自来水管保暖、地下消火栓保暖措施请注意保护，不得蓄意破坏。

3）冬季取暖，必须做到“三防”：防火、防盗、防触电。现场取暖严禁使用煤炉。

4）电暖气周围严禁堆放易燃、易爆物品，防止事故发生。

5）经常打扫宿舍、办公室卫生，保持室内清洁（图6-28）。及时清理周围炉火，防止余火。

图6-28　打扫宿舍、办公室卫生

6）入冬前要进行管道吹水，要求有专人负责，以防冻裂管道、设备情况的发生。

7）制订并落实防止煤气中毒、杜绝火灾事故的措施。

13. 管道试压及清洗

1）管道试压前，应检查管道与支架的紧固性和管道堵板的牢靠性。确认无问题后，才能进行试压。

2）压力较高的管道试压时，应划定危险区，并安排人员负责警戒。禁止无关人员进入。升压和降压都应缓慢进行，不能过急。试验压力必须按设计或验收规范的规定，不得任意增加。

3）管道脱脂、清洗用的溶剂和酸、碱溶液，是有毒、易燃、易爆和腐蚀性物品，使用时应有必要的防护用品。工作地点应通风良好，并有适当的防火措施。脱脂溶剂不得与浓酸、浓碱接触，二氯乙烷与精馏酒精不能同时使用。脱脂后的废液应当妥善处理。

4）管道吹扫的排气口或排气管，应接至室外安全地点。用氧气、煤气、天然气吹扫时，排气口必须远离火源。有时，为了安全和避免污染空气，用天然气吹扫时，可在排气口将天然气烧掉。

本章小结及综述

所有从事工程安装工作的人员，必须提高对安全生产的重要意义的认识。工作中认真贯彻执行安全技术规程，人人重视安全工作，防止安全事故的发生。未受过安全技术教育的人，不能直接参加安装工作。对本工种安全技术规程不熟悉的人，不能独立作业。每项工程开始，在技术交底的同时，应根据工程的特点进行安全交底，重要工程应制订具体的安全技术措施。

参考文献

[1] 张胜峰. 建筑给排水工程施工［M］. 北京：中国水利水电出版社，2013.

[2] 苗峰. 水暖工［M］. 北京：清华大学出版社，2014.

[3] 金智华. 图解水暖工 30 天快速上岗［M］. 武汉：华中科技大学出版社，2013.

[4] 赖院生，陈远吉. 建筑水暖工实用技术［M］. 长沙：湖南科学技术出版社，2012.

[5] 杨磊. 水暖工［M］. 北京：中国电力出版社，2012.

[6] 梁允. 水暖工快速入门［M］. 北京：北京理工大学出版社，2009.

[7] 李芳芳. 建筑给水排水及采暖工程［M］. 北京：中国铁道出版社，2013.

[8] 赵俊丽. 建筑给水排水及采暖工程［M］. 北京：中国铁道出版社，2012.